AI时代架构师修炼之道

ChatGPT让架构师插上翅膀

关东升◎著

内 容 简 介

本书是一本旨在帮助架构师在人工智能时代展翅高飞的实用指南。全书以ChatGPT为核心工具，揭示了人工智能技术对架构师的角色和职责进行颠覆和重塑的关键点。本书通过共计13章的系统内容，深入探讨AI技术在架构设计中的应用，以及AI对传统架构师工作方式的影响。通过学习，读者将了解如何利用ChatGPT这一强大的智能辅助工具，提升架构师的工作效率和创造力。

本书的读者主要是架构师及相关从业人员。无论你是初入职场的新手架构师还是经验丰富的专业人士，本书都将成为你的指南，帮助你在人工智能时代展现卓越的架构设计能力。通过本书的指导，你将学习如何运用ChatGPT等工具和技术，以创新的方式构建高效、可靠、可扩展的软件架构。

同时，本书也适用于对架构设计感兴趣的其他技术类从业人员，如软件工程师、系统分析师、技术顾问等。通过学习本书的内容，你可以深入了解人工智能对架构设计的影响和带来的挑战，拓展自己的技术视野，提升对软件系统整体架构的理解和把握能力。

图书在版编目(CIP)数据

AI时代架构师修炼之道：ChatGPT让架构师插上翅膀/关东升著. — 北京：北京大学出版社，2023.10

ISBN 978-7-301-34466-8

Ⅰ. ①A… Ⅱ. ①关… Ⅲ. ①人工智能 – 应用 – 软件设计 Ⅳ. ①TP311.1-39

中国国家版本馆CIP数据核字（2023）第180273号

书　　名 AI时代架构师修炼之道：ChatGPT让架构师插上翅膀
AI SHIDAI JIAGOUSHI XIULIAN ZHIDAO：CHATGPT RANG JIAGOUSHI CHASHANG CHIBANG
著作责任者 关东升　著
责任编辑 王继伟　吴秀川
标准书号 ISBN 978-7-301-34466-8
出版发行 北京大学出版社
地　　址 北京市海淀区成府路205号　100871
网　　址 http://www.pup.cn　　新浪微博：@ 北京大学出版社
电子邮箱 编辑部 pup7@pup.cn　总编室 zpup@pup.cn
电　　话 邮购部 010-62752015　发行部 010-62750672　编辑部 010-62570390
印 刷 者 北京鑫海金澳胶印有限公司
经 销 者 新华书店
787毫米×1092毫米　16开本　19.75印张　475千字
2023年10月第1版　2023年10月第1次印刷
印　　数 1–4000册
定　　价 89.00元

前言 ▶ AI 时代架构师面临的挑战与机遇

人工智能的飞速发展正在彻底改变技术架构的面貌。作为架构师，我们站在变革的最前沿，既面临史无前例的挑战，也迎来前所未有的机遇。

在这个充满变数的时代，架构师必须不断提升自己，努力适应新技术的快速演变。我们需要拥有敏锐的判断力和灵活的思维，保持学习和创新的能力。只有深入理解人工智能等新技术的本质，我们才能在急剧变化的环境中建立稳定可靠的架构。

同时，ChatGPT 等人工智能工具为架构创新提供了强大的助力。这些工具不但拓宽了我们的思维范围，提高了设计和实现的效率，还加强了团队之间的协作。人工智能工具需要人的操作与判断，人与人工智能的有效结合是发挥其最大价值的关键。

在人工智能的环境下，架构设计也需要达到前所未有的敏捷性和适应性。利用人工智能工具，我们可以实现文档和模型的快速更新，评审新的技术和设计方案，并不断优化现有架构。这使架构设计可以用更短的周期应对业务的飞速发展。

综上所述，人工智能为架构设计带来挑战的同时也提供了难得的机遇。作为架构师，我们必须主动拥抱新技术，理解人工智能工具的局限性，不断提高自身的思维能力。人工智能是变革的推手，但人的主导作用仍然不可替代，人与人工智能的合作互补需要我们共同努力与探索。本书将深入探讨人工智能时代的架构设计，力求让每一位读者学有所获、学有所成。让我们携手迎接人工智能带来的变革之潮。

本书附赠全书案例源代码及相关教学视频等资源，读者可扫描下方左侧二维码关注“博雅读书社”微信公众号，输入本书77页的资源下载码，即可获得本书的下载学习资源。

本书提供答疑服务，可扫描下方右侧二维码留言“北大AI”，即可进入学习交流群。

关东升

目录

CONTENTS

第1章 人工智能如何重塑软件架构

1.1 人工智能对架构的影响 …… 2
1.1.1 人工智能技术的快速发展与普及 …… 2
1.1.2 人工智能对传统软件架构的挑战 …… 2
1.1.3 人工智能为软件架构带来的机遇和创新 …… 2
1.2 架构师在 AI 时代的角色转变 …… 3
1.2.1 架构师的新角色要求 …… 3
1.2.2 架构师的技术引领和决策作用 …… 3
1.2.3 架构师的跨团队协作和沟通能力 …… 3
1.2.4 架构师的创新和持续学习精神 …… 3
1.3 人工智能技术在架构中的应用场景 …… 3
1.3.1 机器学习在数据分析和决策支持中的应用 …… 4
1.3.2 自然语言处理在智能对话系统和内容分析中的应用 …… 4
1.3.3 计算机视觉在图像识别和视觉分析中的应用 …… 4
1.3.4 强化学习在智能决策和自动化控制中的应用 …… 4
1.4 本章总结 …… 4

第2章 借助ChatGPT生成各种文档

2.1 借助 ChatGPT 生成文档模板与内容 …… 6
2.1.1 设计文档模板 …… 6
2.1.2 案例1：ChatGPT辅助编写架构设计文档 …… 7
2.2 与 ChatGPT 对话的文本语言——Markdown …… 11
2.2.1 Markdown基本语法 …… 11
2.2.2 使用Markdown工具 …… 14
2.2.3 案例2：生成Markdown格式架构设计文档 …… 17
2.2.4 将Markdown格式文档转换为Word文档 …… 20
2.2.5 使用Office工具设计格式 …… 22
2.2.6 将Markdown格式文档转换为PDF文档 …… 23
2.3 使用表格 …… 24
2.3.1 Markdown表格 …… 24
2.3.2 案例3：使用ChatGPT制作Markdown表格 …… 26
2.3.3 CSV电子表格 …… 28
2.3.4 案例4：使用ChatGPT制作CSV表格 …… 29
2.3.5 转换为Excel …… 30
2.4 本章总结 …… 31

第3章 应用图形图表帮助思考和表达

3.1 思维导图 …… 33
3.1.1 思维导图在架构设计中的作用 …… 33
3.1.2 架构师与思维导图 …… 34
3.1.3 绘制思维导图 …… 34
3.1.4 使用ChatGPT绘制思维导图 …… 35

3.1.5 案例1：生成"微服务架构设计方案"思维导图……36
3.1.6 案例2：使用Mermaid工具绘制思维导图…37
3.1.7 案例3：使用PlantUML工具绘制思维导图……41
3.2 使用ChatGPT制作图表……46
3.2.1 通过无编程方法使用ChatGPT制作图表…47
3.2.2 通过编程方法使用ChatGPT制作图表……48
3.3 鱼骨图……51
3.3.1 鱼骨图在架构设计中的应用……52
3.3.2 使用ChatGPT辅助绘制鱼骨图……53
3.3.3 案例4：分析用户体验问题和系统性能问题……53
3.4 本章总结……57

第4章 ChatGPT支持UML建模

4.1 UML概述……59
4.1.1 UML发展历史与版本……59
4.1.2 UML图的分类与应用……59
4.2 类图……60
4.2.1 类图的构成要素……60
4.2.2 类图的绘制步骤……61
4.2.3 使用ChatGPT绘制类图……62
4.2.4 案例1：使用ChatGPT绘制学校管理系统类图……63
4.3 用例图……68
4.3.1 用例图的构成要素……68
4.3.2 用例图的绘制步骤……70
4.3.3 案例2：使用ChatGPT绘制在线购物平台用例图……70
4.4 活动图……72
4.4.1 活动图的构成要素……72
4.4.2 案例3：使用ChatGPT学生管理系统绘制活动图……73
4.5 时序图……75
4.5.1 时序图的构成要素……76
4.5.2 案例4：使用ChatGPT绘制在线购物系统时序图……77
4.6 本章总结……79

第5章 设计模式

5.1 软件设计原则……81
5.2 设计模式概述……81
5.2.1 设计模式分类……82
5.2.2 设计模式在软件架构设计中的作用……83
5.3 单例模式……83
5.3.1 应用场景……83
5.3.2 结构……84
5.3.3 优缺点……84
5.3.4 代码示例……85
5.4 工厂模式……85
5.4.1 应用场景……86
5.4.2 结构……86
5.4.3 优缺点……87
5.4.4 代码示例……87
5.5 抽象工厂模式……89
5.5.1 应用场景……89
5.5.2 结构……89
5.5.3 优缺点……90
5.5.4 代码示例……91
5.6 建造者模式……92
5.6.1 应用场景……92
5.6.2 结构……92
5.6.3 优缺点……93
5.6.4 代码示例……94
5.7 原型模式……96
5.7.1 应用场景……96
5.7.2 结构……97
5.7.3 优缺点……97

5.7.4 代码示例……97
5.8 适配器模式……99
5.8.1 应用场景……99
5.8.2 结构……99
5.8.3 优缺点……99
5.8.4 代码示例……100
5.9 桥接模式……101
5.9.1 应用场景……101
5.9.2 结构……101
5.9.3 优缺点……102
5.9.4 代码示例……103
5.10 装饰器模式……104
5.10.1 应用场景……105
5.10.2 结构……105
5.10.3 优缺点……106
5.10.4 代码示例……107
5.11 组合模式……108
5.11.1 应用场景……108
5.11.2 结构……109
5.11.3 优缺点……110
5.11.4 代码示例……110
5.12 外观模式……112
5.12.1 应用场景……112
5.12.2 结构……112
5.12.3 优缺点……113
5.12.4 代码示例……113
5.13 享元模式……115
5.13.1 应用场景……115
5.13.2 结构……115
5.13.3 优缺点……116
5.13.4 代码示例……116
5.14 代理模式……117
5.14.1 应用场景……118
5.14.2 结构……118
5.14.3 优缺点……118
5.14.4 代码示例……119
5.15 策略模式……120
5.15.1 应用场景……120
5.15.2 结构……120
5.15.3 优缺点……121
5.15.4 代码示例……121
5.16 观察者模式……123
5.16.1 应用场景……123
5.16.2 结构……123
5.16.3 优缺点……124
5.16.4 代码示例……124
5.17 模板方法模式……126
5.17.1 应用场景……126
5.17.2 结构……127
5.17.3 优缺点……127
5.17.4 代码示例……127
5.18 迭代器模式……128
5.18.1 应用场景……128
5.18.2 结构……129
5.18.3 优缺点……129
5.18.4 代码示例……130
5.19 状态模式……132
5.19.1 应用场景……132
5.19.2 结构……132
5.19.3 优缺点……133
5.19.4 代码示例……133
5.20 责任链模式……135
5.20.1 应用场景……135
5.20.2 结构……135
5.20.3 优缺点……136
5.20.4 代码示例……137
5.21 命令模式……138
5.21.1 应用场景……138
5.21.2 结构……138
5.21.3 优缺点……139
5.21.4 代码示例……140
5.22 解释器模式……141
5.22.1 应用场景……141
5.22.2 结构……142
5.22.3 优缺点……142
5.22.4 代码示例……143
5.23 中介者模式……144
5.23.1 应用场景……144
5.23.2 结构……145
5.23.3 优缺点……145
5.23.4 代码示例……146
5.24 备忘录模式……148
5.24.1 应用场景……148
5.24.2 结构……148

5.24.3 优缺点 149
5.24.4 代码示例 149
5.25 访问者模式 151
5.25.1 应用场景 151
5.25.2 结构 151
5.25.3 优缺点 152
5.25.4 代码示例 153
5.26 本章总结 154

第6章 ChatGPT和设计模式

6.1 ChatGPT对设计模式的解释和说明 156
6.1.1 案例1：使用ChatGPT辅助掌握装饰器模式 156
6.1.2 案例2：使用ChatGPT辅助绘制类图 160
6.1.3 案例3：使用ChatGPT辅助绘制时序图 163
6.2 ChatGPT的设计模式识别与应用能力 166
6.2.1 案例4：使用ChatGPT辅助设计创建图书对象 166
6.2.2 案例5：使用ChatGPT辅助设计购物车功能 169
6.3 ChatGPT在设计模式选择和建议中的应用 171
6.3.1 案例6：使用ChatGPT辅助选择商品库存管理设计模式 172
6.3.2 案例7：使用ChatGPT辅助绘制商品库存管理类图 174
6.4 ChatGPT对设计模式扩展和变体的指导 177
6.4.1 案例8：使用ChatGPT辅助扩展观察者模式 178
6.4.2 案例9：使用ChatGPT辅助绘制扩展观察者模式类图 181
6.5 本章总结 185

第7章 使用ChatGPT辅助进行数据库设计

7.1 数据库设计阶段 187
7.2 数据库概念建模 188
7.2.1 案例1：使用ChatGPT对Todo List项目进行需求分析 188
7.2.2 案例2：使用ChatGPT对Todo List项目进行数据库概念建模 190
7.3 案例3：使用ChatGPT对Todo List项目进行逻辑建模 191
7.4 案例4：使用ChatGPT对Todo List项目进行物理建模 193
7.5 案例5：使用ChatGPT辅助生成DDL脚本 195
7.6 本章总结 197

第8章 使用ChatGPT编写高质量的程序代码

8.1 代码评审 199
8.1.1 静态代码分析工具 200
8.1.2 使用Java代码检查工具Checkstyle 200
8.1.3 使用Java代码检查工具PMD 202
8.1.4 使用Python代码检查工具PyLint 205
8.2 人工代码评审 207
8.3 本章总结 209

第9章 架构设计与敏捷开发实施

9.1 敏捷开发 ······ 211
9.1.1 ChatGPT在敏捷开发中的应用 ······ 211
9.1.2 案例1：使用ChatGPT辅助敏捷软件开发项目的任务拆解 ······ 212
9.2 好的架构设计带来敏捷开发 ······ 214
9.2.1 使用ChatGPT辅助敏捷架构设计 ······ 214
9.2.2 案例2：使用ChatGPT辅助设计电子商务平台敏捷架构 ······ 214
9.3 本章总结 ······ 216

第10章 使用ChatGPT辅助编写可测试性代码

10.1 使用ChatGPT辅助进行功能测试 ······ 218
10.1.1 单元测试与测试用例 ······ 218
10.1.2 案例1：使用ChatGPT辅助生成设计测试用例 ······ 218
10.1.3 案例2：使用ChatGPT辅助生成测试代码 221
10.2 测试驱动开发 ······ 225
10.2.1 使用ChatGPT辅助实施测试驱动开发 ······ 226
10.2.2 案例3：实施测试驱动开发计算器 ······ 227
10.3 使用ChatGPT辅助进行性能测试 ······ 230
10.3.1 使用测试工具 ······ 230
10.3.2 案例4：使用ChatGPT辅助进行微基准测试 ······ 231
10.3.3 案例5：使用ChatGPT辅助分析微基准测试报告 ······ 236
10.4 设计可测试性代码的原则 ······ 238
10.4.1 设计可测试性代码实践技巧与建议 ······ 238
10.4.2 使用ChatGPT设计可测试性代码 ······ 239
10.4.3 案例6：使用ChatGPT设计可测试性的购物车类 ······ 239
10.5 本章总结 ······ 244

第11章 使用ChatGPT辅助编写可扩展性代码

11.1 可扩展性代码与架构设计 ······ 246
11.2 ChatGPT在可扩展性代码编写中的作用与使用方法 ······ 247
11.2.1 案例1：使用ChatGPT辅助理解需求和功能 ······ 247
11.2.2 案例2：使用ChatGPT辅助提供设计方案建议 ······ 249
11.2.3 案例3：使用ChatGPT辅助优化算法和性能 ······ 250
11.2.4 案例4：使用ChatGPT辅助数据管理和存储策略 ······ 252
11.2.5 案例5：使用ChatGPT辅助弹性和容错性设计 ······ 253
11.3 使用ChatGPT辅助编写可扩展、易维护的代码 ······ 254
11.3.1 案例6：使用ChatGPT辅助设计良好的架构 ······ 255
11.3.2 案例7：使用ChatGPT辅助优化性能和扩展性 ······ 257
11.3.3 案例8：使用ChatGPT辅助代码审查和重构 ······ 258
11.4 使用ChatGPT辅助编写可扩展性代码的实践技巧与建议 ······ 260
11.5 本章总结 ······ 260

第12章 使用ChatGPT辅助设计高效的软件开发架构

12.1 常见的软件架构 ······ 262
12.2 ChatGPT 在软件开发架构设计中的作用 ······ 262
12.3 分层架构 ······ 263
12.3.1 分层架构的组成部分 ······ 263
12.3.2 分层架构的优缺点 ······ 264
12.3.3 分层架构的应用场景 ······ 265
12.3.4 案例 1：使用ChatGPT辅助医院管理系统进行分层架构设计 ······ 266
12.4 领域驱动设计架构 ······ 271
12.4.1 领域驱动设计架构的组成部分 ······ 272
12.4.2 领域驱动设计架构的优缺点 ······ 273
12.4.3 领域驱动设计架构的应用场景 ······ 274
12.4.4 案例 2：使用ChatGPT辅助电子商务平台进行领域驱动设计架构的设计 ······ 274
12.5 微服务架构 ······ 281
12.5.1 微服务构架的组成部分 ······ 282
12.5.2 微服务构架的优缺点 ······ 283
12.5.3 微服务构架的应用场景 ······ 284
12.5.4 案例 3：电商微服务架构设计 ······ 284
12.6 架构设计与制作技术原型 ······ 290
12.6.1 制作技术原型 ······ 290
12.6.2 使用ChatGPT辅助制作技术原型 ······ 291
12.6.3 案例 4：使用ChatGPT辅助制作智能家居App技术原型 ······ 291
12.7 本章总结 ······ 293

第13章 使用ChatGPT辅助评估和改进设计方案

13.1 确定设计问题 ······ 295
13.2 案例 1：确定电子商务网站设计方案中存在的问题 ······ 296
13.3 评估与检测方案 ······ 299
13.4 案例 2：电商系统设计方案评估 ······ 299
13.5 讨论与迭代优化 ······ 301
13.6 案例 3：电商系统设计方案讨论与迭代优化 ······ 302
13.7 决策矩阵 ······ 303
13.7.1 案例 4：电子商务网站架构设计方案比较 ··· 304
13.7.2 案例 5：移动应用开发框架比较 ······ 305
13.8 本章总结 ······ 306

第 1 章 人工智能如何重塑软件架构

人工智能的发展让世界进入了新时代，也使软件架构进入新的变革期。人工智能技术的广泛应用，正在深刻改变软件系统的架构理念、设计形式和研发方式。系统架构变得更加动态、更注重数据驱动与人性化，功能融合性增强，对可解释性与健壮性的要求也日益提高。这为架构创新打开了新的思路，架构转型也迎来新的机遇与挑战。

架构师的角色也随之发生重大转变。架构设计不再是静态的，而是一个动态探索的过程。架构师需要更加关注人工智能技术的发展，利用人工智能工具提升设计创造力与效率，同时也需更加关注系统的可解释性、健壮性与管控性，以确保转型的连续性与系统的稳定运行。

人工智能技术被广泛融入架构研发的各个环节，推动架构自动化设计与持续创新。其中，微服务架构凭借其高度自治、灵活扩展与持续交付的特征，已成为人工智能公司实现快速创新的主流选择。

本章我们将深入分析人工智能如何重塑软件架构，人工智能技术在架构研发中的广泛应用，以及架构师在人工智能时代的新角色。正确面对人工智能带来的挑战与机遇，架构转型的方向与路径才能逐步明晰。让我们一起踏上探索人工智能时代软件架构变革之旅！

1.1 人工智能对架构的影响

人工智能技术的快速发展和普及正在深刻影响软件架构的设计和演变，同时也带来了许多机遇和挑战。本节，我们将探讨人工智能对架构的影响及其带来的机遇。

1.1.1 人工智能技术的快速发展与普及

随着机器学习、深度学习、自然语言处理和计算机视觉等人工智能技术的快速发展和普及，越来越多的应用场景需要在软件架构中集成这些技术。这些技术的不断进步和成熟使人工智能成为现实生活中必不可少的一部分，为软件架构带来了新的可能性。

1.1.2 人工智能对传统软件架构的挑战

传统的软件架构通常用于处理事先定义好的规则和数据，而人工智能则需要具备学习和适应能力，能够从数据中提取模式和知识。这种需求的改变对传统软件架构提出了挑战，需要重新思考架构设计和组织数据的方式。

1.1.3 人工智能为软件架构带来的机遇和创新

人工智能技术为软件架构带来了许多机遇和创新。通过集成人工智能技术，软件架构可以更好地处理复杂的数据分析、模式识别、自动化决策等任务。人工智能还可以为架构师提供新的工具和方法，辅助架构设计和优化。

1.2 架构师在AI时代的角色转变

随着人工智能技术的快速发展和广泛应用，架构师在AI时代面临着角色转变的挑战和机遇。在这一部分，我们将讨论架构师的新角色要求、技术引领和决策作用、跨团队协作和沟通能力，以及创新和持续学习精神的重要性，以启发架构师在人工智能时代的设计思路和决策过程。同时，提供指导和建议，帮助架构师适应人工智能技术的快速发展和应用。

1.2.1 架构师的新角色要求

在AI时代，架构师需要具备更广泛的技术知识和深入的领域专业知识，以理解和应用人工智能技术。架构师需要了解机器学习、深度学习、自然语言处理等关键技术，以及它们在不同领域中的应用。此外，架构师还需要了解数据管理、算法选择、模型评估等与人工智能相关的知识。

1.2.2 架构师的技术引领和决策作用

在AI时代，架构师的角色从传统的架构设计者转变为技术引领者和决策者。架构师需要评估和选择适合人工智能应用的架构模式、算法模型和技术工具。他们需要了解不同人工智能技术的优势和限制，并在设计过程中做出合理的决策。

1.2.3 架构师的跨团队协作和沟通能力

在AI时代，架构师的工作不再局限于单一团队或部门，而需要与数据科学家、开发人员、业务专家等多方进行紧密合作。架构师需要具备良好的沟通和协作能力，能够理解和满足不同团队的需求，并将人工智能技术与业务目标相结合。

1.2.4 架构师的创新和持续学习精神

AI时代的架构师需要具备创新思维和持续学习的精神。他们需要关注最新的人工智能技术发展，掌握新的架构模式和方法，并应对人工智能应用中的挑战。架构师还需要积极参与行业交流和分享，与同行保持沟通和相互学习。

1.3 人工智能技术在架构中的应用场景

人工智能技术在软件架构中具有广泛的应用领域和场景。在这一部分，我们将介绍人工智能技术在软件架构中实际应用的几个场景，以展示其潜力和对软件架构的影响。

1.3.1 机器学习在数据分析和决策支持中的应用

机器学习技术在数据分析和决策支持方面具有重要作用。通过构建适当的机器学习模型，架构师可以利用大规模数据集完成预测、分类、聚类和推荐等任务。这些技术可以帮助优化系统性能、提升用户体验，以及支持智能决策和业务创新。

1.3.2 自然语言处理在智能对话系统和内容分析中的应用

自然语言处理（Natural Language Processing，NLP）技术在智能对话系统和内容分析中扮演着关键角色。架构师可以利用NLP技术构建智能聊天机器人、语音识别和语义理解系统，实现人机交互和智能问答功能。此外，NLP技术还可被用于内容分析、情感分析和信息提取，帮助系统理解和处理大量的文本数据。

1.3.3 计算机视觉在图像识别和视觉分析中的应用

计算机视觉技术在图像识别、目标检测和视觉分析方面有广泛的应用。架构师可以利用计算机视觉技术实现对图像和视频内容的理解和分析。这些技术可被用于图像识别、人脸识别、物体检测和场景分析，为系统提供丰富的视觉信息和智能感知能力。

1.3.4 强化学习在智能决策和自动化控制中的应用

强化学习技术在智能决策和自动化控制方面有重要的应用。架构师可以利用强化学习技术构建智能决策系统和自动化控制系统，实现智能化的决策和行为优化。这些技术可被应用于自动驾驶、智能机器人、游戏策略和资源管理等领域，提供智能化的系统行为和决策。

以上是人工智能技术在架构中的一些应用场景，展示了人工智能的发展潜力，以及对软件架构的重要影响。架构师需要了解这些技术的原理和应用场景，并在实际项目中合理应用，以推动系统的智能化和创新发展。

1.4 本章总结

通过本章的学习，我们了解了人工智能如何改变软件架构，以及架构师在这个时代面临的新要求。接下来的章节将进一步讨论人工智能与软件架构的整合，以及相关技术和实践。

借助 ChatGPT 生成各种文档

ChatGPT是一种基于自然语言处理的模型，具有生成文本的能力。在软件架构设计中，ChatGPT可被用于生成各种类型的文档，包括架构文档、需求文档、设计文档等。以下是ChatGPT在文档生成方面的一些优势。

（1）快速生成：ChatGPT可以迅速生成大量的文本内容，提高文档编写的效率。

（2）灵活性：ChatGPT可以根据输入的要求和指导，生成符合要求的文档，具有一定的灵活性和定制性。

（3）多样性：ChatGPT生成的文本具有多样性，可以提供不同的选项和观点，帮助架构师探索不同的方案和思路。

（4）知识丰富：ChatGPT基于大规模的训练数据，拥有广泛的知识和语言模型，可以提供丰富的内容和详细的描述。

（5）智能化对话：与ChatGPT可以进行智能化的对话，架构师可以与ChatGPT进行交互，进一步细化和完善生成的文档。

2.1 借助ChatGPT生成文档模板与内容

架构师需要编写的技术文档有多种形式，包括Word、Excel、PDF及一些在线形式。我们可以借助ChatGPT生成文本，由于ChatGPT不能直接生成Word、Excel、PDF等格式的文档，因此，可以利用其他工具来帮助我们生成一些模板，并且在实际工作中使用这些模板。架构师采用半自动的方式来编写技术文档，可以大大提高工作效率。

2.1.1 设计文档模板

使用Office工具设计文档模板的具体实施步骤如下。

（1）确定文档类型：选择Word文档、Excel表格或PowerPoint幻灯片等，根据技术文档的规范和内容需求进行选择。

（2）设定页面大小与页边距：根据公司的文档标准或个人习惯设置页面大小、页边距等页面布局。

（3）设定标题样式：系统地为不同级别的标题设定字体、字号、加粗等格式，建立标题样式库。

（4）设置目录与书签：利用Word的目录与书签功能，设定文档的目录结构，为各章节和标题生成超链接，方便查阅。

（5）制作封面与页眉：添加封面、页眉和页脚，实现文档的标准化；页眉和页脚也常包括文件名、创建日期等信息。

（6）插入表格与图表等：根据文档的要求，在相应位置插入表格、图片、图表、公式等，并提供说明与注释。

（7）添加占位符：在需要ChatGPT提供内容的位置，插入文字占位符或内容提示，指导ChatGPT生成具体的内容。

（8）另存为文档模板：将设计完成的文档保存为模板文件，日后在编写新文档时可以直接从模板开始，提高效率。

（9）反复检验与优化：在编写初稿过程中，检验文档模板的适用性，根据需求对标题、布局、样式等进行优化，不断改进。

通过上述实施步骤，我们可以设计出一套切实可用的技术文档模板。该模板的精细程度直接影响ChatGPT的内容生成效果及人工整合的难易度。在理想情况下，人工只需要对ChatGPT生成的文本进行轻微调整，便可直接嵌入模板，能够大大减少工作量。

2.1.2 案例1：ChatGPT辅助编写架构设计文档

下面通过一个案例，展示如何使用ChatGPT辅助编写架构设计文档。

案例背景

假设一家新兴的科技公司计划开发一个在线电商平台。我们决定采用微服务架构来构建这个系统，以实现高可扩展性、灵活性和可维护性。微服务架构将整个系统拆分为一系列小型、自治的服务，每个服务专注于特定的业务功能，并通过轻量级的通信机制进行交互。

在这个背景下，架构师Tom需要编写一份微服务架构设计方案文档，其中包括了架构的组成部分、服务划分、通信机制、数据存储策略、容错和监控机制等。这份文档将作为开发团队的指导，确保他们理解系统的整体架构，并在开发过程中遵循设计原则和最佳实践。

动手示例

首先，Tom向ChatGPT发送如下请求消息。

帮我生成主题为“微服务架构设计方案”的文档草稿，需要包含架构设计的关键原则、模块划分、通信机制等内容。

ChatGPT的回答如下。

微服务架构设计方案

1. 引言

本文档旨在提供一份详细的微服务架构设计方案，以支持开发团队在构建在线电商平台时的系统设计和开发工作。本方案将基于微服务架构的原则和最佳实践，确保系统具备高可扩展性、灵活性和可维护性。

2. 架构设计原则

在设计微服务架构时，我们遵循以下关键原则：

2.1　单一责任原则

每个微服务应专注于单一的业务功能，确保服务的职责清晰明确，可维护性高。

2.2 松耦合原则

微服务之间应该通过轻量级的通信机制进行交互，如使用RESTful API或消息队列，以降低耦合度，提高系统的灵活性和可扩展性。

2.3 高内聚原则

每个微服务应该包含完整的业务逻辑，避免过度依赖其他服务，以提高模块的独立性和可测试性。

2.4 容错设计原则

在设计微服务架构时，考虑到故障的可能性，采用适当的容错机制，如熔断、限流和故障转移，以确保系统的可靠性和稳定性。

3. 模块划分

基于系统需求和业务功能，我们将系统划分为以下核心模块：

3.1 用户管理模块

负责用户注册、登录、身份验证等用户相关功能。

3.2 商品管理模块

负责商品信息的管理和展示，包括商品列表、详情、搜索等功能。

3.3 订单管理模块

处理订单创建、支付、配送等订单相关功能。

3.4 财务管理模块

负责处理支付、结算和财务报表等财务相关功能。

3.5 库存管理模块

管理商品库存信息，包括库存查询、补货等功能。

4. 通信机制

为实现模块之间的通信和协作，我们将采用以下通信机制：

4.1 RESTful API

模块之间通过RESTful API进行数据的传递和交互，使用标准的HTTP协议和JSON格式进行通信。

4.2 消息队列

采用消息队列作为异步通信的机制，提高系统的可伸缩性和性能，支持解耦和消息重试。

5. 技术选型

为实现微服务架构的设计方案，我们将采用以下技术栈：

服务端开发框架：Spring Boot

数据存储：MySQL和Redis

消息队列：Kafka

API网关：Netflix Zuul

配置中心：Spring Cloud Config
服务注册与发现：Netflix Eureka
容器化平台：Docker和Kubernetes

6. 总结

本文档提供一个初步的微服务架构设计方案，涵盖关键原则、模块划分和通信机制等内容。该设计方案将为开发团队提供指导，确保系统的可扩展性、灵活性和可维护性。在实际的开发过程中，我们将进一步细化和完善该方案，以满足具体的业务需求和技术要求。

以上是设计方案的文档草稿。Tom可以与ChatGPT进行对话交互，逐步完善生成的文档，通过提问、澄清和修正，与ChatGPT进行深入的交流，确保最后的文档符合预期和要求。

动手示例

首先，Tom向ChatGPT发送如下请求消息。

感谢你的建议，现在让我们进一步讨论并完善这份微服务架构设计方案。在我们的模块划分中，我注意到缺少了一个重要的模块——支付管理模块。这个模块负责处理支付相关的功能，如支付接口集成、支付回调处理等。我们应该将其加入我们的方案。

ChatGPT的回答如下。

确实，支付管理模块是非常重要的一环。我修改了一下方案，如下。

微服务架构设计方案

1. 引言

本文档旨在提供一份详细的微服务架构设计方案，以支持开发团队在构建在线电商平台时的系统设计和开发工作。本方案将基于微服务架构的原则和最佳实践，确保系统具备高可扩展性、灵活性和可维护性。

2. 架构设计原则

在设计微服务架构时，我们遵循以下关键原则：

2.1　单一责任原则

每个微服务应专注于单一的业务功能，确保服务的职责清晰明确，可维护性高。

2.2　松耦合原则

微服务之间应该通过轻量级的通信机制进行交互，如使用RESTful API或消息队列，以降低耦合度，提高系统的灵活性和可扩展性。

2.3　高内聚原则

每个微服务应该包含完整的业务逻辑，避免过度依赖其他服务，以提高模块的独立性和可测试性。

2.4 容错设计原则

在设计微服务架构时，考虑到故障的可能性，采用适当的容错机制，如熔断、限流和故障转移，以确保系统的可靠性和稳定性。

3. 模块划分

基于系统需求和业务功能，我们将系统划分为以下核心模块：

3.1 用户管理模块

负责用户注册、登录、身份验证等用户相关功能。

3.2 商品管理模块

负责商品信息的管理和展示，包括商品列表、详情、搜索等功能。

3.3 订单管理模块

处理订单创建、支付、配送等订单相关功能。

3.4 财务管理模块

负责处理支付、结算和财务报表等财务相关功能。

3.5 库存管理模块

管理商品库存信息，包括库存查询、补货等功能。

3.6 支付管理模块

负责处理支付相关功能，如支付接口集成、支付回调处理等。

4. 通信机制

为实现模块之间的通信和协作，我们将采用以下通信机制：

4.1 RESTful API

模块之间通过RESTful API进行数据的传递和交互，使用标准的HTTP协议和JSON格式进行通信。

4.2 消息队列

采用消息队列作为异步通信的机制，提高系统的可伸缩性和性能，支持解耦和消息重试。

5. 技术选型

为实现微服务架构的设计方案，我们将采用以下技术栈：

服务端开发框架：Spring Boot

数据存储：MySQL和Redis

消息队列：Kafka

API网关：Netflix Zuul

配置中心：Spring Cloud Config

服务注册与发现：Netflix Eureka

容器化平台：Docker和Kubernetes

6. 总结

本文档提供一个初步的微服务架构设计方案，涵盖关键原则、模块划分和通信机制等内容。

通过加入支付管理模块，我们能够完整地支持系统的支付功能，包括支付接口集成和支付回调处理。该设计方案将为开发团队提供指导，确保系统的可扩展性、灵活性和可维护性。在实际的开发过程中，我们将进一步细化和完善该方案，以满足具体的业务需求和技术要求。

在整个过程中，架构师与ChatGPT的交互和处理其反馈是关键。架构师需要结合自身的专业知识和经验，对生成的文档进行审查和调整，确保文档的质量和可用性。

2.2 与ChatGPT对话的文本语言——Markdown

在之前的学习中，我们了解到ChatGPT只能够返回文本，不能够直接生成Word、Excel、PDF等文档。因此我们可以让ChatGPT返回Markdown代码，并利用Markdown编辑器或转换器将其转换成所需格式的文档。

2.2.1 Markdown基本语法

Markdown是一种轻量级标记语言，用于以简单、易读的格式编写文本并将其转换为HTML或其他格式。借助一些工具，可以将Markdown文档转换成为Word或PDF等格式文件。

以下是Markdown语法表。

1. 标题

Markdown使用“#”表示标题的级别，Markdown语法提供了六级标题（从“#”一级标题到“######”六级标题），通过多个“#”的嵌套来区别。注意“#”后面要有个空格，然后才是标题内容。例如：

```
# 一级标题
## 二级标题
### 三级标题
#### 四级标题
##### 五级标题
###### 六级标题
```

上述Markdown代码，使用预览工具查看，会看到如图2-1所示的效果。

一级标题
二级标题
三级标题
四级标题
五级标题
六级标题

图2-1　Markdown预览效果（1）

2. 列表

无序列表可以使用“-”或“*”表示，有序列表则使用数字加“.”表示。注意“-”或“*”后面也要有个空格，示例代码如下。

```
- 无序列表项 1
```

```
- 无序列表项 2
- 无序列表项 3

1. 有序列表项 1
2. 有序列表项 2
3. 有序列表项 3
```

上述Markdown代码，使用预览工具查看，会看到如图 2-2 所示的效果。

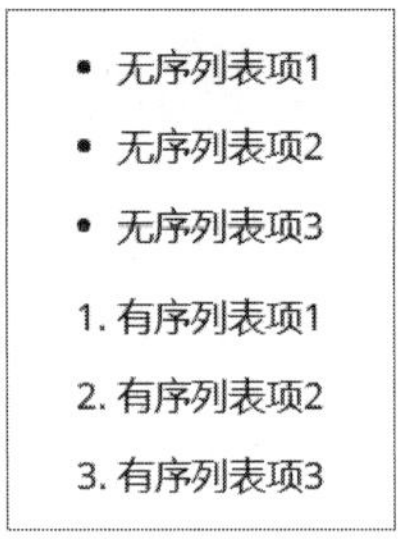

- 无序列表项1
- 无序列表项2
- 无序列表项3

1. 有序列表项1
2. 有序列表项2
3. 有序列表项3

图 2-2　Markdown 预览效果（2）

3. 引用

使用 “>” 符号表示引用。注意 “>” 后面也要有一个空格，示例代码如下。

```
> 这是一段引用文本。
> 这是一段引用文本。
> 这是一段引用文本。
> 这是一段引用文本。
```

上述Markdown代码，使用预览工具查看，会看到如图 2-3 所示的效果。

> 这是一段引用文本。
> 这是一段引用文本。
> 这是一段引用文本。
> 这是一段引用文本。

图 2-3　Markdown 预览效果（3）

4. 粗体和斜体

使用 “**” 包围文本表示粗体，使用 “*” 包围文本表示斜体。注意 “**” 或 “*” 后面也要有个空格，示例代码如下。

```
这是 ** 粗体 ** 文本，这是 * 斜体 * 文本。
```

上述Markdown代码，使用预览工具查看，会看到如图 2-4 所示的效果。

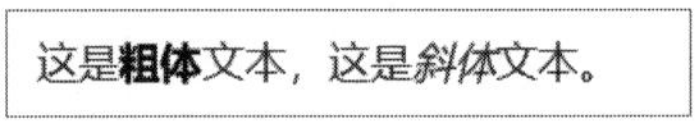

这是**粗体**文本，这是*斜体*文本。

图 2-4　Markdown 预览效果（4）

5. 图片

Markdown 图片语法如下。

```
![图片 alt](图片链接 "图片 title")
```

示例代码如下。

```
![AI 生成图片](./images/deepmind-mbq0qL3ynMs-unsplash.jpg "这是AI 生成的图片。")
```

上述Markdown代码，使用预览工具查看，会看到如图 2-5 所示的效果。

图 2-5　Markdown 预览效果（5）

6. 代码块

使用三个反引号（```）将代码块括起来，并在第一行后面添加代码语言名称，示例代码如下。

````
```python
import re

def calculate_word_frequency(text):
    words = re.findall(r'\b\w+\b', text.lower())
    word_counts = dict()
for word in words:
    if word in word_counts:
        word_counts[word] += 1
    else:
        word_counts[word] = 1
````
````

```
top_10 = sorted(word_counts.items(), key=lambda x: x[1], reverse=True)[:
10]
return top_10
```
```

**注意**

**在三个反引号(```)后面可以指定具体代码语言，如示例中“python”是指这个代码是Python代码，它的好处是键字高亮显示。**

上述Markdown代码，使用预览工具查看，会看到如图 2-6 所示的效果。

```
1  import re
2
3  def calculate_word_frequency(text):
4      words = re.findall(r'\b\w+\b', text.lower())
5      word_counts = dict()
6  for word in words:
7      if word in word_counts:
8          word_counts[word] += 1
9      else:
10         word_counts[word] = 1
11
12 top_10 = sorted(word_counts.items(), key=lambda x: x[1], reverse=True)[:10]
13 return top_10
```

图 2-6　Markdown 预览效果（6）

上面介绍的是 Markdown 的基本语法。这些语法已经足够我们完成一些常见的工作了。如果大家有特殊需求，可以自行学习其他的 Markdown 语法。

2.2.2 使用Markdown工具

工欲善其事，必先利其器。编写Markdown代码时，需要使用好的Markdown工具。

Markdown工具是指专门用来编辑和预览Markdown文件的软件，如VS Code、Typora、Mark Text等。常见的Markdown工具有以下几种。

（1）Visual Studio Code：简称VS Code，它是一款免费开源的代码编辑器，对Markdown语法有很好的支持。我们可以安装Markdown相关扩展（插件），实现文件预览、emoji自动替换、PDF导出等功能。VS Code是当前非常流行的Markdown编辑工具。

（2）Typora：它是一款简洁大方的Markdown编辑器，其界面的简洁美观与平滑流畅让人陶醉。我们可以实时预览和插入图片、表情符号、TOC等，用起来非常顺手，是许多人首选的Markdown写作工具。

（3）Mark Text：它是一款开源的Markdown编辑器，界面简洁，功能强大，支持实时预览、编辑模式切换、插件扩展等，屏蔽了各种复杂设置，专注于文字与思维，是Markdown写作的不错选择。

（4）Ulysses：它是一款专业的写作软件，可以方便地编辑Markdown和其他格式的文稿，提供丰富的导出选项，功能强大。界面简洁大方，具有较高的专业性，适合严肃写作。不过收费较高，
```

可能不适合所有用户。

（5）iA Writer：它是一款专注于文字写作的软件，简洁的界面和强大的Markdown支持令它深受喜爱。该软件可以高度定制主题和字体，专注于文字本身，可以提升写作体验和效率。但整体功能相对简单，可能不能满足某些用户的全部需求。

以上是主流的几款Markdown编辑工具。我们可以根据个人需求和喜好，选择一款简洁而功能强大的工具，来高效编辑Markdown文档。利用ChatGPT可以进一步减少我们的工作量，提升知识创作的效率与质量。

考虑到免费版及版权问题，笔者推荐使用VS Code编辑Markdown文档。

下载VS Code的网站页面，如图 2-7 所示。

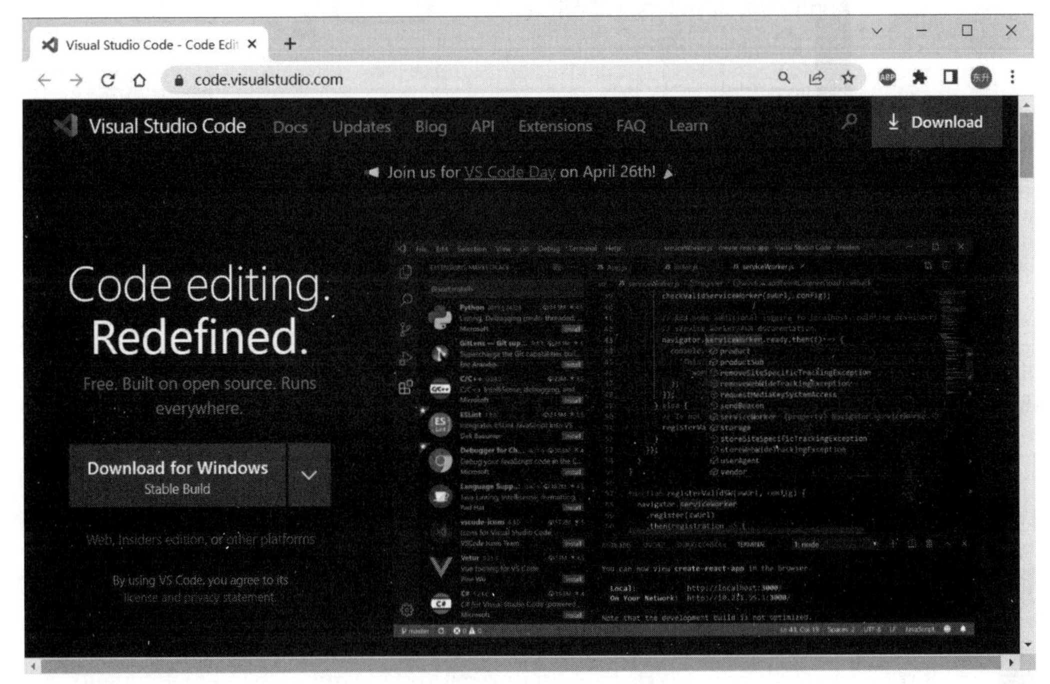

图 2-7 下载VS Code的网站

读者可以选择单击“Download for Windows”按钮，下载基于Windows版本的VS Code安装软件，也可以选择其他操作系统并进行下载。下载完成之后双击“安装文件”就可以安装了，安装过程不再赘述。

为了在VS Code中更好地编写和预览Markdown文档，需要在VS Code中安装一些扩展。这些需要安装的扩展如下。

- Markdown All in One：提供诸多Markdown语法的快捷键和功能，如格式化、预览、表格生成等，使Markdown的编写更加高效。
- Markdown Preview Enhanced：提供更丰富的Markdown预览功能，支持数学公式、Mermaid图表、代码块高亮等，可以将Markdown文件转换为HTML、PDF、PNG等格式的文档。

- Markdownlint：提供Markdown语法检查功能，可以在编写过程中发现并修复常见的Markdown语法错误。

以上是一些常用的Markdown扩展，读者可以根据自己的需求进行选择和安装。

在VS Code中安装扩展的步骤如图 2-8 所示。

图 2-8 安装VS Code扩展

上述示例只介绍了Markdown All in One扩展的安装，其他的扩展读者可以自己安装，这里不再赘述。

安装后，在VS Code中创建文本文件，然后把文件保存为“.md”文件即可。在VS Code中编写和预览Markdown，如图 2-9 所示。

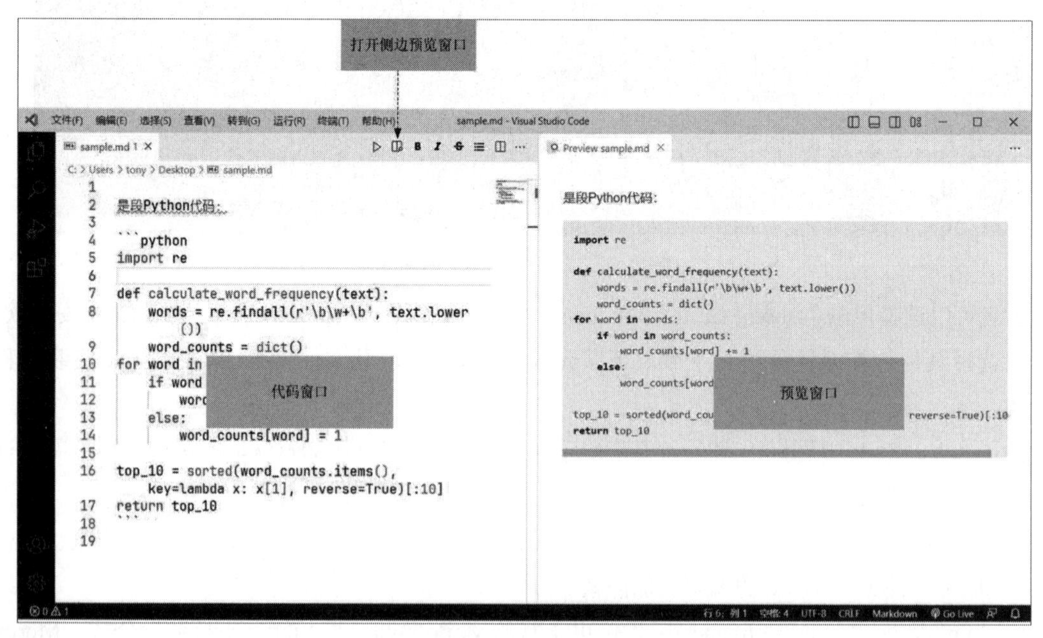

图 2-9 在VS Code中编写和预览Markdown

2.2.3 案例2：生成Markdown格式架构设计文档

安装好Markdown工具后，下面我们就利用ChatGPT将案例1中的“微服务架构设计方案”文档转换成Markdown格式文档。

动手示例

我们向ChatGPT发送如下请求消息。

有如下“微服务架构设计方案”文档，帮我返回Markdown代码格式文档。

微服务架构设计方案

1. 引言

本文档旨在提供一份详细的微服务架构设计方案，以支持开发团队在构建在线电商平台时的系统设计和开发工作。本方案将基于微服务架构的原则和最佳实践，确保系统具备高可扩展性、灵活性和可维护性。

2. 架构设计原则

在设计微服务架构时，我们遵循以下关键原则：

2.1 单一责任原则

每个微服务应专注于单一的业务功能，确保服务的职责清晰明确，可维护性高。

2.2 松耦合原则

微服务之间应该通过轻量级的通信机制进行交互，如使用RESTful API或消息队列，以降低耦合度，提高系统的灵活性和可扩展性。

2.3 高内聚原则

每个微服务应该包含完整的业务逻辑，避免过度依赖其他服务，以提高模块的独立性和可测试性。

2.4 容错设计原则

在设计微服务架构时，考虑到故障的可能性，采用适当的容错机制，如熔断、限流和故障转移，以确保系统的可靠性和稳定性。

3. 模块划分

基于系统需求和业务功能，我们将系统划分为以下核心模块：

3.1 用户管理模块

负责用户注册、登录、身份验证等用户相关功能。

3.2 商品管理模块

负责商品信息的管理和展示，包括商品列表、详情、搜索等功能。

3.3 订单管理模块

处理订单创建、支付、配送等订单相关功能。

3.4 财务管理模块

负责处理支付、结算和财务报表等财务相关功能。

3.5 库存管理模块

管理商品库存信息，包括库存查询、补货等功能。

3.6 支付管理模块

负责处理支付相关功能，如支付接口集成、支付回调处理等。

4. 通信机制

为实现模块之间的通信和协作，我们将采用以下通信机制：

4.1 RESTful API

模块之间通过RESTful API进行数据的传递和交互，使用标准的HTTP协议和JSON格式进行通信。

4.2 消息队列

采用消息队列作为异步通信的机制，提高系统的可伸缩性和性能，支持解耦和消息重试。

5. 技术选型

为实现微服务架构的设计方案，我们将采用以下技术栈：

服务端开发框架：Spring Boot

数据存储：MySQL和Redis

消息队列：Kafka

API网关：Netflix Zuul

配置中心：Spring Cloud Config

服务注册与发现：Netflix Eureka

容器化平台：Docker和Kubernetes

6. 总结

本文档提供一个初步的微服务架构设计方案，涵盖关键原则、模块划分和通信机制等内容。通过加入支付管理模块，我们能够完整地支持系统的支付功能，包括支付接口集成和支付回调处理。该设计方案将为开发团队提供指导，确保系统的可扩展性、灵活性和可维护性。在实际的开发过程中，我们将进一步细化和完善该方案，以满足具体的业务需求和技术要求。

ChatGPT的回答如下。

下面是您要求的Markdown格式的文档：

微服务架构设计方案

1. 引言

本文档旨在提供一份详细的微服务架构设计方案，以支持开发团队在构建在线电商平台时的系统设计和开发工作。本方案将基于微服务架构的原则和最佳实践，确保系统具备高可扩展性、灵活性和可维护性。

2. 架构设计原则

在设计微服务架构时，我们遵循以下关键原则：

- 2.1 单一责任原则：每个微服务应专注于单一的业务功能，确保服务的职责清晰明确，可维护性高。
- 2.2 松耦合原则：微服务之间应该通过轻量级的通信机制进行交互，如使用RESTful API或消息队列，以降低耦合度，提高系统的灵活性和可扩展性。
- 2.3 高内聚原则：每个微服务应该包含完整的业务逻辑，避免过度依赖其他服务，以提高模块的独立性和可测试性。
- 2.4 容错设计原则：在设计微服务架构时，考虑到故障的可能性，采用适当的容错机制，如熔断、限流和故障转移，以确保系统的可靠性和稳定性。

3. 模块划分

基于系统需求和业务功能，我们将系统划分为以下核心模块：

- 3.1 用户管理模块：负责用户注册、登录、身份验证等用户相关功能。
- 3.2 商品管理模块：负责商品信息的管理和展示，包括商品列表、详情、搜索等功能。
- 3.3 订单管理模块：处理订单创建、支付、配送等订单相关功能。
- 3.4 财务管理模块：负责处理支付、结算和财务报表等财务相关功能。
- 3.5 库存管理模块：管理商品库存信息，包括库存查询、补货等功能。
- 3.6 支付管理模块：负责处理支付相关功能，如支付接口集成、支付回调处理等。

4. 通信机制

为实现模块之间的通信和协作，我们将采用以下通信机制：

- 4.1 RESTful API：模块之间通过RESTful API进行数据的传递和交互，使用标准的HTTP协议和JSON格式进行通信。
- 4.2 消息队列：采用消息队列作为异步通信的机制，提高系统的可伸缩性和性能，支持解耦和消息重试。

5. 技术选型

为实现微服务架构的设计方案，我们将采用以下技术栈：

- 服务端开发框架：Spring Boot
- 数据存储：MySQL和Redis
- 消息队列：Kafka
- API网关：Netflix Zuul

- 配置中心：Spring Cloud Config
- 服务注册与发现：Netflix Eureka
- 容器化平台：Docker和Kubernetes

6. 总结

本文档提供一个初步的微服务架构设计方案，涵盖关键原则、模块划分和通信机制等内容。通过加入支付管理模块，我们能够完整地支持系统的支付功能，包括支付接口集成和支付回调处理。该设计方案将为开发团队提供指导，确保系统的可扩展性、灵活性和可维护性。在实际的开发过程中，我们将进一步细化和完善该方案，以满足具体的业务需求和技术要求。

复制上述代码，保存为“微服务架构设计方案.md”文件，然后在VS Code中预览，如图2-10所示。

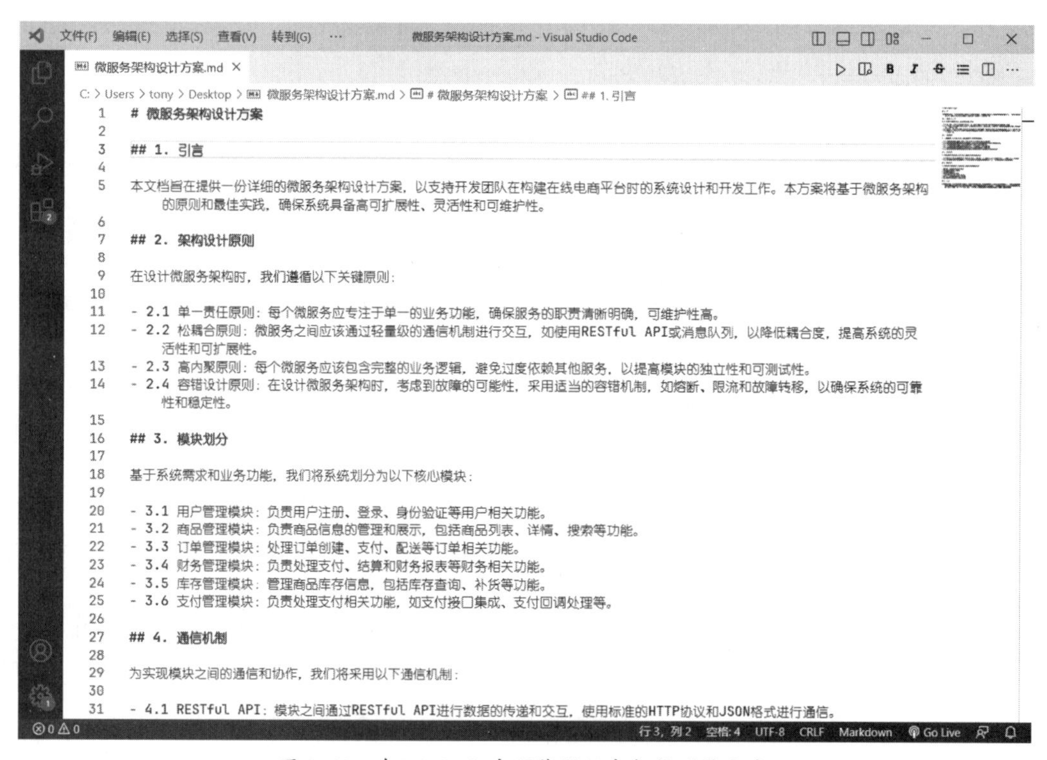

图2-10 在VS Code中预览微服务架构设计方案

2.2.4 将Markdown格式文档转换为Word文档

有时需要将Markdown格式文档转换为Word文档，我们可以使用一些工具或服务，其中一个可选项是使用Pandoc软件。下载Pandoc软件的网站页面如图2-11所示。

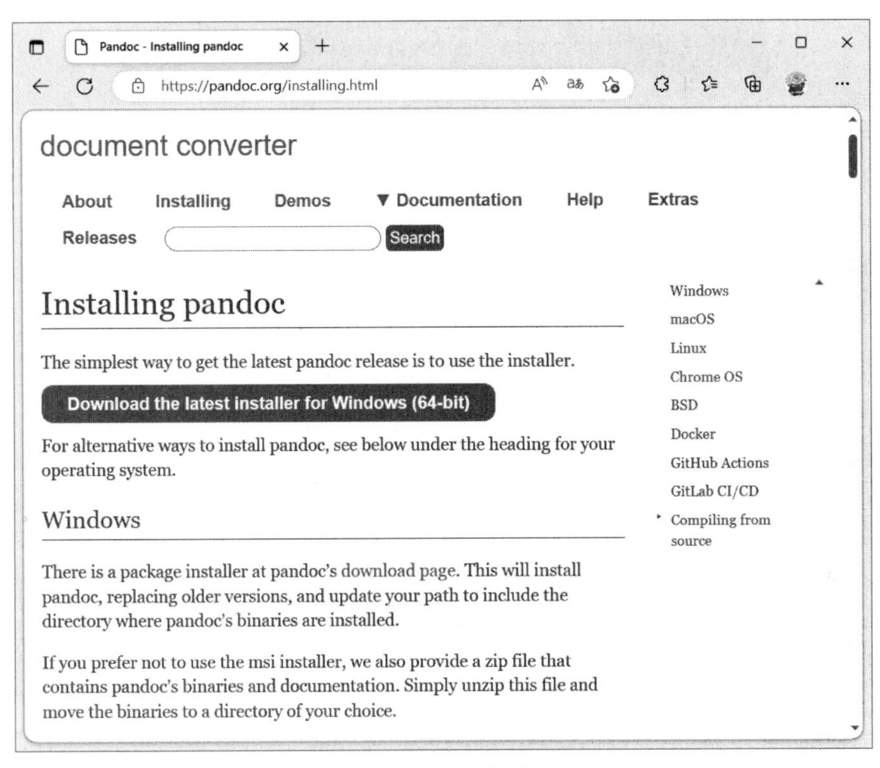

图 2-11　Pandoc软件网站

在该网站读者可以下载相关操作系统对应的Pandoc软件，下载完成就可以安装了。安装时需要确保已经将其添加到系统路径。

安装完成后，通过终端或命令行界面输入以下命令，即可将Markdown文件转换为Word文档。

```
pandoc input.md -o output.docx
```

其中，“input.md”是要转换的Markdown文件名，“output.docx”是生成的Word文档的名称。

除了Pandoc之外，还有其他一些工具和服务可以实现此功能，例如，在线Markdown转换器、VS Code扩展程序等。读者可以根据自己的需求选择适合自己的工具或服务。

将“微服务架构设计方案.md”文件转换为“微服务架构设计方案.docx”，指令如图 2-12 所示。

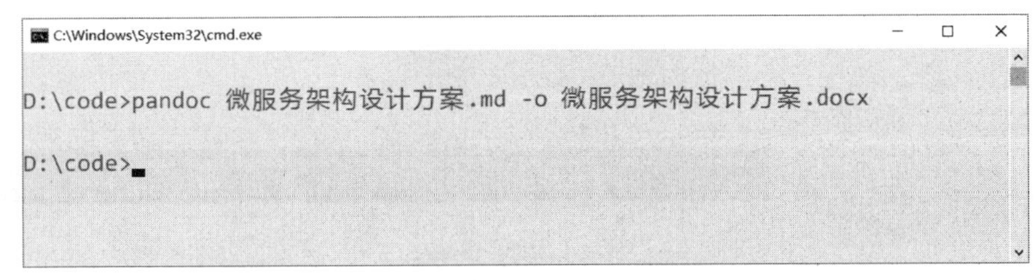

图 2-12　转换微服务架构设计方案文件的指令

转换成功会看到在当前目录下生成“微服务架构设计方案.docx”文件，打开该文件如图 2-13 所示。

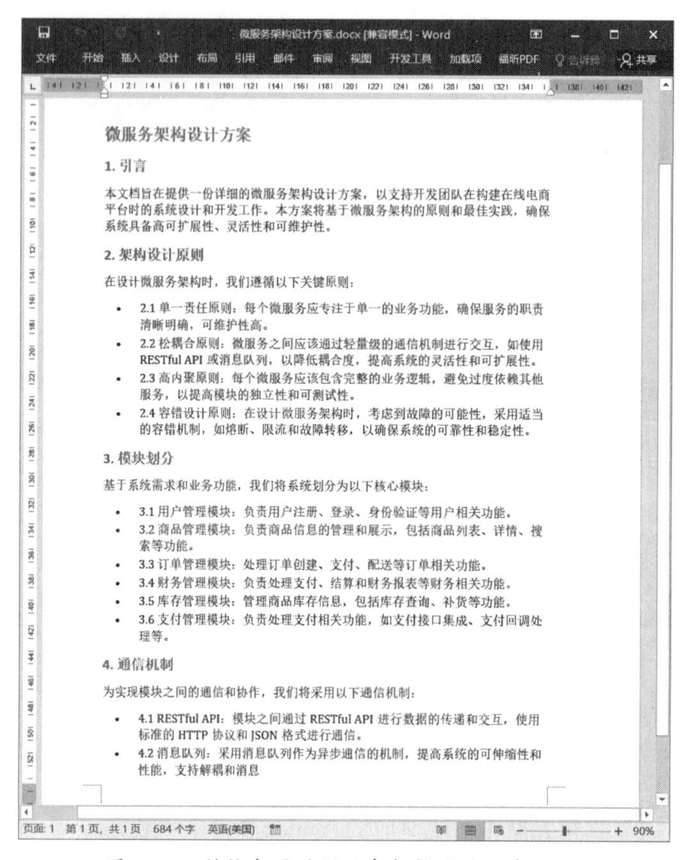

微服务架构设计方案

1. 引言

本文档旨在提供一份详细的微服务架构设计方案，以支持开发团队在构建在线电商平台时的系统设计和开发工作。本方案将基于微服务架构的原则和最佳实践，确保系统具备高可扩展性、灵活性和可维护性。

2. 架构设计原则

在设计微服务架构时，我们遵循以下关键原则：

- 2.1 单一责任原则：每个微服务应专注于单一的业务功能，确保服务的职责清晰明确，可维护性高。
- 2.2 松耦合原则：微服务之间应该通过轻量级的通信机制进行交互，如使用RESTful API或消息队列，以降低耦合度，提高系统的灵活性和可扩展性。
- 2.3 高内聚原则：每个微服务应该包含完整的业务逻辑，避免过度依赖其他服务，以提高模块的独立性和可测试性。
- 2.4 容错设计原则：在设计微服务架构时，考虑到故障的可能性，采用适当的容错机制，如熔断、限流和故障转移，以确保系统的可靠性和稳定性。

3. 模块划分

基于系统需求和业务功能，我们将系统划分为以下核心模块：

- 3.1 用户管理模块：负责用户注册、登录、身份验证等用户相关功能。
- 3.2 商品管理模块：负责商品信息的管理和展示，包括商品列表、详情、搜索等功能。
- 3.3 订单管理模块：处理订单创建、支付、配送等订单相关功能。
- 3.4 财务管理模块：负责处理支付、结算和财务报表等财务相关功能。
- 3.5 库存管理模块：管理商品库存信息，包括库存查询、补货等功能。
- 3.6 支付管理模块：负责处理支付相关功能，如支付接口集成、支付回调处理等。

4. 通信机制

为实现模块之间的通信和协作，我们将采用以下通信机制：

- 4.1 RESTful API：模块之间通过RESTful API进行数据的传递和交互，使用标准的HTTP协议和JSON格式进行通信。
- 4.2 消息队列：采用消息队列作为异步通信的机制，提高系统的可伸缩性和性能，支持解耦和消息

图 2-13　转换成功的微服务架构设计方案.docx

2.2.5 使用Office工具设计格式

在ChatGPT和人工完善的内容基础上，使用Word等Office工具来设计报告的格式，包括字体、版式及图片与图表的插入和设计，生成最终的微服务架构设计方案。

使用Word提供的主题功能，可以对整个文档的主题进行修改。具体步骤如图2-14所示，单击“设计”选项卡，在“主题”组中单击“浏览主题”按钮。这会打开“主题”选项卡，其中展示了各种内置主题，如图2-15所示。

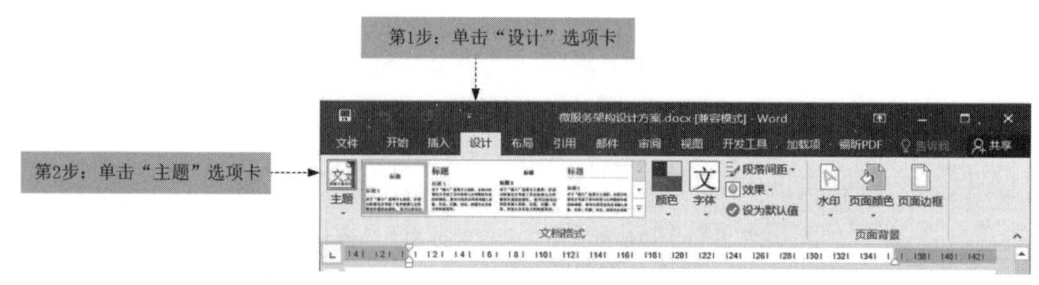

图 2-14　选择主题功能

笔者喜欢“平面”内置主题，选择“平面”内置主题后效果如图11-16所示。

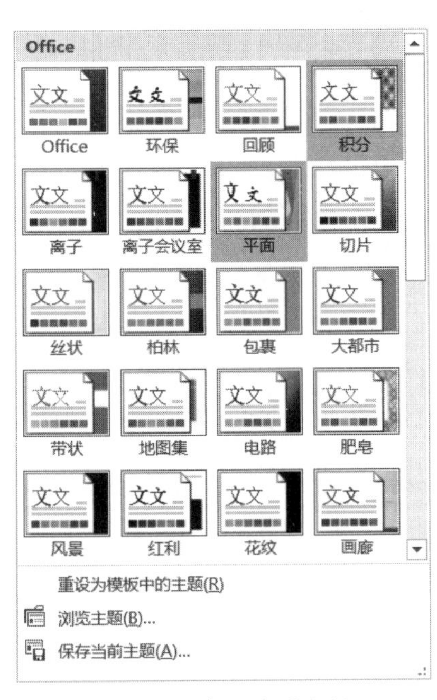

图 2-15　打开内置主题

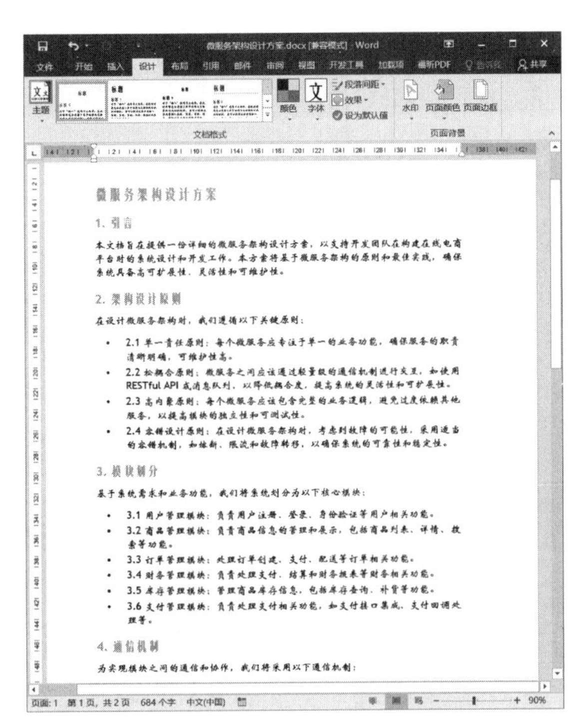

图 2-16　选择“平面”内置主题

2.2.6 将Markdown格式文档转换为PDF文档

要将Markdown格式的文档转换为PDF文档，我们可以使用Pandoc或Typora等工具。在笔者看来，这些工具都有些麻烦，不如使用Word将Markdown格式的文档转成PDF文档。

读者可以使用2.2.4小节生成的Word文件，将其输出为PDF文件。

具体步骤：打开Word文件后，通过菜单“文件”→“导出”弹出如图2-17所示的对话框，然后按照图2-17所示步骤导出PDF文件，导出成功的PDF文件如图2-18所示。

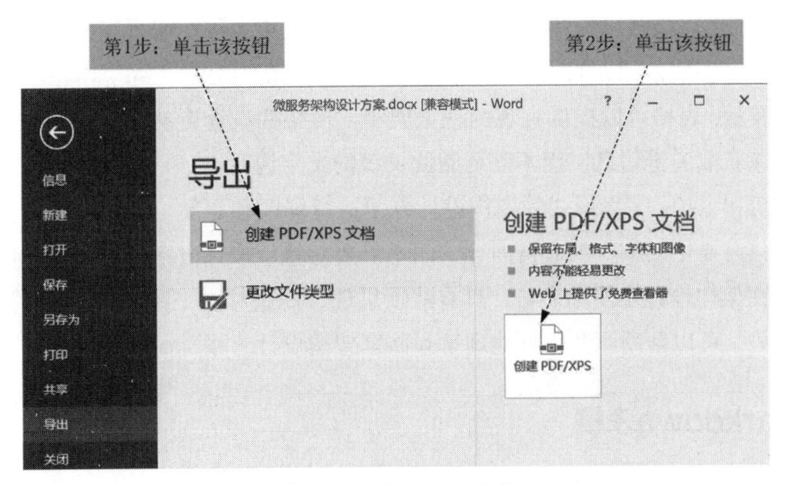

图 2-17　导出PDF文件

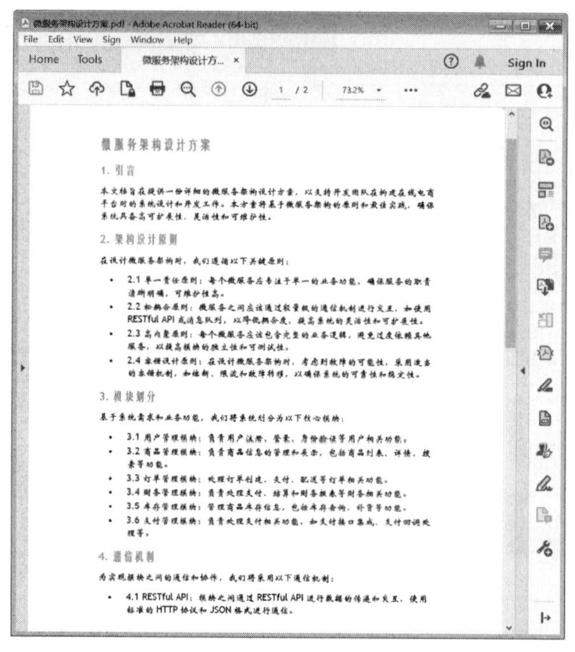
微服务架构设计方案

1. 引言

本文档旨在提供一份详细的微服务架构设计方案，以支持开发团队在构建在线电商平台时的系统设计和开发工作。本方案将基于微服务架构的原则和最佳实践，确保系统具备高可扩展性、灵活性和可维护性。

2. 架构设计原则

在设计微服务架构时，我们遵循以下关键原则：

- 2.1 单一责任原则：每个微服务应专注于单一的业务功能，确保服务的职责清晰明确，可维护性高。
- 2.2 松耦合原则：微服务之间应该通过轻量级的通信机制进行交互，如使用RESTful API或消息队列，以降低耦合度，提高系统的灵活性和可扩展性。
- 2.3 高内聚原则：每个微服务应该包含完整的业务逻辑，避免过度依赖其他服务，以提高模块的独立性和可测试性。
- 2.4 容错设计原则：在设计微服务架构时，考虑到故障的可能性，采用适当的容错机制，如熔断、限流和故障转移，以确保系统的可靠性和稳定性。

3. 模块划分

基于系统需求和业务功能，我们将系统划分为以下核心模块：

- 3.1 用户管理模块：负责用户注册、登录、身份验证等用户相关功能。
- 3.2 商品管理模块：负责商品信息的管理和展示，包括商品列表、详情、搜索等功能。
- 3.3 订单管理模块：处理订单创建、支付、配送等订单相关功能。
- 3.4 财务管理模块：负责处理支付、结算和财务报表等财务相关功能。
- 3.5 库存管理模块：管理商品库存信息，包括库存查询、补货等功能。
- 3.6 支付管理模块：负责处理支付相关功能，如支付接口集成、支付回调处理等。

4. 通信机制

为实现模块之间的通信和协作，我们将采用以下通信机制：

- 4.1 RESTful API：模块之间通过RESTful API进行数据的传递和交互，使用标准的HTTP协议和JSON格式进行通信。

图 2-18　导出成功的PDF文件

2.3 使用表格

在架构设计中，表格广泛应用于各个方面，在架构设计中使用表格具有以下作用。

（1）组织结构清晰：表格可以将模块、职责和技术选型以清晰的结构呈现，使人们可以一目了然地了解每个模块的职责和所选用的技术。

（2）对比和对齐：表格可以方便地进行不同模块之间的对比和对齐。将不同模块的职责和技术选型放在同一表格中，可以更容易地进行比较，发现其共同点和差异，从而做出更好的决策。

（3）信息完整性：表格可以提供更详细的信息，包括模块名称、职责和所选用的技术。这有助于确保设计方案的完整性，让人们了解系统中各个模块的功能和依赖关系。

（4）可视化展示：表格可以提供直观的视觉展示，使架构设计更易于理解和沟通。人们可以通过浏览表格来快速获取关键信息，而不需要阅读长篇的文字说明。

（5）方便更新和维护：表格形式的架构设计方便进行修改和更新。如果有新的模块加入或技术选型发生变化，只需要更新相应的表格内容，而不需要对整个设计方案进行大规模修改。

综上所述，在架构设计中使用表格，具有清晰呈现、提供对比、保证完整性、进行可视化展示和易于维护等优势，可以帮助团队更好地理解和共享架构设计方案。

2.3.1 Markdown表格

由于Markdown不能生成二进制的Excel电子表格，因此可以使用ChatGPT生成如下两种用文本表示的电子表格。

（1）用Markdown代码表示的电子表格。

（2）用CSV表示的电子表格。

我们先来介绍如何制作Markdown表格。

在Markdown代码中可以创建表格，Markdown格式表格是纯文本格式，可以方便地在不同的编辑器和平台之间共享和编辑。以下是制作Markdown表格的示例代码。

```
| 应用场景 | 优势 | 限制 |
|----------------|-----------------------------------------------------------
---|--------------------------------------------------------|
| 微服务架构设计 | 模块化、可扩展、独立部署和维护
| 需要复杂的服务间通信和管理机制 |
| 数据架构设计 | 高性能、可扩展、灵活查询和数据一致性
| 数据迁移和同步的复杂性、数据存储成本 |
| 安全架构设计 | 用户身份验证、访问控制、数据保护
| 增加系统的复杂性和开发成本 |
| 弹性架构设计 | 高可用性、负载均衡、自动伸缩和容错处理
| 复杂性高、需要综合考虑系统的可用性和资源消耗 |
| 云架构设计 | 灵活的资源调配、弹性扩展和高度可靠性
| 对云服务提供商的依赖、可能导致供应商锁定 |
| 性能优化架构设计 | 响应时间优化、资源利用率提升、负载平衡
| 需要深入分析和测试、对系统的各个组件进行优化 |
| 扩展性架构设计 | 可处理大规模用户、适应业务增长、支持水平和垂直扩展
| 架构复杂性增加、可能需要改变现有的系统架构 |
| 多层架构设计 | 分层清晰、各层职责分离、易于维护和扩展
| 模块间通信和数据传递的开销增加、增加了系统的复杂性 |
```

预览效果如图 2-19 所示。

应用场景	优势	限制
微服务架构设计	模块化、可扩展、独立部署和维护	需要复杂的服务间通信和管理机制
数据架构设计	高性能、可扩展、灵活查询和数据一致性	数据迁移和同步的复杂性、数据存储成本
安全架构设计	用户身份验证、访问控制、数据保护	增加系统的复杂性和开发成本
弹性架构设计	高可用性、负载均衡、自动伸缩和容错处理	复杂性高、需要综合考虑系统的可用性和资源消耗
云架构设计	灵活的资源调配、弹性扩展和高度可靠性	对云服务提供商的依赖、可能导致供应商锁定
性能优化架构设计	响应时间优化、资源利用率提升、负载平衡	需要深入分析和测试、对系统的各个组件进行优化
扩展性架构设计	可处理大规模用户、适应业务增长、支持水平和垂直扩展	架构复杂性增加、可能需要改变现有的系统架构
多层架构设计	分层清晰、各层职责分离、易于维护和扩展	模块间通信和数据传递的开销增加、增加了系统的复杂性

图 2-19　Markdown 表格预览效果

在上述示例中，通过使用管道符（|）和减号（-）创建了一个简单的3列9行的表格。第一行为表头，第二行为分隔符，下面的每一行则为表格的数据行。

2.3.2 案例3：使用ChatGPT制作Markdown表格

手动编写Markdown表格需要耗费一定的工作量和耐心，为了提高工作效率，我们可以使用ChatGPT制作Markdown表格。

案例背景

在设计电商平台的架构时，需要考虑系统的各个模块和组件的功能、优势和限制。使用Markdown表格可以清晰地列出每个模块的特点，方便团队成员了解和比较不同的设计方案。

动手示例

架构师向ChatGPT发送如下请求消息。

我们需要创建一个关于电商平台架构设计的Markdown表格。

ChatGPT的回答如下。

当然，请告诉我每个模块的功能、优势和限制，我将帮您逐步生成表格。

架构师向ChatGPT发送如下请求消息。

模块一是用户管理模块，功能包括用户注册、登录、个人信息管理。它的优势是提供用户身份验证和个性化服务，但限制是需要处理大量用户数据并与其他模块进行集成。

ChatGPT的回答如下。

好的，我们开始添加用户管理模块的信息。

模块	功能	优势	限制
用户管理模块	用户注册、登录、个人信息管理	提供用户身份验证和个性化服务	需要处理大量用户数据、需要与其他模块进行集成

架构师向ChatGPT发送如下请求消息。

模块二是商品管理模块，功能包括商品信息管理、商品展示、搜索功能。它的优势是提供丰富的商品展示和搜索体验，但限制是需要处理大量商品数据并与订单管理模块进行集成。

ChatGPT的回答如下。

理解了，我们继续添加商品管理模块的信息。

| 模块 | 功能 | 优势 | 限制 |
|----------------|---|--
-----------|--|
| 用户管理模块 | 用户注册、登录、个人信息管理 | 提供用户身份验证和个性化服
务 | 需要处理大量用户数据、需要与其他模块进行集成 |
| 商品管理模块 | 商品信息管理、商品展示、搜索功能 | 提供丰富的商品展示和搜索体
验 | 需要处理大量商品数据、需要与订单管理模块进行集成 |

架构师向ChatGPT发送如下请求消息。

模块三是订单管理模块，功能包括订单创建、支付、配送管理。它的优势是提供订单处理和配送跟踪功能，但限制是需要与用户管理模块和商品管理模块进行集成。

ChatGPT的回答如下。

明白了，我们添加订单管理模块的信息。

| 模块 | 功能 | 优势 | 限制 ||----------------|--------
------------------------------|--|-------------------
-----------------------|
| 用户管理模块 | 用户注册、登录、个人信息管理 | 提供用户身份验证和个性化服
务 | 需要处理大量用户数据、需要与其他模块进行集成 |
| 商品管理模块 | 商品信息管理、商品展示、搜索功能 | 提供丰富的商品展示和搜索体
验 | 需要处理大量商品数据、需要与订单管理模块进行集成 |
| 订单管理模块 | 订单创建、支付、配送管理 | 提供订单处理和配送跟踪功能
| 需要与用户管理模块和商品管理模块进行集成 |

以此类推，架构师可以继续提供其他模块的功能、优势和限制，然后ChatGPT将为架构师生成完整的Markdown表格。

复制上述代码并保存为“各个模块和组件比较.md”文件，然后使用Markdown工具预览，效果如图 2-20 所示。

模块	功能	优势	限制
用户管理模块	用户注册、登录、个人信息管理	提供用户身份验证和个性化服务	需要处理大量用户数据、需要与其他模块进行集成
商品管理模块	商品信息管理、商品展示、搜索功能	提供丰富的商品展示和搜索体验	需要处理大量商品数据、需要与订单管理模块进行集成
订单管理模块	订单创建、支付、配送管理	提供订单处理和配送跟踪功能	需要与用户管理模块和商品管理模块进行集成

图 2-20　Markdown 预览效果

提示

事实上也可以一次性输入多条数据，但是输入数据多，也就意味着返回数据会增多。ChatGPT对返回数据量是有限制的，导致只能返回部分数据。建议读者"多次少输入"，如果出现ChatGPT不动的情况，说明返回数据太多，读者可以发送"请继续"，ChatGPT会继续返回数据。

2.3.3 CSV电子表格

2.3.2 小节介绍返回的是Markdown 格式的表格数据，此外，我们还可以让ChatGPT返回CSV电子表格。

CSV，全称是Comma-Separated Values，即逗号分隔值的文本文件的电子表格。CSV文件可以被许多应用程序读取和编辑，例如Microsoft Excel、Google Sheets等。每行表示一行记录，每个字段之间用逗号分隔。通常第一行包含表头，其余的行包含数据。例如，以下是包含表头和三行数据的示例代码。

```
姓名，年龄，性别
爱丽丝，25，女
鲍勃，30，男
查理，35，男
```

先将CSV代码复制到文本编辑器中，如图 2-21 所示。然后将文件保存为".csv"格式文件，如图 2-22 所示。

学生信息表.csv - 记事本
文件(F)　编辑(E)　格式(O)　查看(V)
姓名,年龄,性别
爱丽丝,25,女
鲍勃,30,男
查理,35,男

图 2-21　将CSV代码复制到记事本中

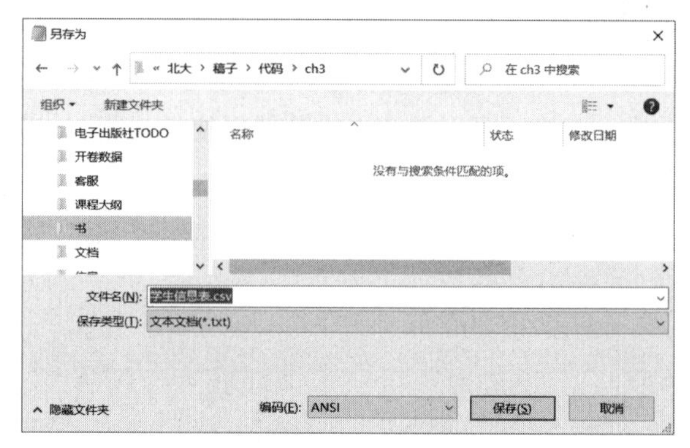

图 2-22　保存CSV文件

保存好CSV文件之后，我们可以使用Excel和WPS等Office工具打开。图2-23所示的是使用Excel打开CSV文件的效果。

注意

在保存CSV文件时，要注意字符集问题！如果是在简体中文系统下，推荐字符集选择ANSI，ANSI在简体中文就是GBK编码。如果不能正确选择字符集则会出现中文乱码，图2-24所示的是用Excel工具打开UTF-8编码的CSV文件出现中文乱码的情况，而用WPS工具打开时则不会有乱码。

	A	B	C	D	E	F
1	姓名	年龄	性别			
2	爱丽丝	25	女			
3	鲍勃	30	男			
4	查理	35	男			

图2-23　使用Excel打开CSV文件

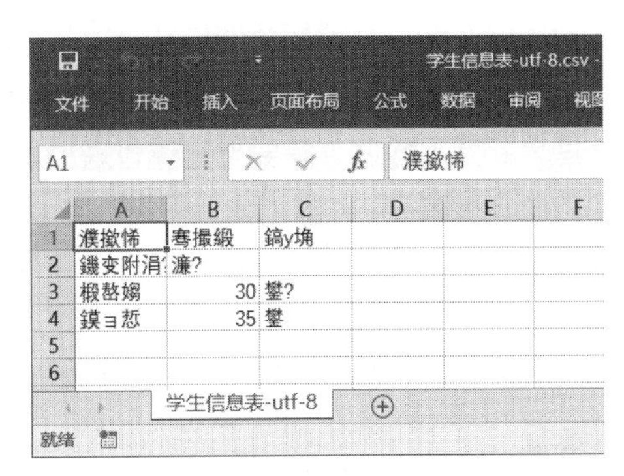

图2-24　CSV文件乱码

2.3.4 案例4：使用ChatGPT制作CSV表格

下面通过案例介绍一下，如何使用ChatGPT制作CSV表格。

使用ChatGPT制作CSV表格和制作Markdown表格类似，都是比较复杂的，可以采用复合指令实现。如果已经有Markdown表格，则可以让ChatGPT将其转换为CSV表格。

动手示例

我们向ChatGPT发送如下请求消息。

帮我将如下Markdown表格转换为CSV表格

```
| 模块 | 功能 | 优势 | 限制 |
| ------------ | ------------------------------------ | -------------------------------- | ------------------------------------------------------------ |
| 用户管理模块 | 用户注册、登录、个人信息管理 | 提供用户身份验证和个性化服务 | 需要处理大量用户数据、需要与其他模块进行集成 |
| 商品管理模块 | 商品信息管理、商品展示、搜索功能 | 提供丰富的商品展示和搜索体验 | 需要处理大量商品数据、需要与订单管理模块进行集成 |
```

```
| 订单管理模块 | 订单创建、支付、配送管理 | 提供订单处理和配送跟踪功能 | 需要与用户管理模块和商品管理模块进行集成 |
```

ChatGPT的回答如下。

当然！以下是给定的Markdown表格的CSV表示形式：

模块,功能,优势,限制

用户管理模块,用户注册、登录、个人信息管理,提供用户身份验证和个性化服务,需要处理大量用户数据、需要与其他模块进行集成

商品管理模块,商品信息管理、商品展示、搜索功能,提供丰富的商品展示和搜索体验,需要处理大量商品数据、需要与订单管理模块进行集成

订单管理模块,订单创建、支付、配送管理,提供订单处理和配送跟踪功能,需要与用户管理模块和商品管理模块进行集成

将这些CSV代码复制出来，粘贴到记事本中保存为CSV文件，这个过程不再赘述。

2.3.5 转换为Excel

使用ChatGPT制作的CSV表格如何转换成Excel呢？我们可以在使用 Excel或WPS等工具打开CSV文件后，选择菜单“文件”→“另存为”，此时会弹出文件“另存为”对话框，在文件“保存类型”中选择“*.xlsx”，如图 2-25 所示。

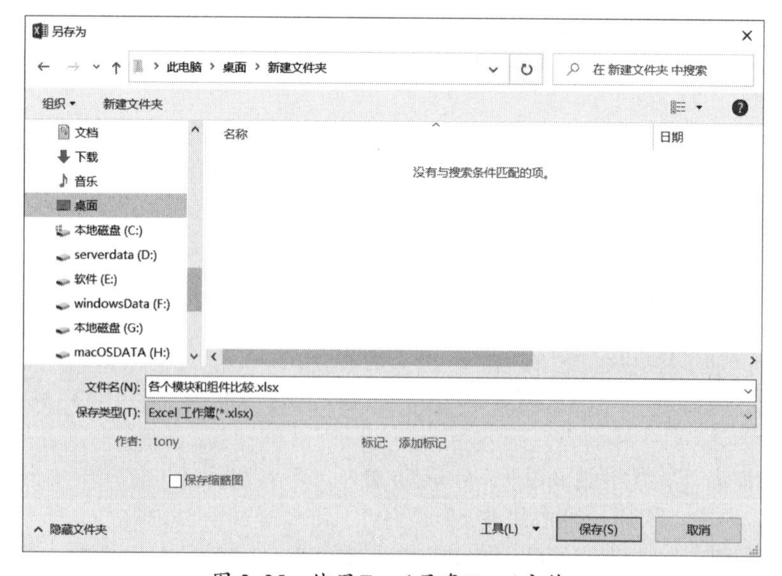

图 2-25　使用Excel另存Excel文件

2.4 本章总结

通过本章的学习，我们获得了ChatGPT在文档生成中的应用知识，同时掌握了Markdown语言、表格制作和文档格式转换的技巧。ChatGPT的协助提高了文档编写的效率和便捷性。在接下来的章节中，我们将继续研究ChatGPT在软件开发和文档编写领域的更多应用。

应用图形图表帮助思考和表达

在架构设计和系统开发过程中，图形是极为有用的辅助工具。通过使用各种图形图表，架构师和开发团队可以更好地理解和表达复杂的概念、关系，做出更好的设计方案。这些图形工具能够帮助架构师以可视化的方式捕捉关键的概念，促进团队之间的沟通和合作，并帮助架构师做出明智的决策。

本章将介绍一系列常用的图形图表，旨在帮助架构师和开发团队更好地思考和解决问题。我们将探索各种图表类型，包括思维导图、鱼骨图等。每种图表都有其特点和用途，可被用于不同的情景和目的。

通过学习这些图形图表的应用，我们能够更好地组织和展现架构设计思路，分析和解决问题，促进团队合作和创造力的发挥。不论是在架构设计讨论中进行头脑风暴，还是与利益相关者交流方案，这些图形图表都将成为宝贵的工具。

本章我们重点介绍思维导图和鱼骨图。

3.1 思维导图

思维导图是一种用于组织和表示概念及其关系的图表工具。它由一个中心主题发散出相关的分支主题，层层递进，直观地呈现思路和逻辑关系。

3.1.1 思维导图在架构设计中的作用

思维导图在架构设计中起着重要的作用。它是一种图形化的工具，能够帮助架构师整理和组织复杂的信息，展现产品的结构和关系，以及辅助决策和沟通。

以下是思维导图在架构设计中的几个重要作用。

（1）组织思路和梳理需求：思维导图可以帮助架构师将大量的想法和需求整理成结构清晰的树状图。通过将不同的需求、功能和任务归类并连接起来，架构师能够更好地理解产品的整体架构和关键要素。

（2）可视化产品规划：思维导图可以将产品的各个模块、功能和流程以图形化的方式展示出来。这有助于架构师和团队成员更好地理解产品的组成部分和各个环节，从而更好地进行产品规划和设计。

（3）发现问题和解决方案：通过思维导图，架构师可以快速发现产品中的问题和面临的挑战，并探索可能的解决方案。思维导图的分支和关联结构可以帮助架构师进行头脑风暴，激发创新思维，并找到最佳的解决方案。

（4）沟通和共享：思维导图是一种简洁而直观的工具，能够清晰地传达产品的信息和用户的想法。架构师可以将思维导图用于内部沟通和团队协作，将复杂的概念和计划以可视化的方式呈现给团队成员和利益相关者，以便其更好地理解和参与产品开发过程。

（5）追踪和管理进度：在产品开发过程中，思维导图可以作为产品路线图和计划的可视化工具。

架构师可以使用思维导图来跟踪项目进展、标记里程碑和任务，以及更新和调整产品计划。

总之，思维导图可以在架构设计中提供一种直观、结构化和可视化的方式来组织和管理产品信息，促进团队协作和决策，并帮助架构师更好地理解、规划和推进产品的发展。

3.1.2 架构师与思维导图

架构师与思维导图是紧密相关的，思维导图是架构师在设计和沟通系统架构时常用的工具之一。通过思维导图，架构师可以清晰地展示系统的组成部分、模块之间的关系及各个模块的功能。

图 3-1 所示的是笔者团队制作的“艺术品收藏应用平台”思维导图。

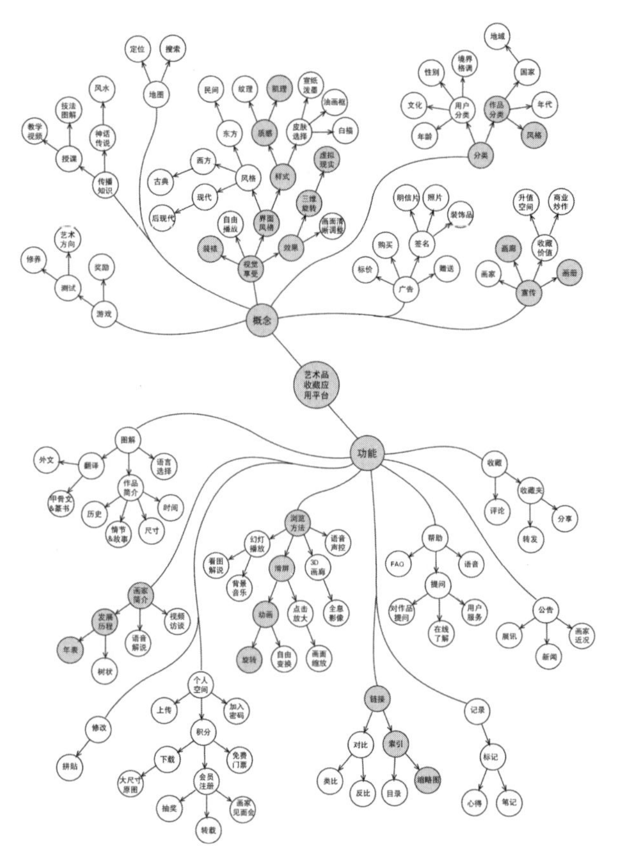

图 3-1 针对“艺术品收藏应用平台”功能的思维导图

3.1.3 绘制思维导图

思维导图可以手绘或使用电子工具创建。当使用电子工具创建时，常使用专业的软件或在线工具，例如MindManager、XMind、Google Drawings、Lucidchart等，这些工具提供了丰富的绘图功能和模板库，可以帮助读者快速创建各种类型的思维导图。

图 3-2 所示的是在白板上绘制的“艺术品收藏应用平台”思维导图，而图 3-3 所示的是使用XMind绘制的思维导图。

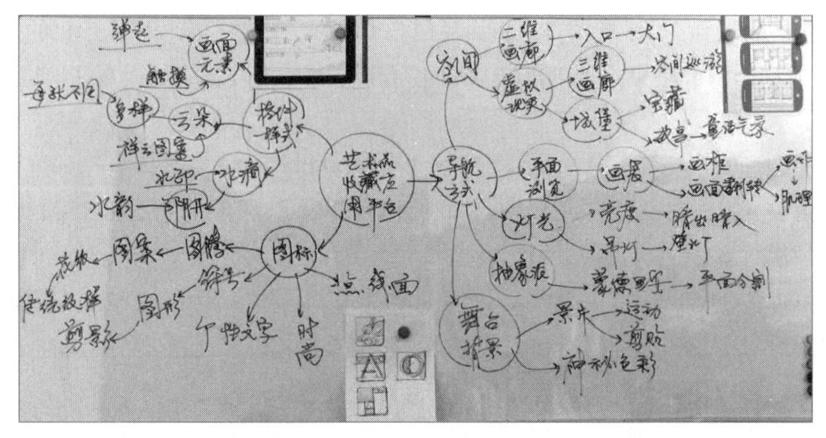

图 3-2 在白板上绘制的“艺术品收藏应用平台”思维导图

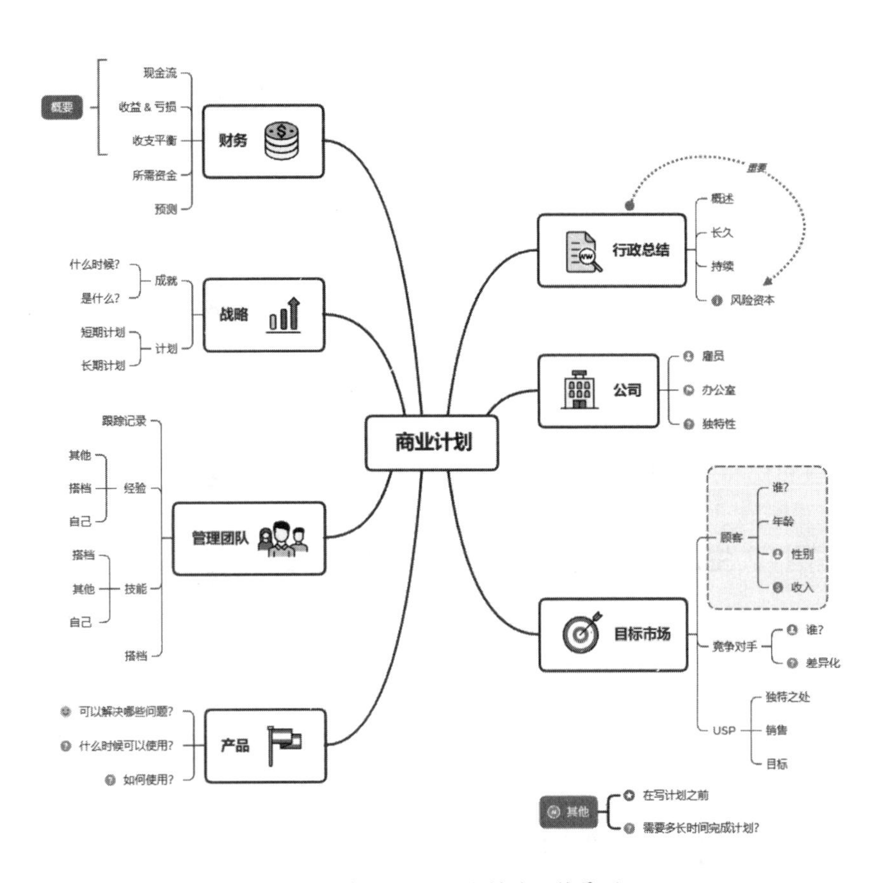

图 3-3　使用 XMind 绘制的思维导图

思维导图是一种记录和组织思考过程的工具，可以在纸质或数字介质上使用。使用目的是以可视化的方式捕捉和整理我们的想法，并帮助我们更好地理解和记忆信息。无论是手写还是使用软件创建思维导图，它都可以作为一个非常有用的工具来促进问题的解决和创造力的发挥。

3.1.4 使用ChatGPT绘制思维导图

ChatGPT是一种自然语言处理模型，它并不具备直接绘制思维导图的能力，但是可以通过如下方法实现。

方法 1：通过ChatGPT生成Markdown代码描述的思维导图，然后使用一些思维导图工具从Markdown 格式代件导入。

方法 2：使用ChatGPT通过文本的绘图工具Mermaid绘制思维导图，图 3-4 所示的是使用Mermaid工具绘制的简单的思维导图。

方法 3：使用ChatGPT通过文本的绘图工具PlantUML绘制思维导图，图 3-5 所示的是使用PlantUML工具绘制的简单的思维导图。

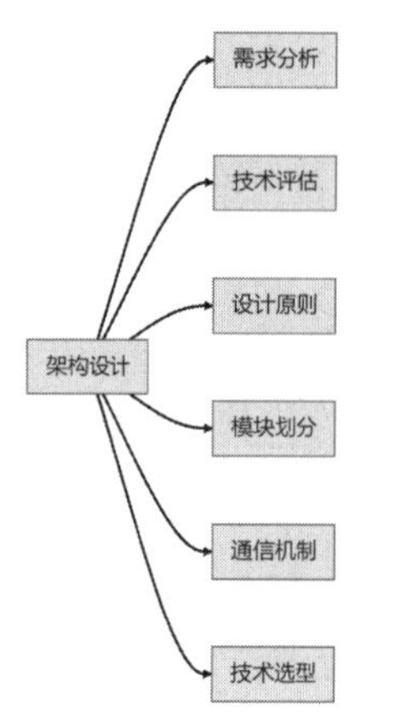

图 3-4　使用Mermaid绘制的思维导图

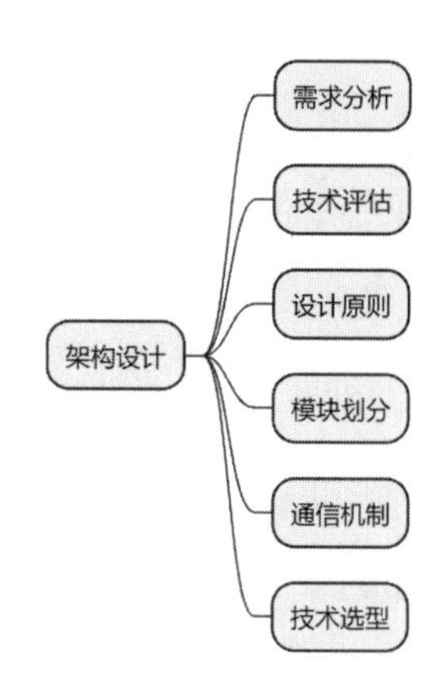

图 3-5　使用PlantUML绘制的思维导图

3.1.5 案例1：生成“微服务架构设计方案”思维导图

下面我们介绍如何通过“方法 1”创建思维导图。

动手示例

由于ChatGPT不能直接生成图片，我们可以换一种问法。

我们向ChatGPT发送如下请求消息。

帮助我以“微服务架构设计方案”为中心主题，返回一个文本版的思维导图，注意返回Markdown 格式代码。

这个提问有三个层面的信息：

（1）以“微服务架构设计方案”为中心主题；

（2）生成文本版的思维导图；

（3）返回的是Markdown 格式代码。

指令执行后，ChatGPT的回答如下。

当然，下面是以“微服务架构设计方案”为中心主题的文本版思维导图的Markdown代码：

微服务架构设计方案
- 引言　　- 系统设计和开发工作支持　　- 基于微服务架构的原则和最佳实践　　- 高可扩展性、灵活性和可维护性
- 架构设计原则　　- 单一责任原则　　　- 微服务专注于单一业务功能　　　　- 职责清晰明确，可维护性高　　- 松耦合原则　　　　- 轻量级通信机制，如RESTful API和消息队列　　　- 降低耦合度，提高灵活性和可扩展性　　- 高内聚原则　　　　- 微服务包含完整业务逻辑　　　- 提高模块独立性和可测试性　　- 容错设计原则　　　- 适当容错机制，如熔断、限流和故障转移

```
- 确保系统可靠性和稳定性
    - 模块划分    - 用户管理模块        - 用户注册、登录、身份验证等功能    - 商品管理模块
- 商品信息的管理和展示        - 商品列表、详情、搜索等功能    - 订单管理模块        - 订单
创建、支付、配送等功能    - 财务管理模块        - 支付、结算和财务报表等功能    - 库存管理
模块        - 商品库存信息的管理        - 库存查询、补货等功能    - 支付管理模块        -
支付相关功能，如支付接口集成和支付回调处理
    - 通信机制    - RESTful API        - 模块间通过HTTP协议和JSON格式进行数据传递和交
互    - 消息队列        - 异步通信机制，支持解耦和消息重试
    - 技术选型    - 服务端开发框架：Spring Boot    - 数据存储：MySQL和Redis    - 消息队
列：Kafka    - API网关：Netflix Zuul    - 配置中心：Spring Cloud Config    - 服务注
册与发现：Netflix Eureka    - 容器化平台：Docker和Kubernetes
    - 总结    - 提供了初步的微服务架构设计方案    - 关键原则、模块划分和通信机制等内容    -
支持系统的可扩展性、灵活性和可维护性    - 进一步细化和完善以满足业务需求和技术要求
```

将上述代码复制出来，然后保存为Markdown格式文件（*.md）。

由于XMind工具提供从Markdown文件导入的功能，我们可以使用XMind工具导入前面刚刚生成的Markdown文件。

导入过程：打开XMind工具，通过菜单“文件”→“导入于”→“Markdown”，弹出“导入文件”对话框，选择要导入的XMind文件。如果导入成功，效果如图3-6所示。

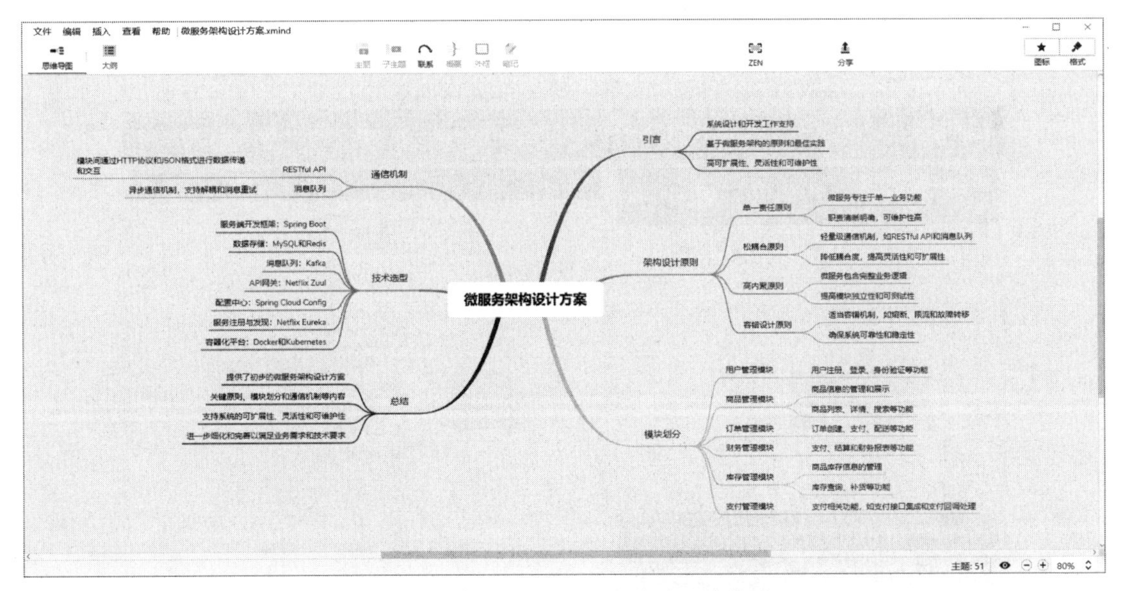

图3-6　导入Markdown文件的思维导图

3.1.6 案例2：使用Mermaid工具绘制思维导图

在3.1.5小节，我们采用“方法1”生成了思维导图，本小节我们介绍使用“方法2”绘制思维导图。这种方式是通过绘图工具Mermaid绘制思维导图。Mermaid是一种文本绘图工具，类似的文本

绘图工具有很多，以下是一些常见的种类。

- Graphviz：一种用于绘制各种类型图表的开源工具，它使用纯文本的图形描述语言，可以创建流程图、组织结构图、网络图和类图等。
- PlantUML：一种基于文本的UML图形绘制工具，它可以用简单的文本描述来创建各种类型的UML图表，包括时序图、活动图、类图和组件图等。
- Mermaid：一种基于文本的流程图和时序图绘制工具，它使用简单的文字描述语言创建流程图和时序图，然后将其转换为可视化的图形。
- Asciiflow：一种在线的ASCII绘图工具，它可以用ASCII字符创建流程图、组织结构图、网络图和类图等。
- Ditaa：一种将ASCII图形转换为矢量图形的工具，它可以将ASCII字符转换为各种类型的图表，包括流程图、时序图和类图等。

使用ChatGPT通过Mermaid绘制图形的具体步骤如下。

第 1 步：根据任务描述，使用ChatGPT生成Mermaid代码。

第 2 步：使用Mermaid渲染工具生成图片。

Mermaid渲染工具也有很多，其中Mermaid Live Editor是官方提供的在线Mermaid编辑器，可以实时预览Mermaid图表。打开Mermaid Live Editor官网页面，如图3-7所示，其中左侧是代码窗口，右侧是渲染后的图形窗口。

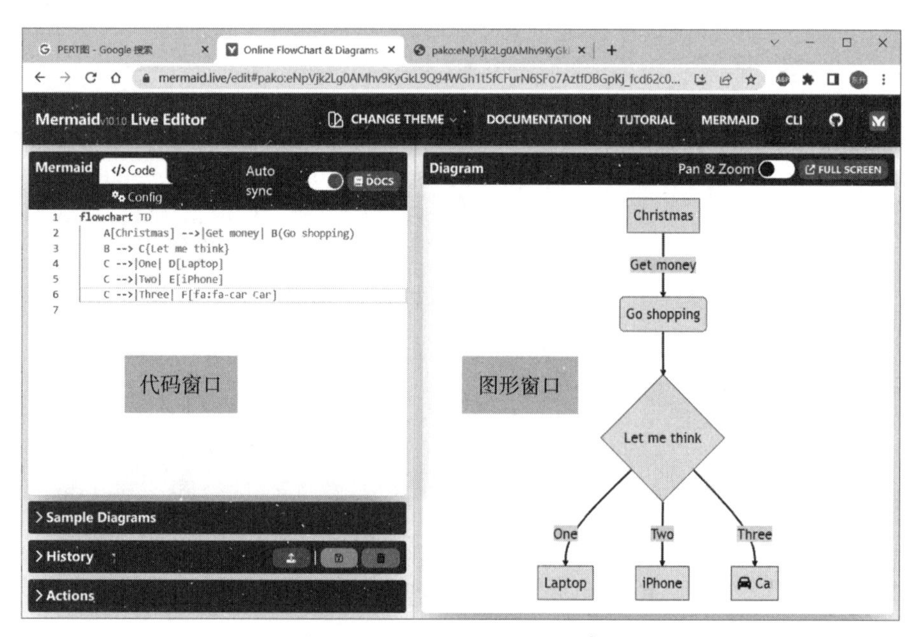

图 3-7　Mermaid Live Editor官网

在左侧的代码窗口中输入Mermaid代码，系统默认会自动同步渲染图形，显示在右侧的渲染图形窗口。读者可以自己测试一下，如果读者还想把渲染的图像输出，可以单击“Actions”按钮，打开如图 3-8 所示的“Actions”面板。在“Actions”面板中可以选择保存或分享图片。

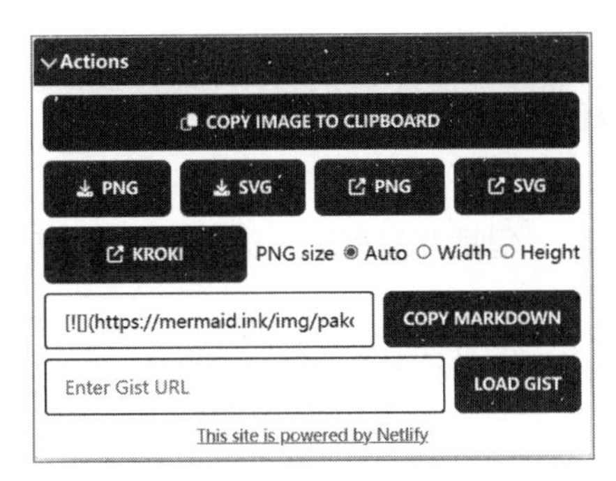

图 3-8　Actions 面板

有关Mermaid代码本书不再解释，我们只是借助ChatGPT使用Mermaid代码绘图而已。

下面我们通过示例介绍一下如何使用Mermaid工具绘制思维导图。

动手示例

我们向ChatGPT发送如下请求消息。

有如下“微服务架构设计方案”文档，帮我使用Mermaid工具绘制思维导图。

微服务架构设计方案

1. 引言

本文档旨在提供一份详细的微服务架构设计方案，以支持开发团队在构建在线电商平台时的系统设计和开发工作。本方案将基于微服务架构的原则和最佳实践，确保系统具备高可扩展性、灵活性和可维护性。

2. 架构设计原则

在设计微服务架构时，我们遵循以下关键原则：

2.1　单一责任原则

每个微服务应专注于单一的业务功能，确保服务的职责清晰明确，可维护性高。

2.2　松耦合原则

微服务之间应该通过轻量级的通信机制进行交互，如使用RESTful API或消息队列，以降低耦合度，提高系统的灵活性和可扩展性。

2.3　高内聚原则

每个微服务应该包含完整的业务逻辑，避免过度依赖其他服务，以提高模块的独立性和可测试性。

2.4　容错设计原则

在设计微服务架构时，考虑到故障的可能性，采用适当的容错机制，如熔断、限流和故障转移，以确保系统的可靠性和稳定性。

3. 模块划分

基于系统需求和业务功能，我们将系统划分为以下核心模块：

3.1 用户管理模块

负责用户注册、登录、身份验证等用户相关功能。

3.2 商品管理模块

负责商品信息的管理和展示，包括商品列表、详情、搜索等功能。

3.3 订单管理模块

处理订单创建、支付、配送等订单相关功能。

3.4 财务管理模块

负责处理支付、结算和财务报表等财务相关功能。

3.5 库存管理模块

管理商品库存信息，包括库存查询、补货等功能。

3.6 支付管理模块

负责处理支付相关功能，如支付接口集成、支付回调处理等。

4. 通信机制

为实现模块之间的通信和协作，我们将采用以下通信机制：

4.1 RESTful API

模块之间通过RESTful API进行数据的传递和交互，使用标准的HTTP协议和JSON格式进行通信。

4.2 消息队列

采用消息队列作为异步通信的机制，提高系统的可伸缩性和性能，支持解耦和消息重试。

5. 技术选型

为实现微服务架构的设计方案，我们将采用以下技术栈：

服务端开发框架：Spring Boot

数据存储：MySQL和Redis

消息队列：Kafka

API网关：Netflix Zuul

配置中心：Spring Cloud Config

服务注册与发现：Netflix Eureka

容器化平台：Docker和Kubernetes

6. 总结

本文档提供一个初步的微服务架构设计方案，涵盖关键原则、模块划分和通信机制等内容。通过加入支付管理模块，我们能够完整地支持系统的支付功能，包括支付接口集成和支付回调处理。该设计方案将为开发团队提供指导，确保系统的可扩展性、灵活性和可维护性。在实际的开发过程中，我们将进一步细化和完善该方案，以满足具体的业务需求和技术要求。

指令执行后，ChatGPT的回答如下。

当然，下面是以“微服务架构设计方案”为中心主题的文本版思维导图的Markdown代码：

```
graph TD
    A[微服务架构设计方案] -->B(1.引言)
    A --> C(2.架构设计原则)
        C -->C1[单一责任原则]
        C -->C2[松耦合原则]
        C -->C3[高内聚原则]
        C -->C4[容错设计原则]
    A --> D(3.模块划分)
        D -->D1[用户管理模块]
        D -->D2[商品管理模块]
        D -->D3[订单管理模块]
        D -->D4[财务管理模块]
        D -->D5[库存管理模块]
        D -->D6[支付管理模块]
    A --> E(4.通信机制)
        E --> E1[RESTful API]
        E --> E2[消息队列]
    A --> F(5.技术选型)
    A --> G(6.总结)
```

将代码复制到Mermaid Live Editor工具中进行渲染，结果如图 3-9 所示。

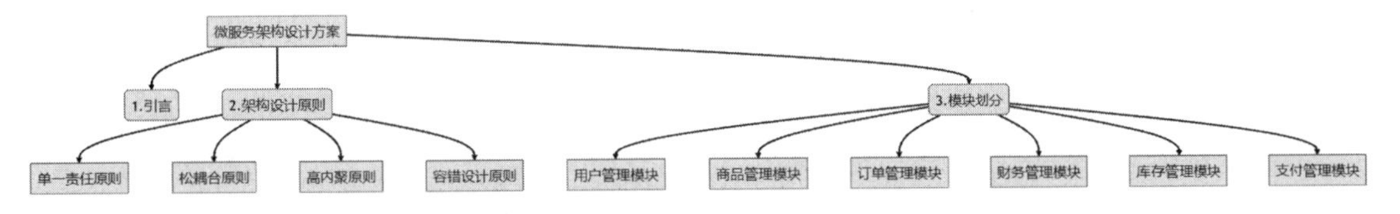

图 3-9　使用Mermaid绘制的思维导图(部分)

3.1.7 案例3：使用PlantUML工具绘制思维导图

在 3.1.6 小节，我们采用“方法 2”绘制了思维导图，本小节我们介绍使用“方法 3”绘制思维导图。这种方式是通过PlantUML工具绘制思维导图。使用ChatGPT通过PlantUML绘制思维导图的具体步骤如下。

第 1 步：根据任务描述，使用ChatGPT生成PlantUML代码。

第 2 步：使用PlantUML渲染工具生成图片。

由于在本书中多次使用PlantUML工具绘制架构设计中的各种图形，因此，这里介绍一下PlantUML语言。

PlantUML是一种使用简单文本描述生成UML图形的工具。它使用一种基于代码的语言，通过文本输入定义和描述UML图形元素，包括类、对象、关系、活动、用例等。

以下是PlantUML中常见的语言元素。

（1）Class：表示一个类，关键字为“class”，可以指定类名和属性列表。

（2）Object：表示一个对象，关键字为“object”，可以指定对象名称和类型。

（3）Relationship：表示类或对象之间的关系，包括继承、实现、关联、聚合、组合等。

（4）Use Case：表示一个用例，关键字为“usecase”，可以指定用例名称和描述。

（5）Activity：表示一个活动，关键字为“activity”，可以指定活动名称和描述。

（6）Comment：表示注释，使用单引号（'）或双斜杠（//）作为注释符号。

PlantUML的描述语言是基于代码的语言，所以能够由ChatGPT生成和修改。

以下是编写PlantUML代码的基本步骤。

（1）选择一个编辑器：可以使用任何文本编辑器或集成开发环境（IDE）编写PlantUML代码。建议使用支持PlantUML扩展的编辑器，如VS Code、Sublime Text、Atom等。

（2）编写PlantUML代码：在编辑器中创建新文件，并使用PlantUML语言标记定义UML图形元素，如类、对象、关系、活动、用例等。可以通过PlantUML官方文档或示例进行参考和学习。

（3）导出UML图形：保存PlantUML代码文件，并将其导入PlantUML工具生成对应的UML图形。可以使用PlantUML命令行工具、在线网站、插件等方式进行导出。

例如，下面是一个简单的PlantUML类图的示例代码，展示了如何创建Animal类和Dog类，并建立继承关系。它的预览结果如图3-10所示。

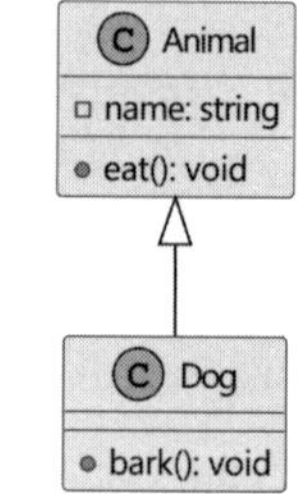

图3-10 PlantUML类图

```
@startuml
class Animal {
  - name: string
  + eat(): void
}

class Dog extends Animal {
  + bark(): void
}
@enduml
```

下面重点介绍如何在VS Code工具中编写和预览PlantUML语言来生成UML图表。下面是在VS Code中编写PlantUML的步骤。

（1）安装PlantUML扩展：打开Visual Studio Code，单击左侧侧边栏上的扩展图标，搜索PlantUML扩展并安装，如图3-11所示。

（2）创建PlantUML文件：在Visual Studio Code中创建一个新文件，将文件名后缀更改为“.puml”或“.plantuml”，这样VS Code会自动关联PlantUML语言。

图 3-11　安装PlantUML扩展

（3）编写PlantUML代码：在新文件中编写PlantUML代码，保存文件如图3-12所示。

（4）在VS Code中预览图形：按“Ctrl+Shift+P”组合键，在命令面板中输入“PlantUML”，选择“Preview Current Diagram”，在VS Code中查看生成的图形，如图3-13所示。

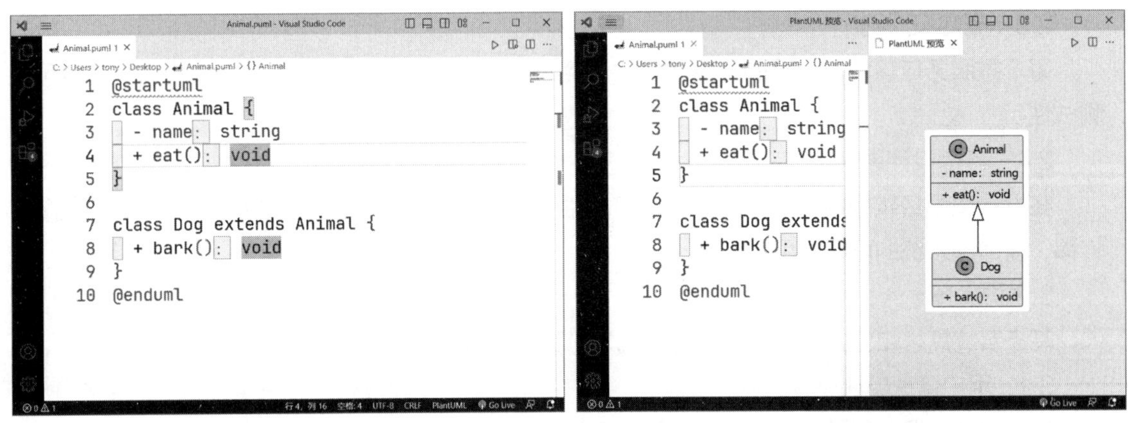

图 3-12　保存PlantUML文件　　　　图 3-13　预览图形

（5）导出UML图形：如果需要导出UML图形，可以使用PlantUML官方提供的命令行工具，或者使用VS Code的其他扩展进行导出，也可以在预览窗口单击按钮，将图片复制到剪贴板，然后再粘贴到任何想放置的位置即可。

提示

有关PlantUML语言的等更多语法，读者可以在PlantUML官网下载。

下面我们通过示例介绍一下如何使用PlantUML工具绘制思维导图。

动手示例

我们向ChatGPT发送如下请求消息。

有如下“微服务架构设计方案”文档，帮我使用PlantUML工具绘制思维导图，注意文字太多，简化一下文字。

微服务架构设计方案

1. 引言

本文档旨在提供一份详细的微服务架构设计方案，以支持开发团队在构建在线电商平台时的系统设计和开发工作。本方案将基于微服务架构的原则和最佳实践，确保系统具备高可扩展性、灵活性和可维护性。

2. 架构设计原则

在设计微服务架构时，我们遵循以下关键原则：

2.1 单一责任原则

每个微服务应专注于单一的业务功能，确保服务的职责清晰明确，可维护性高。

2.2 松耦合原则

微服务之间应该通过轻量级的通信机制进行交互，如使用RESTful API或消息队列，以降低耦合度，提高系统的灵活性和可扩展性。

2.3 高内聚原则

每个微服务应该包含完整的业务逻辑，避免过度依赖其他服务，以提高模块的独立性和可测试性。

2.4 容错设计原则

在设计微服务架构时，考虑到故障的可能性，采用适当的容错机制，如熔断、限流和故障转移，以确保系统的可靠性和稳定性。

3. 模块划分

基于系统需求和业务功能，我们将系统划分为以下核心模块：

3.1 用户管理模块

负责用户注册、登录、身份验证等用户相关功能。

3.2 商品管理模块

负责商品信息的管理和展示，包括商品列表、详情、搜索等功能。

3.3 订单管理模块

处理订单创建、支付、配送等订单相关功能。

3.4 财务管理模块

负责处理支付、结算和财务报表等财务相关功能。

3.5 库存管理模块

管理商品库存信息，包括库存查询、补货等功能。

3.6 支付管理模块

负责处理支付相关功能，如支付接口集成、支付回调处理等。

4. 通信机制

为实现模块之间的通信和协作，我们将采用以下通信机制：

4.1 RESTful API

模块之间通过RESTful API进行数据的传递和交互，使用标准的HTTP协议和JSON格式进行通信。

4.2 消息队列

采用消息队列作为异步通信的机制，提高系统的可伸缩性和性能，支持解耦和消息重试。

5. 技术选型

为实现微服务架构的设计方案，我们将采用以下技术栈：

服务端开发框架：Spring Boot

数据存储：MySQL和Redis

消息队列：Kafka

API网关：Netflix Zuul

配置中心：Spring Cloud Config

服务注册与发现：Netflix Eureka

容器化平台：Docker和Kubernetes

6. 总结

本文档提供一个初步的微服务架构设计方案，涵盖关键原则、模块划分和通信机制等内容。通过加入支付管理模块，我们能够完整地支持系统的支付功能，包括支付接口集成和支付回调处理。该设计方案将为开发团队提供指导，确保系统的可扩展性、灵活性和可维护性。在实际的开发过程中，我们将进一步细化和完善该方案，以满足具体的业务需求和技术要求。

指令执行后，ChatGPT的回答如下。

使用PlantUML工具绘制思维导图，简化后的文档如下。

```
@startmindmap
* 微服务架构设计方案
** 引言
** 架构设计原则
```

```
*** 单一责任原则
*** 松耦合原则
*** 高内聚原则
*** 容错设计原则
** 模块划分
*** 用户管理模块
*** 商品管理模块
*** 订单管理模块
*** 财务管理模块
*** 库存管理模块
*** 支付管理模块
** 通信机制
*** RESTful API
*** 消息队列
** 技术选型
*** 服务端开发框架：Spring Boot
*** 数据存储：MySQL和Redis
*** 消息队列：Kafka
*** API网关：Netflix Zuul
*** 配置中心：Spring Cloud Config
*** 服务注册与发现：Netflix Eureka
*** 容器化平台：Docker和Kubernetes
** 总结
@endmindmap
```

将上述代码复制到VS Code的PlantUML扩展工具中，渲染后生成思维导图，如图3-14所示。

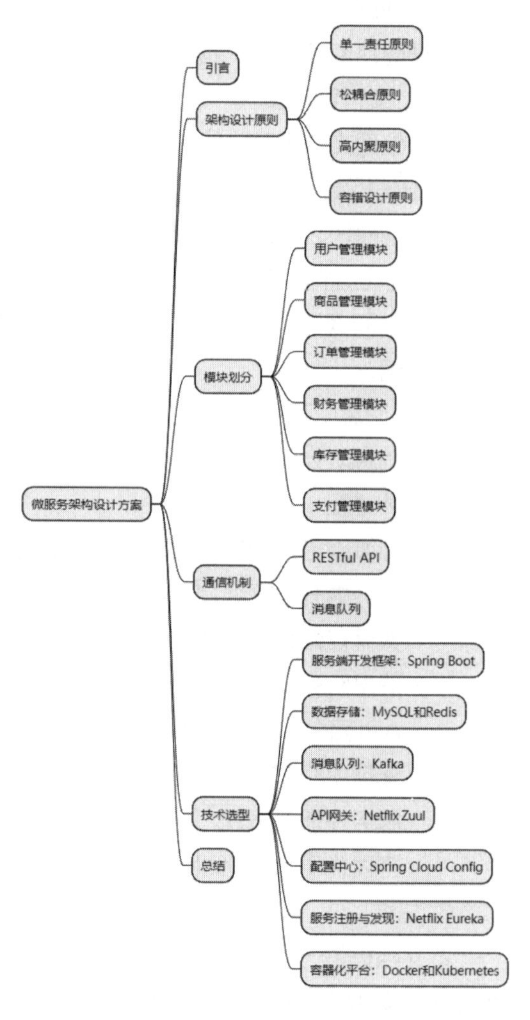

图3-14 使用PlantUML工具渲染思维导图

提示

有关PlantUML语言，也有类似与Mermaid Live Editor一样的在线渲染网站，笔者推荐PlantUML和PlantText官网，具体使用过程不再赘述。

3.2 使用ChatGPT制作图表

使用ChatGPT不能直接制作图表，但是可以通过多种途径制作图表，归纳一下主要有以下两种方法。

（1）无编程方法，可以使用ChatGPT生成Excel电子表格，然后再使用Excel中的内置图表制作功能制作图表。

（2）编程方法，通过ChatGPT生成代码，如使用VBA、Python等语言，从数据中生成图表。

3.2.1 通过无编程方法使用ChatGPT制作图表

通过无编程方法使用ChatGPT制作图表，过程如下：使用ChatGPT生成Excel文件，然后在Excel中制作图表。图 3-15 所示的是在Excel中制作的电子产品目录表。

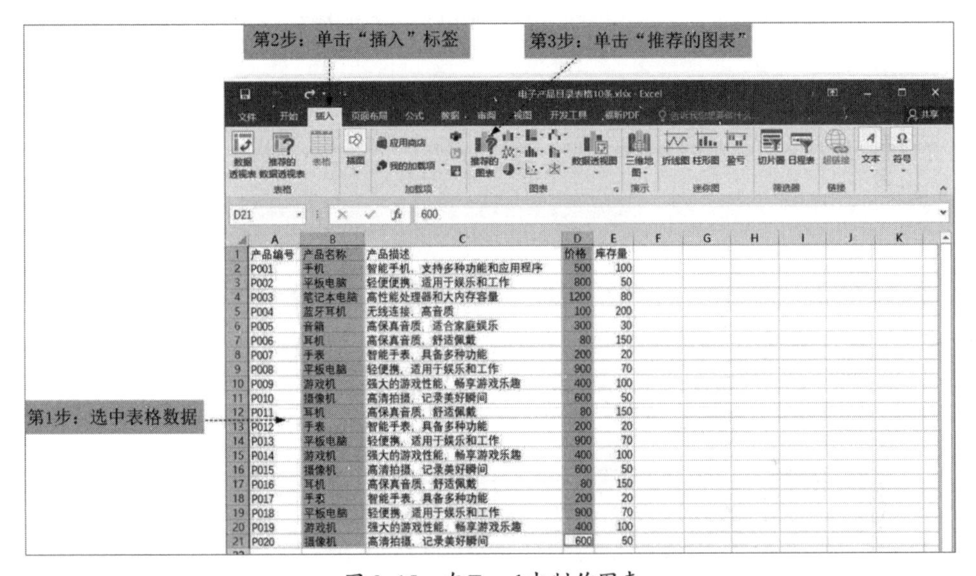

图 3-15　在Excel中制作图表

单击“推荐的图表”按钮，会弹出如图 3-16 所示的“更改图表类型”对话框。通常推荐的是柱状图，但是柱状图并不适合本例，那么我们可以选择条状图，如图 3-17 所示。

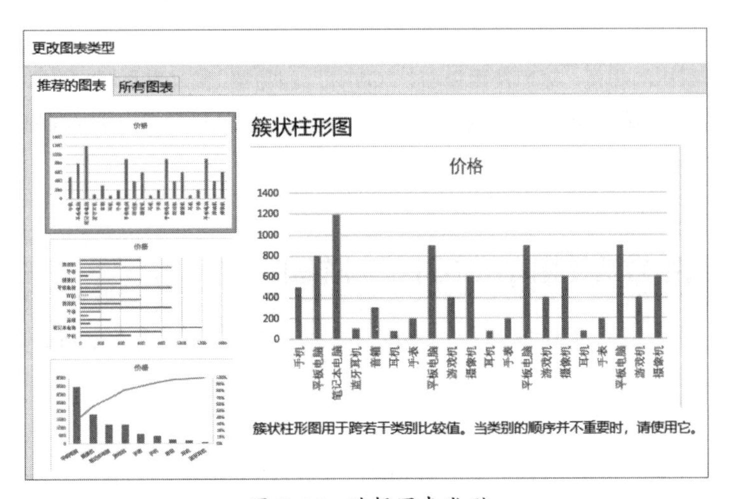

图 3-16　选择图表类型

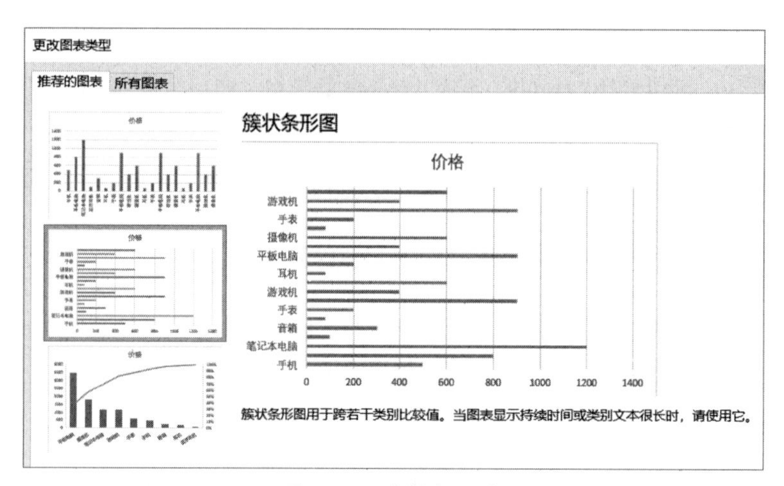

图 3-17 选择条状图

选择条状图后我们还可以调整图表类型、修改标题等，这里不再赘述。最后可以将图表导出来，如图 3-18 所示。

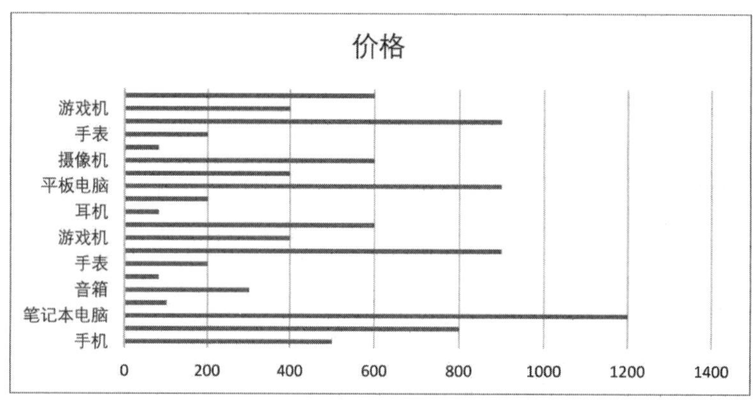

图 3-18 最后制作的图表

提示

在Excel中选中要导出的图表，然后使用复制（"Ctrl+C"组合键）和粘贴（"Ctrl+V"组合键）命令将图表粘贴到另一个应用程序中（例如Word、PowerPoint、Paint等）。粘贴后，读者可以对图表进行进一步编辑、保存或导出。

3.2.2 通过编程方法使用ChatGPT制作图表

如果想要通过编程方式使用ChatGPT图表，需要具备一定的编程基础。目前主要可以使用VBA和Python语言实现。

笔者强烈推荐使用Python语言来编写代码，因为Python提供丰富的图表库，如Matplotlib、Seaborn、Plotly等。这些库提供丰富的API和组件，可以帮助绘制高质量的图表，并提供多种导出格式，例如PNG、JPEG、SVG等。

下面就来介绍一下如何使用ChatGPT生成Python代码来绘制图表。

动手示例

向ChatGPT发送请求消息，让ChatGPT生成Python代码。

我们向ChatGPT发送如下请求消息。

以下是使用Python绘制条形图的示例代码，使用Matplotlib库进行绘图，数据来自“电子产品目录表格 10 条.xlsx”文件的B列和D列。

ChatGPT的回答如下。

以下是使用Python绘制条形图的示例代码，使用Pandas和Matplotlib库进行绘图：

```
import pandas as pd
import matplotlib.pyplot as plt

# 读取Excel文件
data = pd.read_excel("电子产品目录表格 10 条.xlsx")

# 提取B列(产品名称)和D列(价格)数据
product_names = data['产品名称']
prices = data['价格']

# 绘制条形图
plt.figure(figsize=(10, 6))
plt.barh(product_names, prices)
plt.xlabel('价格')
plt.ylabel('产品名称')
plt.title('产品价格分布')

# 自动调整Y轴标签的位置，避免重叠
plt.tight_layout()

# 显示图形
plt.show()
```

复制上述Python代码，并保存为“.py”文件。

请确保在运行代码之前已经安装了Pandas和Matplotlib库，并将数据保存在名为“电子产品目录表格 10 条.xlsx”的Excel文件中，且Python文件和“电子产品目录表格 10 条.xlsx”文件放在同一个目录中。

运行代码后，会生成一个条形图，显示产品名称和对应的价格信息，如图 3-19 所示。

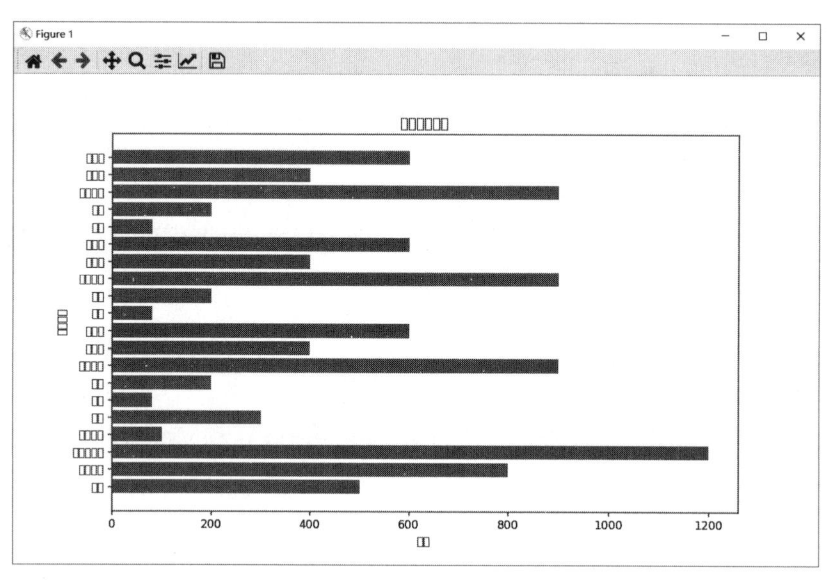

图 3-19 使用 Python 语言绘制的条状图

但是从运行结果可见，中文显示有问题，这是因为 Matplotlib 库本身对中文支持不好，可以让 ChatGPT 修改代码解决该问题。

向 ChatGPT 发送如下指令。

代码运行结果，有中文显示乱码，帮我修改代码。

上述指令执行后，ChatGPT 的回答如下。

```
import pandas as pd
import matplotlib.pyplot as plt
from matplotlib.font_manager import FontProperties

# 设置中文字体
font = FontProperties(fname='C:/Windows/Fonts/msyh.ttc', size=12)  # 指定中文字体文件路径和字号

# 读取 Excel 文件
data = pd.read_excel("电子产品目录表格 10 条 .xlsx")

# 提取 D 列（价格）数据
prices = data['价格']
```

```
# 绘制条形图
plt.figure(figsize=(10, 6))
plt.barh(range(len(prices)), prices)
plt.xlabel('价格', fontproperties=font)  # 设置x轴标签的字体
plt.ylabel('索引', fontproperties=font)  # 设置y轴标签的字体
plt.title('产品价格分布', fontproperties=font)  # 设置标题的字体

# 设置Y轴刻度标签为原始的产品名称
plt.yticks(range(len(prices)), data['产品名称'], fontproperties=font)

# 自动调整Y轴标签的位置，避免重叠
plt.tight_layout()

# 显示图形
plt.show()
```

保存代码重新运行，运行结果如图 3-20 所示。

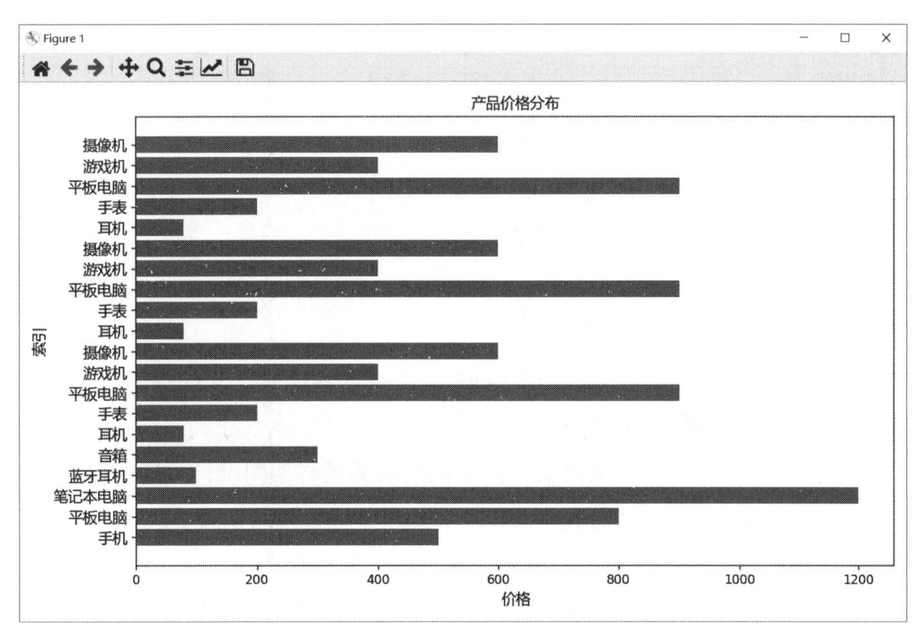

图 3-20　运行结果

从运行结果可见，中文显示正常了。

3.3 鱼骨图

鱼骨图(Fishbone Diagram)，又称因果图或石川图，是一种用分支图表示因果关系的可视化工具。

它通过一个鱼骨的结构，清晰地展示一个结果（鱼头）和其影响因素（鱼骨）之间的关系，图 3-21 所示的是一个项目延期原因分析的鱼骨图。

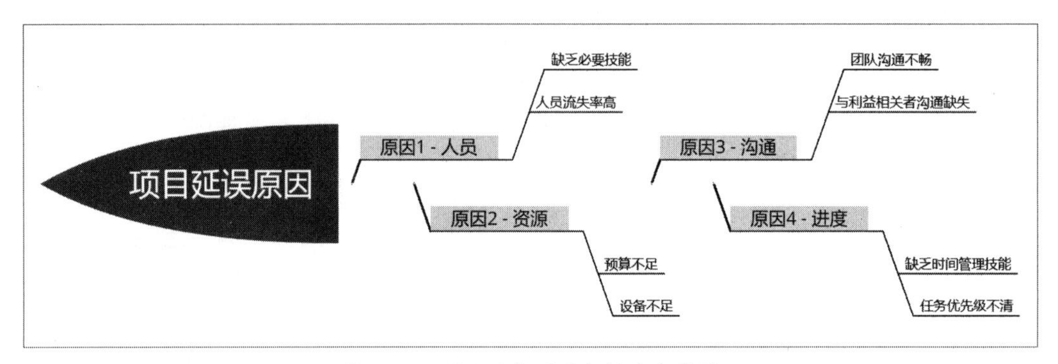

图 3-21　项目延期原因分析的鱼骨图

鱼骨图的主要结构如下。

（1）鱼头：表示问题的结果或影响。

（2）主骨骼：表示影响结果的主要分类，通常包括人员、机器、方法、材料、环境等。

（3）小骨骼：表示具体的影响因素，属于主骨骼的分类。

鱼骨图的主要作用如下。

（1）直观展示结果的潜在影响因素，特别是容易被忽略的根本原因。

（2）分析各影响因素之间的关系，找出关键影响因素。

（3）为问题解决提供清晰的思路与方向。

（4）汇集不同人对同一问题的看法，达成共识。

3.3.1 鱼骨图在架构设计中的应用

鱼骨图在架构设计中可被用于分析和解决问题、探索潜在因素，并促进团队间的合作和理解。以下是鱼骨图在架构设计中的应用场景。

（1）产品结构设计：鱼骨图可以清晰表达产品的层级关系与架构设计。通过顶层产品向下分解成子产品、模块、功能等，设计出产品的树形结构，指导产品开发与实现。这有助于团队达成共识，提高设计效率。

（2）需求管理：可以使用鱼骨图来表达产品需求之间的父子关系或依赖关系。区分出核心需求与附属需求，并关联两个需求之间的优先级与影响程度。这有助于优先实现关键需求，指导产品开发进程。

（3）产品交付计划：鱼骨图可被用于制定产品交付的阶段性计划。将产品需求、开发任务进行结构化，判断任务间的依赖关系，制定出交付的阶段目标与时间表。这可以使整个交付流程更加清晰、高效。

（4）变更管理：当产品需求或环境发生变化时，可以使用鱼骨图分析变更对产品的影响程度。判断变更是否会影响产品的关键模块或功能，评估实现变更的难易程度与工作量。这有助于制定应对策略，优化资源配置，将变更带来的影响降至最低。

（5）故障管理：产品发生故障时，可以使用鱼骨图快速定位故障所在的产品层级与模块。判断故障源是否会造成连锁反应，对其他模块或功能产生影响。这可以帮助团队制定相应的修复方案，尽快恢复产品运行。

综上，鱼骨图通过清晰表达产品的层级结构与元素之间的关系，在产品结构设计、需求管理、产品交付计划、变更管理与故障管理等方面发挥着重要作用。它使团队可以快速达成共识，提高协作效率，是产品管理过程中一个简单高效的工具。

3.3.2 使用ChatGPT辅助绘制鱼骨图

ChatGPT可以很好地辅助人工绘制鱼骨图，主要作用如下。

（1）问题识别和分析：鱼骨图可以帮助团队识别和分析潜在的问题或挑战。将问题放在鱼骨图的头部，并将其分支连接到鱼骨架上的不同类别，例如，人员、流程、技术、环境等。这有助于团队全面考虑问题的各个方面，并找到问题发生的潜在原因。

（2）原因分析：鱼骨图可以帮助团队深入了解问题发生的根本原因。通过将问题放在鱼骨图的头部，并根据可能的原因将分支连接到骨架上的不同类别，团队可以探索问题的不同可能性，并找出导致问题发生的主要因素。

（3）解决方案探索：鱼骨图可以促进团队间的合作和创新，以找到解决问题的潜在解决方案。团队成员可以在不同的类别分支上提出各自的想法和建议，并共同探索可能的解决方案。这种集体思考和合作有助于获得多样化的观点和创意，并推动创新的架构设计。

（4）沟通和理解：鱼骨图可以作为一种视觉工具，帮助团队成员进行更好的沟通和理解。通过可视化问题和相关因素，团队可以更清楚地表达自己的观点和思路，并促进共同理解。这有助于避免误解和提高团队之间的沟通效率。

总之，鱼骨图在架构设计中的应用可以帮助团队识别问题、分析原因、探索解决方案，并促进团队的合作和理解。它是一种有力的工具，可以帮助团队进行全面的问题分析和创新的架构设计。

3.3.3 案例4：分析用户体验问题和系统性能问题

下面通过一个案例介绍一下如何绘制鱼骨图。

案例背景

开发团队正在设计一个在线电商平台的架构，他们遇到了一些挑战，包括用户体验问题和系统性能问题。他们决定使用鱼骨图分析问题并找到解决方案。

用户反馈如下。

（1）网站响应时间变慢：最近，用户投诉网站的加载速度明显变慢，他们需要等待很长时间才能浏览和购买商品。开发团队需要确定可能导致这个问题的因素。

（2）交易失败率升高：越来越多的用户投诉他们在进行交易时遇到问题，包括支付失败、订单提交失败等。开发团队希望找出可能导致交易失败率升高的原因。

（3）页面崩溃和错误：用户报告称他们在访问某些页面时遇到错误和崩溃的情况，导致无法完成购买和浏览商品。开发团队希望找出可能引起页面崩溃和错误的潜在原因。

（4）用户界面不友好：用户反馈称网站的用户界面不够直观和易用，导致他们在浏览商品、下单和支付过程中遇到困难。开发团队希望找出可能导致用户界面不友好的问题。

制作鱼骨图的步骤如下。

动手示例

第 1 步：让ChatGPT分析问题，返回Markdown代码。

开发团队向ChatGPT发送如下指令。

有如下问题反馈，能否帮我分析问题并找到解决方案？请返回Markdown代码。

开发团队正在设计一个在线电商平台的架构，他们遇到了一些挑战，包括用户体验问题和系统性能问题。他们决定使用鱼骨图来分析问题并找到解决方案。

用户反馈如下：

1. 网站响应时间变慢：最近，用户投诉网站的加载速度明显变慢，他们需要等待很长时间才能浏览和购买商品。开发团队需要确定可能导致这个问题的因素。

2. 交易失败率升高：越来越多的用户投诉他们在进行交易时遇到问题，包括支付失败、订单提交失败等。开发团队希望找出可能导致交易失败率升高的原因。

3. 页面崩溃和错误：用户报告称他们在访问某些页面时遇到错误和崩溃的情况，导致无法完成购买和浏览商品。开发团队希望找出可能引起页面崩溃和错误的潜在原因。

4. 用户界面不友好：用户反馈称网站的用户界面不够直观和易用，导致他们在浏览商品、下单和支付过程中遇到困难。开发团队希望找出可能导致用户界面不友好的问题。

上述指令执行后，ChatGPT的回答如下。

以下是根据您提供的问题反馈生成的鱼骨图的Markdown代码：

```
# 问题分析鱼骨图
## 网站响应时间变慢
- 服务器负载过高
- 网络传输速度慢
- 代码优化不足
- 数据库查询效率低下

## 交易失败率升高
```

```
- 第三方支付接口故障
- 订单处理流程复杂
- 交易信息验证不准确
- 数据库事务处理问题

## 页面崩溃和错误
- 编程错误导致页面崩溃
- 依赖的外部资源不可用
- 页面加载速度过慢
- 安全性漏洞导致系统异常

## 用户界面不友好
- 布局设计不合理
- 功能操作流程复杂
- 样式和视觉效果不吸引人
- 响应式设计不兼容不同设备
```

将这些代码保存为Markdown文件格式(.md)。

第2步：将Markdown文件导入XMind工具。

参考2.3.5小节相关内容将前面生成的Markdown文件导入XMind，如果导入成功，效果如图3-22所示。

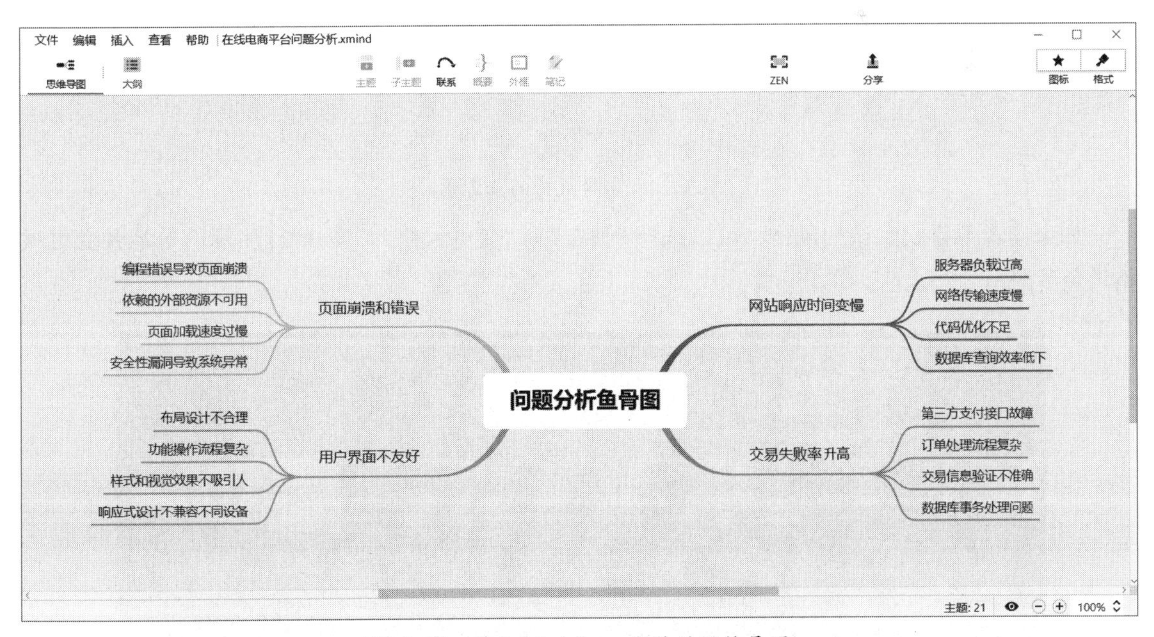

图3-22　导入Markdown文件的思维导图

第3步：将思维导图转换为鱼骨图。

从图3-22可见，还是思维导图，我们可以使用XMind工具将其转换为鱼骨图。

参考图 3-23 所示的步骤，将思维导图转换为鱼骨图，转换成功的鱼骨图如图 3-24 所示。

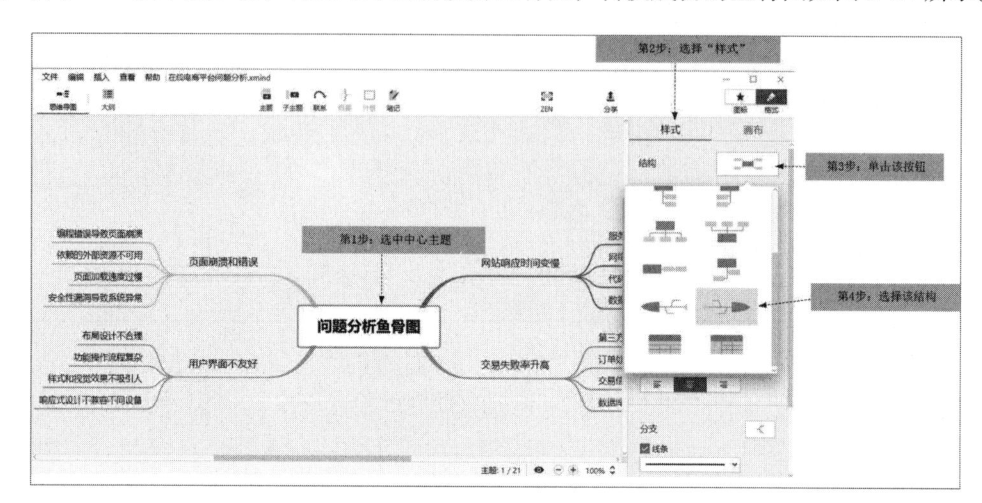

图 3-23 将思维导图转换为鱼骨图

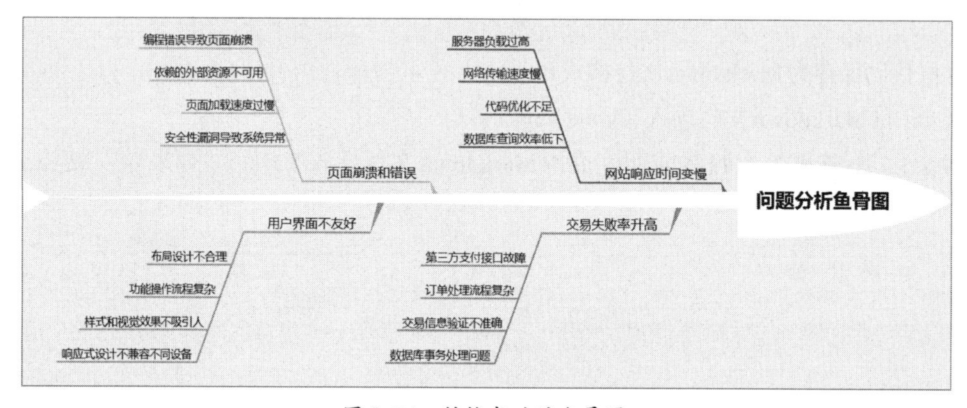

图 3-24 转换成功的鱼骨图

如果读者不喜欢默认的风格，可以选择"画布"→"变更风格"，图 3-25 所示的是笔者变更风格的鱼骨图。

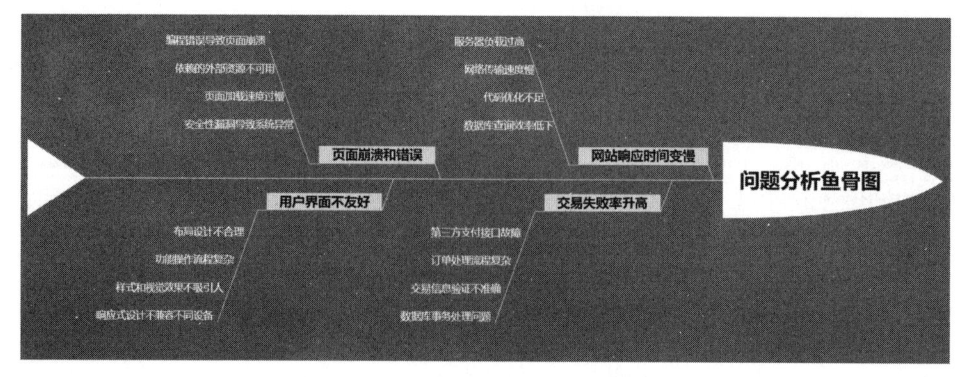

图 3-25 变更风格后的鱼骨图

图 3-25 所示的鱼骨图，将问题分为不同的类别，并在每个类别下列出可能的原因。这种可视

化的方式可以帮助团队更清晰地理解问题，并在找出根本原因和解决方案时提供指导。

3.4 本章总结

本章重点介绍了软件架构设计中的图形工具应用。首先，我们学习了思维导图的用途，以及如何借助ChatGPT来辅助绘制思维导图。接着，我们探讨了图表在架构设计中的重要性，包括使用ChatGPT生成各种图表的方法。最后，我们介绍了鱼骨图在问题解决中的应用，以及如何使用ChatGPT来帮助绘制鱼骨图。

第 4 章 ChatGPT 支持 UML 建模

本章将介绍ChatGPT在UML建模方面的支持。首先将对UML进行概述，包括其发展历史与版本，以及常见的UML图的分类与应用。然后，将深入研究几种重要的UML图，包括类图、用例图、活动图和时序图。对于每种图，都将介绍其构成要素和基本概念，并提供绘制方法和注意事项，帮助读者正确理解和使用这些图形工具。

随后，将探讨ChatGPT在UML建模方面的支持。ChatGPT是一种强大的自然语言处理模型，能够理解和生成自然语言文本。它具备解析和解释UML图的能力，可以识别UML图中的各要素，并解释其含义。此外，ChatGPT还能根据描述自动生成UML图，如类图和用例图，也可以根据交互流程或业务流程描述生成时序图和活动图。

通过使用ChatGPT，架构师和开发团队可以更高效地进行UML建模和分析，加快系统设计和开发的速度。ChatGPT提供便捷的工具和资源，帮助架构师更好地理解和应用UML图，促进团队间的沟通和协作。

4.1 UML概述

UML（Unified Modeling Language）是一种用于软件系统建模的标准化语言，它提供丰富的图形符号和规范，用于描述软件系统的结构、行为和交互。UML被广泛应用于软件开发过程中的各个阶段，包括需求分析、系统设计、代码生成等。

4.1.1 UML发展历史与版本

UML的发展历史可以追溯到20世纪90年代初。它起源于三个主要的面向对象建模方法：Booch方法、OMT（Object Modeling Technique）方法和OOSE（Object-Oriented Software Engineering）方法。这三个方法在UML的发展过程中起到了重要的影响。

UML不断发展，经历了多个版本的更新和修订。目前，最常用的UML版本是UML 2.x系列。UML 2.x系列包括UML 2.0、UML 2.1、UML 2.2等版本，每个版本都引入了新的特性和改进，提升了UML的表达能力拓宽了其应用范围。

4.1.2 UML图的分类与应用

UML提供多种图形符号和图形类型，用于描述软件系统的不同方面。常见的UML图包括以下几种。

（1）类图（Class Diagram）：用于描述系统的静态结构，包括类、接口、关联关系、继承关系等，展示系统中的类和它们之间的关系。

（2）用例图（Use Case Diagram）：用于描述系统的功能需求和用户角色之间的关系，展示系统的用例和参与者之间的交互。

（3）活动图（Activity Diagram）：用于描述系统的业务流程和操作行为，展示系统中的活动、决策、并发等流程。

（4）时序图（Sequence Diagram）：用于描述系统中对象之间的交互和消息传递顺序，展示对象之间的时序关系。

每种UML图都有其特定的应用场景和用途。它可以帮助架构师和开发团队更好地理解和描述系统的不同方面，促进团队间的沟通和协作。接下来将深入研究每种UML图的构成要素、绘制方法和注意事项，帮助架构师充分利用UML进行系统建模和设计。

4.2 类图

类图是UML中最常用的一种图形类型，用于描述系统的静态结构和类之间的关系。类图用于展示系统中的类、接口、关联关系、聚合关系、组合关系、继承关系等，可以帮助架构师和开发团队理解系统的对象结构和类之间的交互。

4.2.1 类图的构成要素

在类图中，有几个重要的构成要素，具体如下。

（1）类（Class）：表示系统中的一个对象类型，描述对象的属性和方法，图 4-1 所示的是Person类示例。

（2）接口（Interface）：定义一组相关操作的规范，表示类的合同，图 4-2 所示的是Runnable接口示例。

（3）关联关系（Association）：描述两个类之间的关联，表示类之间的静态连接，图 4-3 所示的是订单与商品关联关系示例。

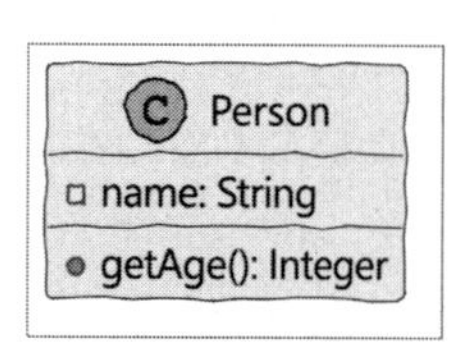

图 4-1　类

图 4-2　接口

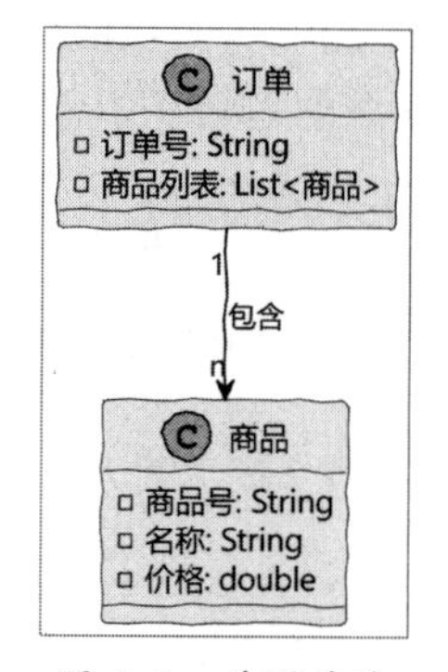

图 4-3　关联关系

（4）聚合关系（Aggregation）：表示整体与部分之间的关系，整体对象包含部分对象，但部分对象可以存在独立于整体的情况。图 4-4 所示的是学校与学生的聚合关系示例。注意，聚合关系的表示符号是空心菱形。

（5）组合关系（Composition）：表示整体与部分之间的关系，整体对象包含部分对象，但部分对象不能存在独立于整体的情况。图 4-5 所示的是汽车与引擎的组合关系示例。注意，组合关系的表示符号是实心菱形。

（6）继承关系（Inheritance）：表示一个类派生自另一个类，子类继承父类的属性和方法。图 4-6 所示的是继承关系。注意，继承关系的表示符号是空心箭头，箭头指向父类。

另外，接口与具体类之间是实现关系，如图 4-7 所示，游泳者是一个接口，海豚实现了游泳者接口。

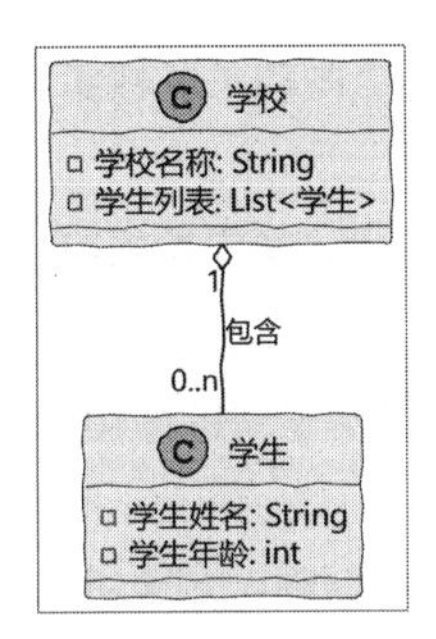

图 4-4　聚合关系

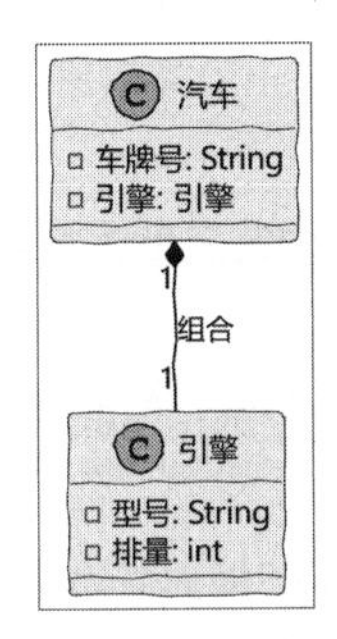

图 4-5　组合关系

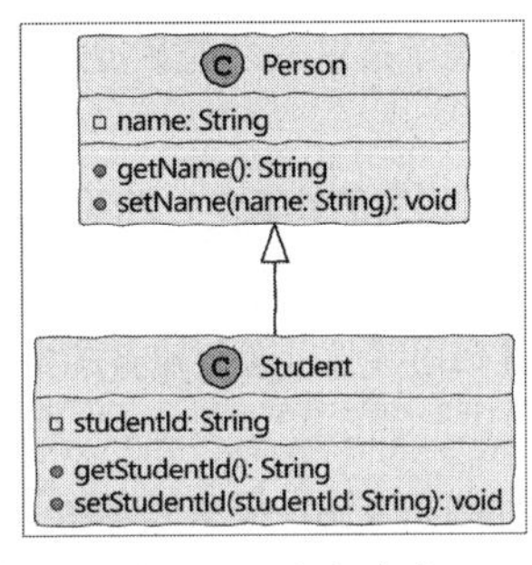

图 4-6　继承关系

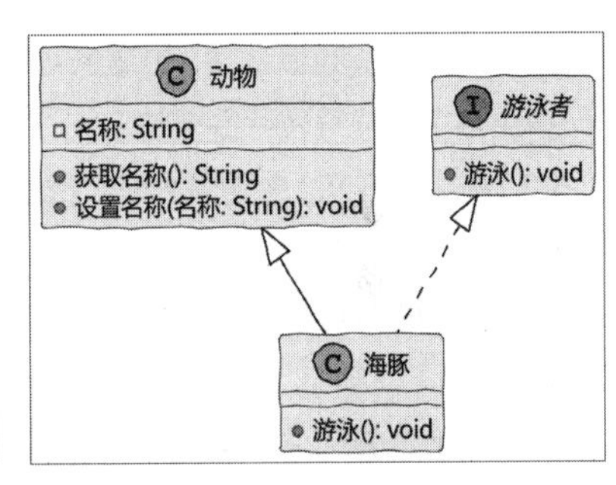

图 4-7　实现接口

提 示

在类中需要继承关系和为实现关系区别。

- **继承关系是类与类之间的关系，表示一个类继承了另一个类的属性和方法。在UML图中继承关系使用带有实心三角箭头的实线来表示，箭头指向父类。**
- **实现关系是类与接口之间的一种实现机制。一个类可以实现接口，即提供接口中规定的方法和属性的具体实现。在UML图这实现关系使用带有实心三角箭头的虚线来表示，箭头指向接口。**

4.2.2 类图的绘制步骤

绘制类图时，可以按照以下步骤进行。

（1）确定类的属性和方法：根据系统需求和设计，确定每个类的属性和方法，并标注在类的框内。属性通常以名称和类型表示，方法以名称、参数和返回值表示。

（2）确定类之间的关联关系：通过关联线条连接相关类，表示类之间的关联关系。可以使用关联线条来表示类之间的关系，如关联关系、依赖关系、聚合关系和组合关系。关联线条可以带有多重性标记，用于表示关联的数量。

（3）确定聚合关系和组合关系：在类图中，聚合关系和组合关系用于表示整体与部分之间的关系。聚合关系表示整体对象包含部分对象，用空心菱形和箭头表示；组合关系表示整体对象拥有部分对象的生命周期，用实心菱形和箭头表示。

（4）确定继承关系：继承关系表示类之间的继承关系，其中子类继承父类的属性和方法。通过带有箭头的实线连接父类和子类，箭头指向父类，表示子类继承自父类。

（5）添加类图的其他元素：根据需要，可以添加类之间的依赖关系、接口实现关系等其他元素。依赖关系表示一个类依赖于另一个类，可以使用带箭头的虚线表示。接口实现关系表示类实现了一个或多个接口，可以使用带空心三角形的箭头表示。

注意

在绘制类图时，还需要注意以下事项。

（1）类的命名：选择有意义且符合命名规范的类名，以清晰地表达类的职责和功能。

（2）关联关系的多重性：根据系统需求确定关联关系的多重性，即一个类与另一个类之间的关联数量。可以使用数字或符号表示多重性。

（3）箭头的方向：在关联关系、继承关系和依赖关系中，箭头的方向表示类之间的方向性，指向被依赖、被继承或被关联的类。

（4）类图的简洁性：保持类图的简洁性和可读性，避免过多的类和关系，以便更好地理解系统的结构和设计。

遵循以上步骤和注意事项，大家可以绘制出准确、清晰的类图，用于描述系统中的类、属性、方法和它们之间的关系。这样的类图有助于沟通和理解系统的设计，并为软件开发和维护提供指导。

4.2.3 使用ChatGPT绘制类图

由于使用ChatGPT无法直接进行图形绘制，因此可以通过PlantUML、Mermaid和Graphviz等文本绘图工具实现。由于PlantUML是专为绘制UML图形而设计的工具，因此，本章主要介绍使用PlantUML绘制各种UML图形。

在使用ChatGPT绘制类图时，可以采用以下步骤。

（1）定义类及其属性和方法：确定需要表示的类及其相关信息，包括类的名称、属性和方法。确保清楚地定义每个类的成员。

（2）使用ChatGPT进行描述：向ChatGPT提供关于类的描述，包括类的名称、属性和方法。描述应尽可能清晰和详细，以确保ChatGPT能够正确理解用户的意图。

（3）生成类图：ChatGPT将根据用户的描述生成类图。用户可以要求ChatGPT绘制整个类图，或者逐步添加类的描述以逐步生成类图。

（4）确认和调整：查看生成的类图，并根据需要进行调整和修正。如果有任何遗漏或错误，可以与ChatGPT进行进一步的对话，以便更正或添加额外的细节。

在与ChatGPT的对话过程中，用户需要确保提供清晰的描述和明确的指示，以便ChatGPT正确地生成类图。同时，用户需要对生成的类图进行审查和验证，以确保其准确性和完整性。

4.2.4 案例1：使用ChatGPT绘制学校管理系统类图

下面通过一个具体案例介绍一下如何使用ChatGPT来辅助绘制类图。

案例背景

假设我们正在设计一个学校管理系统，其中涉及学生（Student）、教师（Teacher）和课程（Course）三个类。现在我们希望使用ChatGPT来辅助绘制它们之间的类图。

具体步骤如下。

第 1 步：我们可以向ChatGPT描述每个类的属性和方法，具体如下。

学生（Student）类：

- 属性：学号（studentId）、姓名（name）
- 方法：获取学号（getStudentId）、设置学号（setStudentId）、获取姓名（getName）、设置姓名（setName）

教师（Teacher）类：

- 属性：工号（teacherId）、姓名（name）
- 方法：获取工号（getTeacherId）、设置工号（setTeacherId）、获取姓名（getName）、设置姓名（setName）

课程（Course）类：

- 属性：课程编号（courseId）、课程名称（name）
- 方法：获取课程编号（getCourseId）、设置课程编号（setCourseId）、获取课程名称（getName）、设置课程名称（setName）

动手示例

架构师向ChatGPT发送如下指令。

有如下类的属性和方法，帮我使用PlantUML绘制类图。

学生（Student）类：

- 属性：学号（studentId）、姓名（name）
- 方法：获取学号（getStudentId）、设置学号（setStudentId）、获取姓名（getName）、设置姓名（setName）

教师（Teacher）类：

- 属性：工号（teacherId）、姓名（name）
- 方法：获取工号（getTeacherId）、设置工号（setTeacherId）、获取姓名（getName）、设置姓名（setName）

课程（Course）类：

- 属性：课程编号（courseId）、课程名称（name）
- 方法：获取课程编号（getCourseId）、设置课程编号（setCourseId）、获取课程名称（getName）、设置课程名称（setName）

上述指令执行后，ChatGPT 的回答如下。

当使用PlantUML绘制类图时，可以按照以下方式描述所给的类的属性和方法，并生成对应的类图：

```
@startuml

class Student {
  - studentId: String
  - name: String

  + getStudentId(): String
  + setStudentId(studentId: String): void
  + getName(): String
  + setName(name: String): void
}

class Teacher {
  - teacherId: String
  - name: String

  + getTeacherId(): String
  + setTeacherId(teacherId: String): void
  + getName(): String
  + setName(name: String): void
}

class Course {
  - courseId: String
  - name: String

  + getCourseId(): String
  + setCourseId(courseId: String): void
  + getName(): String
  + setName(name: String): void
}
```

```
@enduml
```

将上述代码复制到 VS Code 的 PlantUML 扩展工具中，渲染后生成类图，如图 4-8 所示。

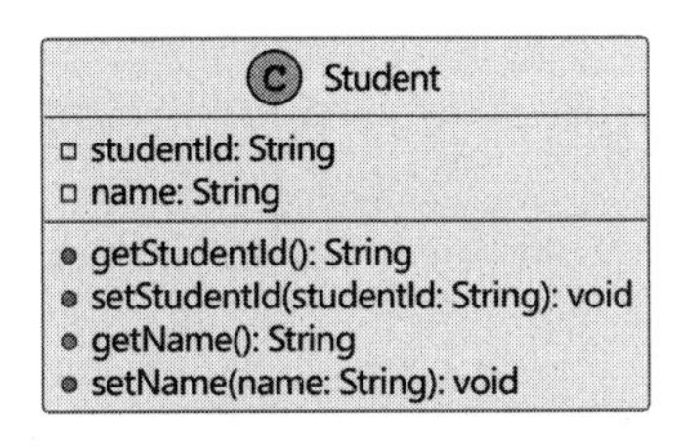

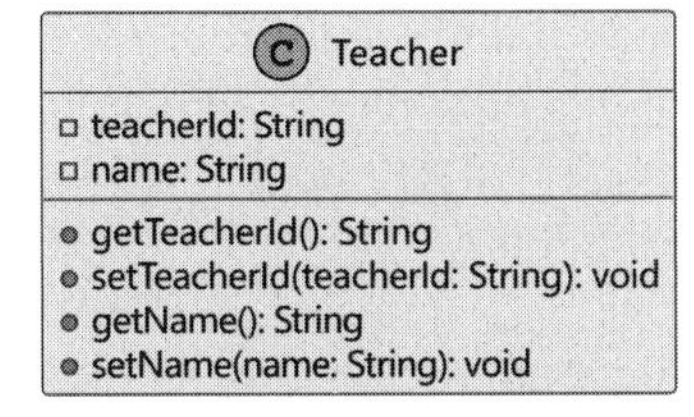

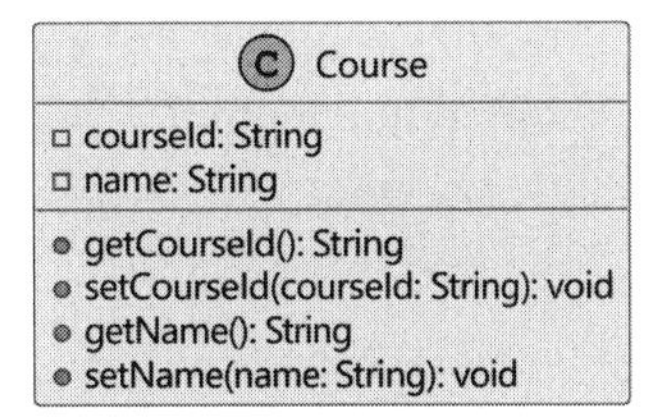

图 4-8　学校管理系统类图

第 2 步：我们可以描述它们之间的关联关系和继承关系。

- 学生（Student）和课程（Course）之间存在关联关系，表示学生选修了某门课程。可以使用关联线条连接两个类，并使用多重性标记表示关联的数量。
- 教师（Teacher）和课程（Course）之间也存在关联关系，表示教师负责教授某门课程。
- 学生（Student）类和教师（Teacher）类之间没有直接的关联关系，但可以通过继承关系来建立它们之间的联系。假设学生（Student）类继承自人员（Person）类，而教师（Teacher）类也继承自人员（Person）类。

动手示例

架构师向 ChatGPT 发送如下指令。

刚刚绘制类图没有描述它们之间关系，现在根据如下关系，帮我使用 PlantUML 绘制类图。

- 学生（Student）和课程（Course）之间存在关联关系，表示学生选修了某门课程。可以使用关联线条连接两个类，并使用多重性标记表示关联的数量。
- 教师（Teacher）和课程（Course）之间也存在关联关系，表示教师负责教授某门课程。
- 学生（Student）类和教师（Teacher）类之间没有直接的关联关系，但可以通过继承关系来建立它们之间的联系。假设学生（Student）类继承自人员（Person）类，而教师（Teacher）类也继承自人员（Person）类。

指令执行后，ChatGPT 的回答如下。

根据给定的关系，以下是使用 PlantUML 绘制类图的示例代码：

```
@startuml

class Person {
```

```
  - name: String
  + getName(): String
  + setName(name: String): void
}

class Student {
  - studentId: String
  + getStudentId(): String
  + setStudentId(studentId: String): void
}

class Teacher {
  - teacherId: String
  + getTeacherId(): String
  + setTeacherId(teacherId: String): void
}

class Course {
  - courseId: String
  + getCourseId(): String
  + setCourseId(courseId: String): void
}

Student "1" -- "0..*" Course: 选修
Teacher "1" -- "0..*" Course: 教授

Person <|-- Student
Person <|-- Teacher

@enduml
```

将上述代码复制到VS Code的PlantUML扩展工具中，渲染后生成最终的类图，如图 4-9 所示。

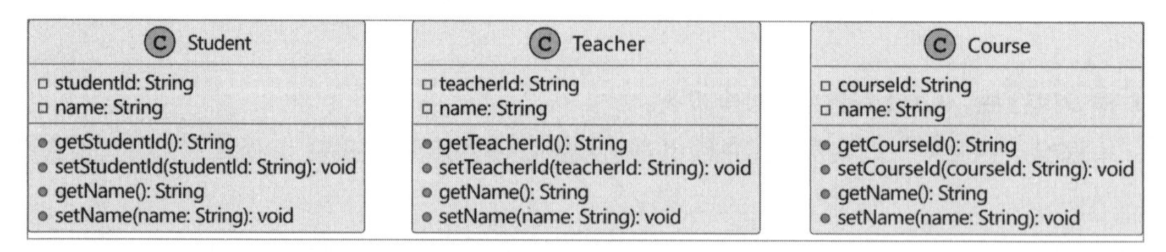

图 4-9　最终的学校管理系统类图

心细的读者可能会发现，本小节的类图与 4.2.1 小节的类图风格不同，4.2.1 小节的类图采用了手绘风格（线条是弯曲的）。要实现这个小效果，可以在PlantUML代码时添加如下语句。

```
skinparam handwritten true
```

所以如果我们要修改学校管理系统类图为手绘效果，代码如下。

```
@startuml
skinparam handwritten true

class Person {
  - name: String
  + getName(): String
  + setName(name: String): void
}

class Student {
  - studentId: String
  + getStudentId(): String
  + setStudentId(studentId: String): void
}

class Teacher {
  - teacherId: String
  + getTeacherId(): String
  + setTeacherId(teacherId: String): void
}

class Course {
  - courseId: String
  + getCourseId(): String
  + setCourseId(courseId: String): void
}

Student "1" -- "0..*" Course: 选修
Teacher "1" -- "0..*" Course: 教授

Person <|-- Student
Person <|-- Teacher

@enduml
```

渲染后的类图如图 4-10 所示。

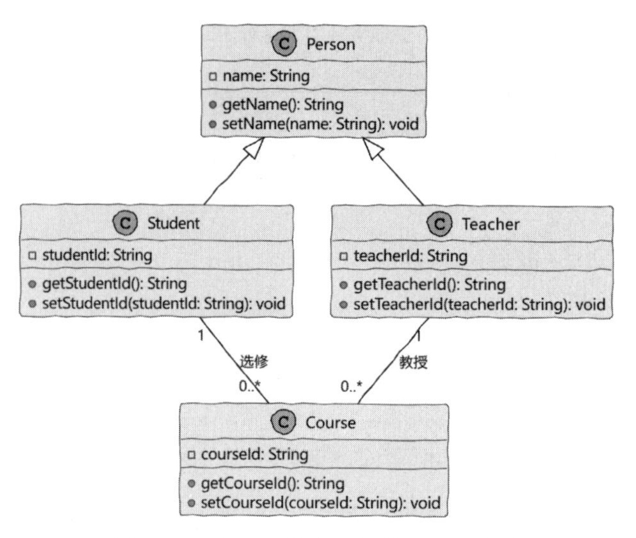

图 4-10　手绘风格的学校管理系统类图

4.3 用例图

用例图是一种用于描述系统功能和用户场景的图形表示方法，它主要用于以下几个方面。

（1）用于需求分析：用例图可以帮助识别和理解系统的功能需求。通过绘制用例图，可以明确系统与参与者之间的交互，并识别出系统需要支持的各种功能。

（2）用于系统设计：用例图为系统设计提供基础。它描述系统的主要功能和用户场景，有助于设计系统的架构、模块和接口。

（3）用于沟通与协作：用例图是一种简单直观的图形表示方法，可以帮助团队成员提升沟通和协作效率。通过用例图，团队成员可以更好地理解系统的功能和需求，从而提高团队合作效率。

（4）用于验证需求：用例图可以作为验证需求的工具。通过用例图，可以对系统的功能进行模拟和测试，以确保满足用户的需求和期望。

总之，用例图在软件开发和系统设计过程中具有重要的作用，可以帮助分析需求、设计系统、沟通与协作、验证需求，从而促进项目的成功实施。

4.3.1 用例图的构成要素

在绘制用例图时，有以下几个构成要素。

（1）参与者（Actors）：参与者是与系统进行交互的外部实体，可以是人、其他系统或外部组织。每个参与者都具有特定的角色和目标，在用例图中参与的表示符号如图 4-11 所示，看起来像个“小人”。

（2）用例（Use Cases）：用例代表系统的一个功能或一个用户场景。它描述系统和参与者之间的交互过程，可以是一个具体的操作、一个业务流程或一个系统功能。在用例图中用例的表示符号如图 4-12 所示，它是一个椭圆形。

（3）关联关系（Associations）：关联关系表示参与者和用例之间的关联。它描述参与者与用例之间的交互和依赖关系。如图 4-13 所示，箭头指示用户与两个用例之间的关联关系，箭头的方向表示用户与用例之间的交互方向。

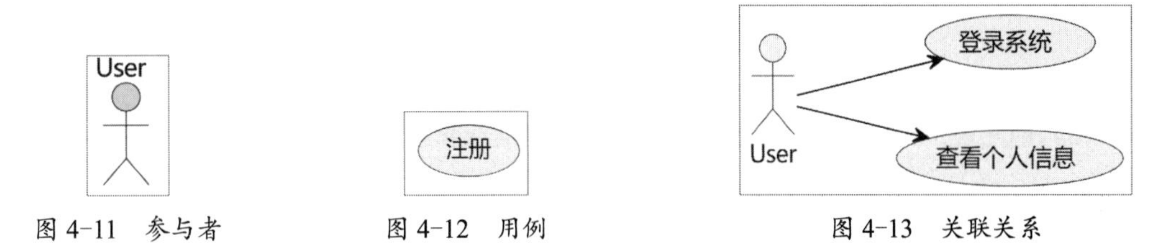

图 4-11　参与者　　图 4-12　用例　　图 4-13　关联关系

（4）包含关系（Includes）：包含关系表示一个用例包含另一个用例。它描述一个用例在执行过程中调用了另一个用例的场景。如图 4-14 所示，包含关系用带有“<<include>>”标签的箭头表示。

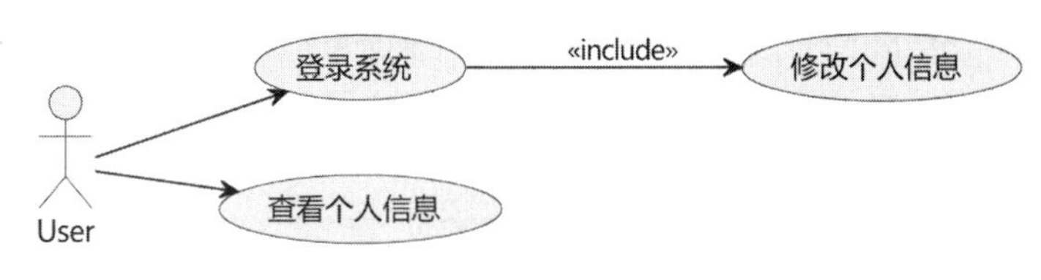

图 4-14　包含关系

（5）扩展关系（Extends）：扩展关系表示一个用例可以在另一个用例的基础上进行扩展。它描述一个用例在特定条件下的额外行为。如图 4-15 所示，扩展关系用带有“<<extend>>”标签的箭头表示。

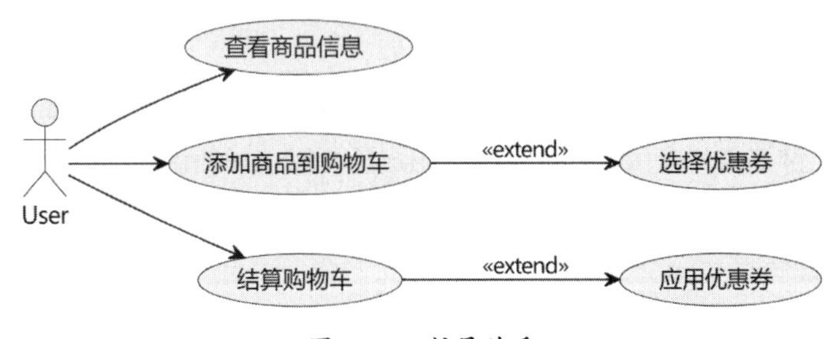

图 4-15　扩展关系

（6）泛化关系（Generalization）：泛化关系表示用例之间的继承关系。它描述一个用例是另一个用例的特殊情况或变种。如图 4-16 所示，空心三角箭头和实线明确表示泛化关系，剪头指向父用例。

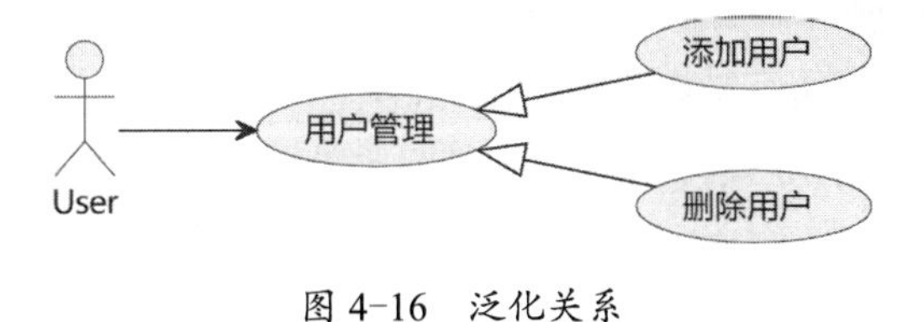

图 4-16　泛化关系

4.3.2 用例图的绘制步骤

在绘制用例图时，可以按照以下步骤进行。

（1）确定参与者：识别系统中的参与者，包括用户、外部系统或组织。

（2）确定用例：识别系统的各个功能或用户场景，并将其表示为用例。

（3）确定参与者与用例之间的关系：使用关联线条将参与者与用例连接起来，表示它们之间的交互关系。

（4）确定用例之间的关系：根据实际情况，确定用例之间的包含关系、扩展关系或泛化关系。

（5）添加其他元素：根据需要，可以添加用例的描述、注释或其他补充信息。

注意

绘制用例图时，还需要注意以下几点。

（1）用例图应该简洁明了，只包含系统的核心功能和关键参与者。

（2）用例应该从用户的角度描述，关注用户所需的功能和目标。

（3）用例图可以在不同层次上进行细化和扩展，从整体上描述系统的功能，也可以在细节层面上详细描述每个用例的流程和步骤。

（4）用例图可以与其他图表（如活动图、时序图等）结合使用，进一步完善对系统行为和交互的描述。

4.3.3 案例2：使用ChatGPT绘制在线购物平台用例图

下面通过一个具体案例介绍一下如何使用ChatGPT辅助绘制用例图。

案例背景

需求：用户希望通过一个在线购物平台进行购物。购物流程包括选择商品、添加到购物车、填写收货地址、选择支付方式和确认订单等步骤。用户还可以选择使用快递配送服务。

动手示例

架构师向ChatGPT发送如下指令。

我有如下用例图描述，帮我使用PlantUML绘制用例图。

场景中，有两个参与者：客户和快递员。

客户可以执行以下用例：

- 购物：客户可以通过执行购物用例选择商品并添加到购物车。
- 填写地址：客户在购物流程中可以选择填写收货地址，这是一个可选步骤。
- 选择支付方式：客户在购物流程中需要选择支付方式来完成订单支付，这是一个必要步骤。

- 选择配送：客户在购物流程中可以选择配送方式，这是一个可选步骤。

快递员是一个参与者，表示快递员会在用户选择配送服务后与用户进行交互。

上述指令执行后，ChatGPT的回答如下。

以下是使用PlantUML绘制的用例图：

```
@startuml
left to right direction

actor 客户
actor 快递员

rectangle "购物流程" {
    usecase 购物 as UC1
    usecase 填写地址 as UC2
    usecase 选择支付方式 as UC3
    usecase 选择配送 as UC4
}

客户 -- UC1
客户 -- UC2
客户 -- UC3
客户 -- UC4
UC4 -- 快递员

@enduml
```

将上述代码复制到VS Code的PlantUML扩展工具中，渲染后生成用例图，如图4-17所示。

提示

读者如果喜欢手绘风格，也可以在代码中添加“skinparam handwritten true”语句，效果如图4-18所示。

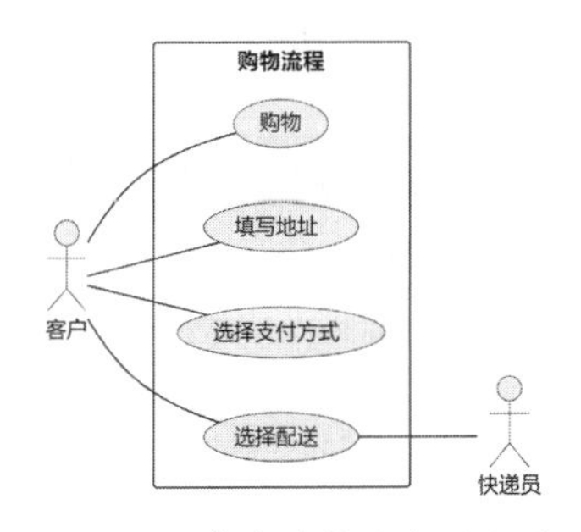

图4-17　在线购物平台用例图

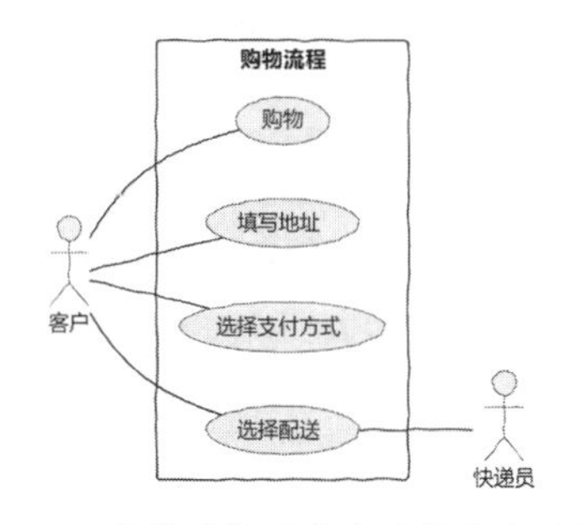

图4-18　手绘风格的在线购物平台用例图

4.4 活动图

活动图是一种描述系统行为的图形化工具，用于展示业务流程、工作流程或系统中的活动和动作。它用于展示活动之间的顺序关系、并发关系、决策点和分支点。活动图可以帮助我们理解系统中的流程，从而进行需求分析、业务流程建模和系统设计。

活动图主要用于以下几个方面。

（1）描述业务流程：活动图可以帮助我们描述和理解业务流程，从开始到结束展示活动的顺序和执行路径。它可以清晰地展示各个活动之间的关系和交互，帮助我们分析和改进业务流程。

（2）需求分析和系统设计：活动图可被用于需求分析阶段，帮助我们分析和梳理系统的功能需求。它可以识别并描述系统中的各种活动，确定它们之间的逻辑关系和执行顺序。活动图还可被用于系统设计阶段，帮助我们设计系统的业务流程和交互逻辑。

（3）工作流程建模：活动图可被用于建模和优化工作流程。它可以展示工作流程中的活动、决策点和分支点，帮助我们理解工作流程的执行过程和路径。通过分析和改进活动图，我们可以提高工作流程的效率和质量。

（4）系统交互设计：活动图可被用于设计系统的用户交互流程。它可以展示用户与系统之间的交互过程，包括用户的输入、系统的响应和反馈。通过活动图，我们可以更好地理解用户与系统之间的交互逻辑，从而设计出更符合用户需求的用户界面和交互体验。

（5）系统测试和验证：活动图可被用于系统测试和验证阶段。它可以作为测试用例的基础，帮助测试人员理解系统的功能和行为，并设计测试方案和用例。通过活动图，测试人员可以对系统的功能和流程进行全面的覆盖和验证。

总的来说，活动图是一个强大的工具，可以在需求分析、系统设计、工作流程建模、系统交互设计和系统测试等方面发挥重要作用，帮助我们理解、描述和优化系统的活动和行为。

4.4.1 活动图的构成要素

在软件行业，活动图的构成要素包括以下几个方面。

（1）活动（Activity）：表示系统执行的具体操作或任务，通常用矩形框表示。每个活动都有一个名称，用于描述该活动的功能。

（2）控制流（Control Flow）：表示活动之间的顺序关系，即活动的执行顺序。控制流用带箭头的直线表示，箭头指向下一个活动。

（3）分支（Decision）：表示在某个活动中进行条件判断，根据不同的条件选择不同的路径。分支用菱形表示，其中包含条件的描述，每条分支指向一个不同的活动。

（4）合并（Merge）：表示多个活动路径的合并点，当多个分支汇聚到一个活动时使用。合并用菱形表示，表示多个路径合并为一个。

（5）并发（Concurrency）：表示多个活动可以并行执行，没有先后顺序，并发用横向的双线表示，每个并发活动都有自己的控制流。

（6）起始点（Start）：表示活动图的起始点，通常用一个实心的圆圈表示。

（7）终止点（End）：表示活动图的终止点，通常用一个带有圆角的实心矩形表示。

这些构成要素共同描述活动图中的活动、顺序关系、条件判断、并行执行等行为，帮助我们更好地理解和设计系统的操作流程。

图 4-19 所示的是一个简单的活动图，其中有三个活动：登录系统、查看个人信息和修改个人信息。起始点表示活动图的起始点，箭头表示活动之间的控制流，终止点表示活动图的结束点。这是一个简单的顺序执行的活动图，没有条件分支或并行执行。

图 4-20 所示的是一个带有分支的活动图。在这个示例中，首先开始活动，然后执行任务 A。接下来，根据条件 1 的结果，如果条件满足，则执行任务 B；否则，执行任务 C。最后，执行任务 D 并结束。

图 4-21 所示的是一个带有合并的活动图。在这个示例中，首先开始活动，然后执行任务 A。接下来，根据条件 1 的结果，如果条件满足，则执行任务 B；否则，执行任务 C。然后，依次执行任务 D 和任务 E。接下来，并行活动开始，同时执行任务 F 和任务 G。最后，将并行的活动合并为一个流程。然后依次执行任务 H 和任务 I，并结束。

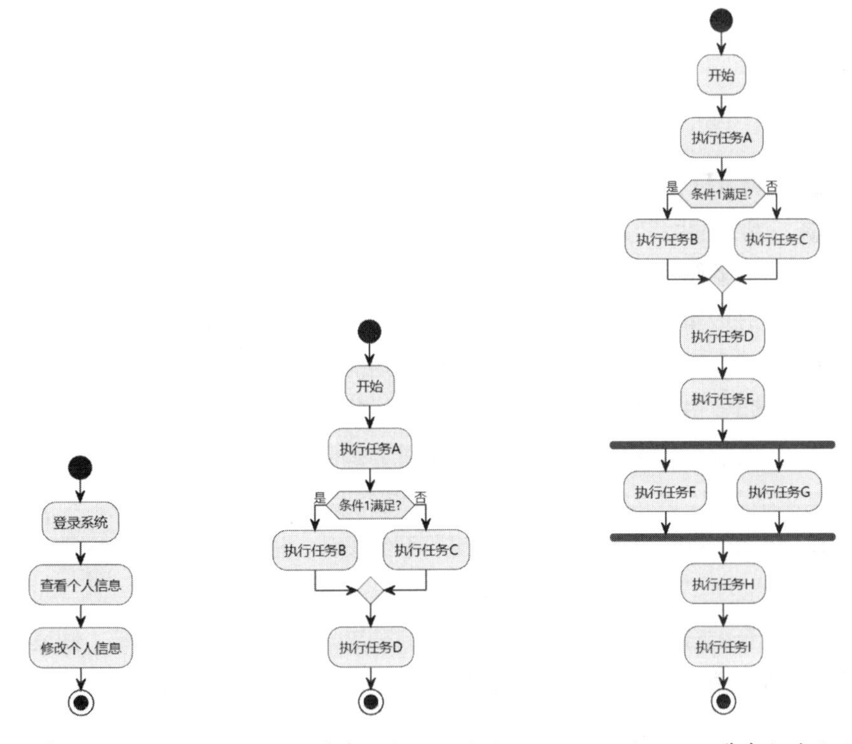

图 4-19　简单的活动图　　图 4-20　带有分支的活动图　　图 4-21　带有合并的活动图

4.4.2 案例3：使用ChatGPT学生管理系统绘制活动图

下面通过一个具体案例介绍一下如何使用 ChatGPT 辅助绘制活动图。

案例背景

某软件开发团队接到一个新的项目，需要开发一个学生管理系统。该系统旨在帮助学校管理学生的基本信息、课程安排和成绩记录等。为了确保项目的顺利进行，团队需要按照一定的流程进行需求收集、系统设计、代码编写和测试等工作。

该流程文字描述如下。

- 收集需求：开始阶段，收集与系统开发相关的需求信息。
- 设计系统：在收集到需求后，进行系统设计，包括确定系统的结构、功能和模块等。
- 需求满足判断：判断当前设计的系统是否满足需求。
- 如果需求满足：进入编写代码阶段，根据设计的系统规格进行代码编写。
- 测试代码：在编写代码后，对代码进行测试，确保代码的正确性和功能的有效性。
- 如果需求不满足：进入修订需求阶段，根据当前的需求情况进行修订。
- 重新设计系统：在修订需求后，重新进行系统设计，根据修订后的需求重新确定系统的结构和功能。
- 发布系统：在编写代码和测试代码后，如果需求满足，则将系统发布，使其可供使用。
- 结束：流程结束，活动图的执行到此结束。

动手示例

架构师向ChatGPT发送如下指令。

有如下需求，帮我使用PlantUML绘制活动图。

- 收集需求：开始阶段，收集与系统开发相关的需求信息。
- 设计系统：在收集到需求后，进行系统设计，包括确定系统的结构、功能和模块等。
- 需求满足判断：判断当前设计的系统是否满足需求。
- 如果需求满足：进入编写代码阶段，根据设计的系统规格进行代码编写。
- 测试代码：在编写代码后，对代码进行测试，确保代码的正确性和功能的有效性。
- 如果需求不满足：进入修订需求阶段，根据当前的需求情况进行修订。
- 重新设计系统：在修订需求后，重新进行系统设计，根据修订后的需求重新确定系统的结构和功能。
- 发布系统：在编写代码和测试代码后，如果需求满足，则将系统发布，使其可供使用。
- 结束：流程结束，活动图的执行到此结束。

上述指令执行后，ChatGPT的回答如下。

下面是根据您提供的需求绘制的活动图示例：

```
@startuml
```

```
start
:收集需求;
:设计系统;
if (需求满足?) then (是)
  :编写代码;
  :测试代码;
else (否)
  :修订需求;
  :重新设计系统;
endif
:发布系统;
stop

@enduml
```

将上述代码复制到VS Code的PlantUML扩展工具中，渲染后生成活动图，如图4-22所示。

提示

读者如果喜欢手绘风格，也可以在代码中添加“skinparam handwritten true”语句，效果如图4-23所示。

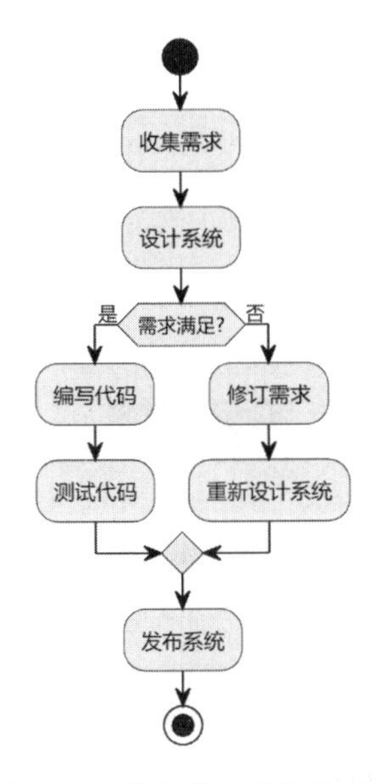

图4-22　学生管理系统活动图

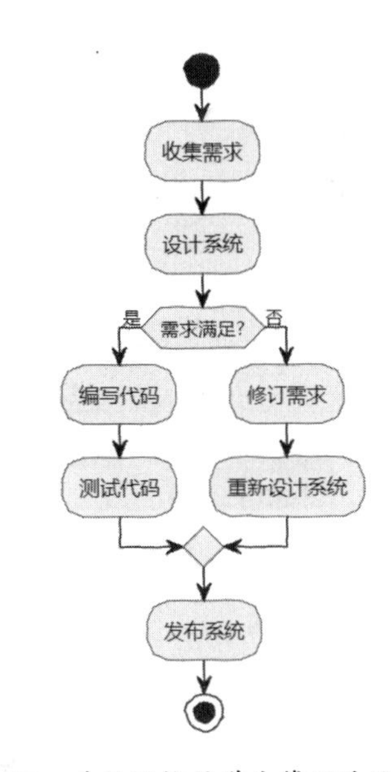

图4-23　手绘风格的学生管理系统活动图

4.5 时序图

时序图用于描述系统中对象之间的交互顺序。它展示对象之间的消息传递，以及消息的顺序和时间。时序图可以帮助我们理解系统中对象之间的交互流程，捕捉对象之间的时序关系，并可用于系统设计、需求分析和软件开发阶段。

时序图由一组对象和它们之间的消息组成。对象在图中表示为垂直的生命线，每个生命线代表一个对象。消息表示为箭头，从一个对象沿着生命线指向另一个对象，表示消息的发送和接收。

时序图强调对象之间的交互顺序和时序关系，可以清晰地展示对象之间的通信流程和事件触发顺序。它可以帮助开发人员和设计者可视化系统的行为，并检查系统的正确性和性能。

时序图通常用于以下情况。

- 描述系统中的时序交互，包括方法调用、消息传递等。
- 展示对象之间的消息顺序和时序关系。
- 分析和设计系统的行为，特别是在多个对象之间进行交互的情况下。
- 与其他UML图（如用例图、类图）结合使用，完善对系统的描述和设计。

通过绘制时序图，我们可以更好地理解和改善系统的交互行为，从而帮助我们开发出更可靠和高效的软件系统。

4.5.1 时序图的构成要素

时序图的构成要素包括以下几个主要部分。

（1）对象（Objects）：时序图中的对象代表系统中的实体，可以是具体的对象、类、参与者或子系统等。每个对象在时序图中都有一个独特的标识符，并显示在图的左侧，沿着垂直的生命线分布，如图 4-24 所示。

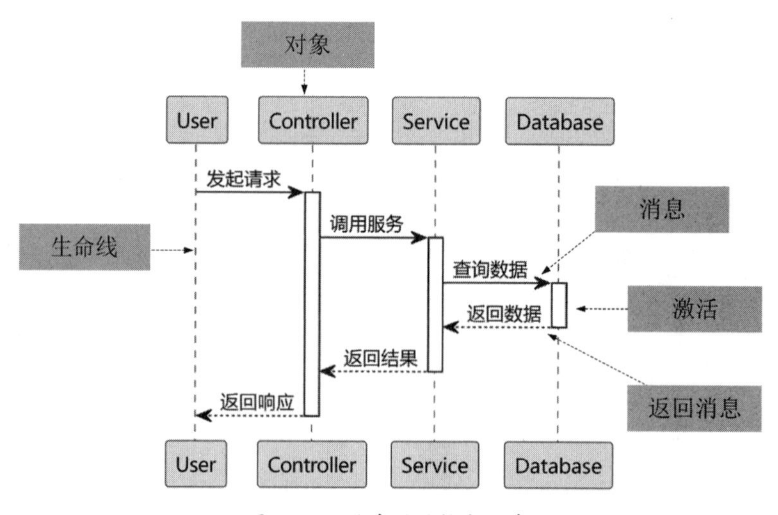

图 4-24　时序图的构成要素

（2）生命线（Lifeline）：生命线代表对象的生命周期，它是对象在时序图中的可视化表示。生命线通常垂直显示，从对象的标识符开始，延伸到对象的生命周期结束或图的末尾，如图 4-24 所示。

（3）消息（Message）：消息表示对象之间的通信和交互。在时序图中，消息可以是同步的（表示调用或响应），也可以是异步的（表示通知或事件）。消息可以在对象之间来回传递，以表示交互的顺序和流程，如图 4-24 所示。

（4）激活（Activation）：激活表示对象在某个时间段内处于活动状态，执行操作或处理请求。激活通常通过在生命线上绘制垂直的矩形框来表示，并与消息的发送和接收对齐，如图 4-24 所示。

以上是时序图的主要构成要素，通过它们的组合和交互，时序图可以清晰地展示对象之间的交互和消息传递。请注意，时序图还可以包含其他辅助元素，如注释、条件和循环结构等，以增强图的表达能力和准确性。

4.5.2 案例4：使用ChatGPT绘制在线购物系统时序图

下面通过一个具体案例介绍一下如何使用ChatGPT辅助绘制时序图。

案例背景

某软件开发团队要开发在线购物系统，需要绘制时序图描述购物的交互过程。在这个系统中，用户可以通过在线商店浏览商品、选择商品、添加到购物车，并进行订单结算和支付。系统在接收到用户的支付请求后，会将订单信息发送给支付网关进行支付验证。支付验证通过后，系统会处理订单并显示订单详情给用户。用户还可以选择对购买的商品进行评价。整个过程旨在展示用户与系统之间的交互流程，以及支付验证和订单处理的情况。这个案例背景下的时序图展示了用户购物的整个流程，从浏览商品到最终完成订单，并包括支付验证的条件分支。

动手示例

架构师向ChatGPT发送如下指令。

有如下在线购物系统的交互过程描述，帮我使用PlantUML绘制时序图。

在这个系统中，用户可以通过在线商店浏览商品、选择商品、添加到购物车，并进行订单结算和支付。系统在接收到用户的支付请求后，会将订单信息发送给支付网关进行支付验证。支付验证通过后，系统会处理订单并显示订单详情给用户。用户还可以选择对购买的商品进行评价。整个过程旨在展示用户与系统之间的交互流程，以及支付验证和订单处理的情况。这个案例背景下的时序图展示了用户购物的整个流程，从浏览商品到最终完成订单，并包括支付验证的条件分支。

上述指令执行后，ChatGPT的回答如下。

下面是根据您提供的需求绘制的时序图示例：

```
@startuml
```

```
    actor Customer
    participant "Online Store" as Store
    participant "Payment Gateway" as
Gateway
    activate Customer
    Customer -> Store: 浏览商品列表
    activate Store
    Store -> Store: 加载商品信息
    Store -> Customer: 显示商品列表
    Customer -> Store: 选择商品
    Customer -> Store: 添加商品到购物车
    Store -> Customer: 显示购物车
    Customer -> Store: 结算购物车
    activate Gateway

    Store -> Gateway: 请求支付
    Gateway -> Gateway: 进行支付验证
    alt 支付验证通过
    Gateway -> Store: 支付成功
    else 支付验证失败
    Gateway -> Store: 支付失败
    end
    deactivate Gateway
    Store -> Customer: 显示订单状态
    Customer -> Store: 确认订单
    Store -> Store: 处理订单
    Store -> Customer: 显示订单详情
    Customer -> Store: 评价商品
    deactivate Store
    Customer -> Store: 退出
    deactivate Customer
    @enduml
```

将上述代码复制到VS Code的PlantUML扩展工具中，渲染后生成时序图，如图4-25所示。

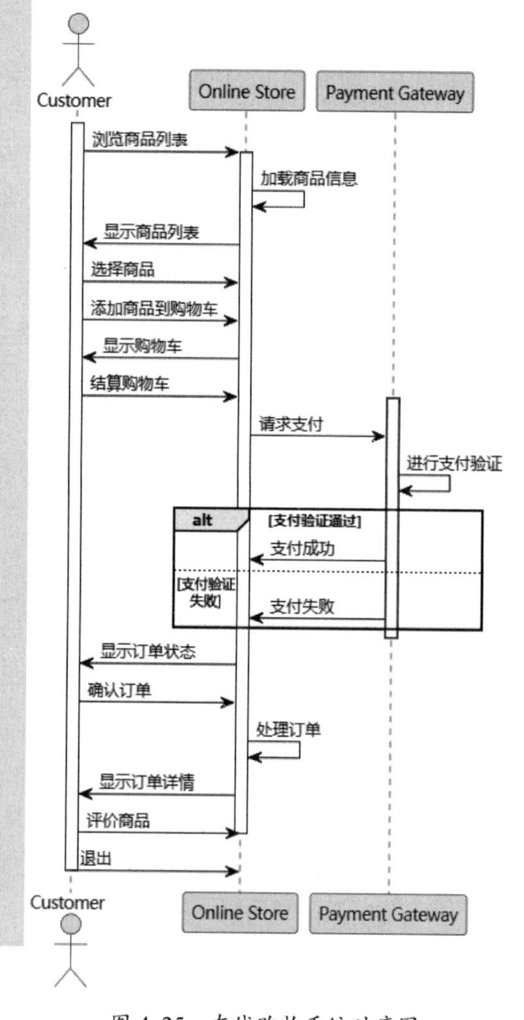

图4-25 在线购物系统时序图

提示

在时序图中，“小人”表示与系统进行交互的外部参与者。在时序图中，“Customer”是一个参与者，代表系统中的一个角色或实体，通常表示与系统进行交互的最终用户或客户。在时序图中，参与者可以是人员、组织、外部系统或其他与系统进行交互的实体。

另外，“alt”是时序图中的一个条件分支结构，表示根据条件的不同选择执行不同的消息序列。

4.6 本章总结

本章介绍了使用ChatGPT进行UML建模，包括四种常用UML图类型：类图、用例图、活动图和时序图。我们学习了每种图的构成和创建步骤，并提供了ChatGPT辅助绘制UML图的案例。简而言之，本章突出了ChatGPT在简化UML建模中的作用。

第5章 设计模式

设计模式是一种被广泛应用于软件开发中的解决问题的方法。它提供一套经过验证的设计思想和最佳实践，用于处理常见的设计挑战和重复出现的问题。设计模式有助于提高软件的可扩展性、可维护性和可重用性，同时提供一种共享的设计语言和理解框架。

5.1 软件设计原则

软件设计原则是在软件开发中指导设计决策的基本准则，旨在提供一种方法来设计可维护、可扩展、可重用和高质量的软件系统。下面介绍一些常见的软件设计原则。

（1）单一职责原则（Single Responsibility Principle，SRP）：一个类或模块应该只有一个单一的责任。这意味着一个类应该只有一个引起它变化的原因，遵循高内聚的原则。

（2）开放封闭原则（Open-Closed Principle，OCP）：软件实体（类、模块、函数等）应该对扩展开放，对修改关闭。通过使用抽象和接口实现可扩展性，避免对现有代码进行修改。

（3）里氏替换原则（Liskov Substitution Principle，LSP）：子类应该能够替代父类并且不产生任何错误或异常。子类应该遵循父类定义的契约和行为。

（4）依赖倒置原则（Dependency Inversion Principle，DIP）：高层模块不应该依赖低层模块，两者都应该依赖抽象。通过依赖接口或抽象类，而不是具体实现，来实现松耦合和可扩展性。

（5）接口隔离原则（Interface Segregation Principle，ISP）：客户端不应该依赖它不需要的接口，类之间的依赖关系应该建立在最小的接口上。将庞大的接口拆分为更小和更具体的接口，避免接口臃肿和不必要的依赖。

（6）迪米特法则（Law of Demeter，LoD）：一个对象应该对其他对象保持最少的了解，即最小暴露原则。减少对象之间的直接依赖关系，避免类之间的耦合。

（7）组合/聚合复用原则（Composition/Aggregation Reuse Principle，CARP）：优先使用组合或聚合关系，而不是继承关系，来达到代码复用的目的。通过组合多个对象构建更复杂的功能，而不是通过继承来实现。

这些软件设计原则为软件开发中的设计决策提供指导和准则，旨在帮助开发人员设计出结构良好、可维护和可扩展的软件系统。遵循这些原则有助于降低软件系统的复杂性，提高代码的质量和可读性，并支持可持续的软件开发。

5.2 设计模式概述

设计模式是在软件开发领域中，通过总结经验抽象出的最佳实践的一种表现形式。设计模式提供一套通用的解决方案，用于解决软件设计和开发过程中常见的问题。它被广泛应用于各种软件系统和应用程序，有助于提高软件的可扩展性、可维护性和可重用性。

5.2.1 设计模式分类

设计模式主要可以分为三个类型：创建型模式（Creational Patterns）、结构型模式（Structural Patterns）和行为型模式（Behavioral Patterns）。

1. 创建型模式

创建型模式关注对象的创建机制，它提供一种灵活的方式来创建对象，同时隐藏了对象的创建细节。常见的创建型模式包括以下几种。

- 单例模式（Singleton Pattern）
- 工厂模式（Factory Pattern）
- 抽象工厂模式（Abstract Factory Pattern）
- 建造者模式（Builder Pattern）
- 原型模式（Prototype Pattern）

2. 结构型模式

结构型模式关注对象之间的组合和关系，它提供一种在对象之间建立清晰、灵活和可维护的关系的方法。常见的结构型模式包括以下几种。

- 桥接模式（Bridge Pattern）
- 适配器模式（Adapter Pattern）
- 装饰器模式（Decorator Pattern）
- 组合模式（Composite Pattern）
- 外观模式（Facade Pattern）
- 享元模式（Flyweight Pattern）
- 代理模式（Proxy Pattern）

3. 行为型模式

行为型模式关注对象之间的通信和协作方式，它提供一种描述对象之间交互的方法。常见的行为型模式包括以下几种。

- 策略模式（Strategy Pattern）
- 观察者模式（Observer Pattern）
- 模板方法模式（Template Method Pattern）
- 迭代器模式（Iterator Pattern）
- 状态模式（State Pattern）
- 责任链模式（Chain of Responsibility Pattern）
- 命令模式（Command Pattern）
- 解释器模式（Interpreter Pattern）
- 中介者模式（Mediator Pattern）

- 备忘录模式（Memento Pattern）
- 访问者模式（Visitor Pattern）

5.2.2 设计模式在软件架构设计中的作用

设计模式在软件架构设计中扮演着重要的角色，它提供一种通用的解决方案和设计思想，有助于解决常见的设计问题并改善软件系统的质量和可维护性。下面是设计模式在软件架构设计中的几个作用。

（1）提供解决方案：设计模式提供经过验证和验证的解决方案，用于解决特定的设计问题。它通过提供一套明确定义的结构和行为，帮助开发人员构建高质量和可维护的软件系统。

（2）促进重用和可扩展性：设计模式鼓励代码的重用和模块化，通过将系统分解为独立的组件和对象，使其更易于理解、测试和修改。这种模块化的设计使系统更具可扩展性和灵活性，可以方便地添加新的功能和适应变化的需求。

（3）提高代码的可读性和可维护性：设计模式通过提供一种通用的设计语言和模式，帮助开发人员编写更具可读性和可维护性的代码。它提供一种共享的设计思想和约定，使团队成员之间更容易理解和协作。

（4）降低开发风险：设计模式经过多年的实践和验证，在实际项目中被广泛应用。使用设计模式可以降低开发过程中的风险，因为它已经被证明在类似的问题上是有效的解决方案。

总之，设计模式是一种在软件架构设计中非常有用的工具，它提供一套经过验证的设计思想和最佳实践，用于解决常见的设计问题。设计模式提供一种通用的解决方案，促进代码的重用、可扩展性、可读性和可维护性，从而帮助开发人员构建高质量的软件系统。

接下来我们分别介绍一下上述23种设计模式。

5.3 单例模式

本节先介绍单例模式。

单例模式是一种创建型设计模式，用于确保一个类只有一个实例，并提供全局访问点以访问该实例。它通常应用于需要全局访问、共享资源或控制特定操作的情况。

5.3.1 应用场景

单例模式可以在以下场景中被应用。

（1）全局唯一实例：当一个类需要在系统中只有一个唯一实例时，可以使用单例模式。例如，系统中只能有一个日志记录器、配置管理器或数据库连接池。

（2）资源共享和访问控制：单例模式可以确保多个对象共享同一个实例，以便实现资源的共享和访问控制。例如，在多线程环境下，多个线程需要共享同一个资源时，可以使用单例模式来管理资源的访问。

（3）延迟初始化：单例模式可以延迟对象的初始化，只有在需要时才创建实例。这对于资源密集型的对象或需要耗费较多时间的对象初始化操作很有用。例如，在一个游戏中，只有当玩家需要使用某个特定功能时才能创建对应的管理器对象。

（4）控制实例个数：有些情况下，限制一个类只能有固定数量的实例。通过使用单例模式，可以控制实例的个数，并在达到上限时阻止创建新的实例。

总之，单例模式适用于需要全局唯一实例、资源共享和访问控制、延迟初始化及控制实例个数等场景。它可以确保类的唯一性并提供全局访问点，使对象的创建和管理更加灵活和可控。

5.3.2 结构

对于单例模式，其结构主要包括以下两个组成部分。

- 单例类（Singleton Class）：单例类是一个只能有一个实例的类。它通过限制实例的创建和访问，确保在整个应用程序中只存在一个该类的对象。单例类通常包含一个静态成员变量来持有该类的唯一实例，并提供一个静态方法供客户端获取该实例。
- 客户端（Client）：客户端是使用单例类的对象进行操作的部分。客户端通过调用单例类的静态方法获取该类的唯一实例，并可以使用该实例进行相应的操作。

图 5-1 所示的是单例模式的结构示意图，该示意图描述了单例模式的结构，包括单例类“Singleton”和其中的静态方法“getInstance()”，以及静态成员变量“instance”。通过调用“getInstance()”方法，客户端可以获取“Singleton”类的唯一实例。

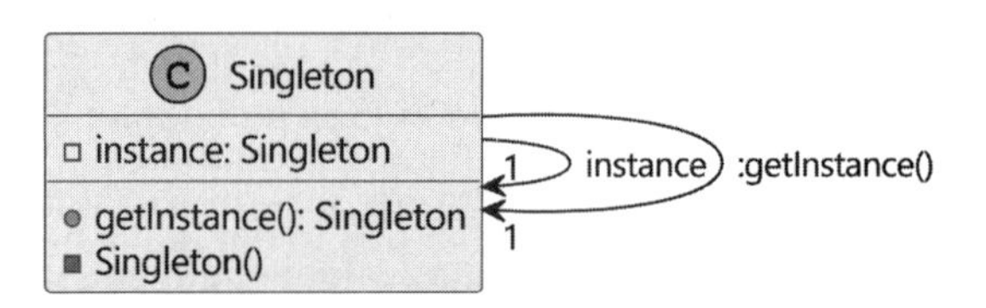

图 5-1　单例模式的结构示意图

5.3.3 优缺点

单例模式具有以下优点。

（1）全局访问性：单例模式提供一个全局访问点，可以在系统的任何地方访问单例对象，方便对象的调用和使用。

（2）共享资源：单例模式可以实现多个对象共享同一个实例，节省系统资源，避免重复创建和销毁对象的开销。

（3）延迟初始化：单例模式可以延迟对象的初始化，只有在需要时才创建实例，可以提高系统的性能和效率。

（4）避免竞态条件：单例模式可以解决多线程环境下的竞态条件问题，确保多线程访问时的安全性。

单例模式也存在一些缺点，具体如下。

（1）全局状态：由于单例模式的全局访问性，单例对象的状态可能会被不同部分的代码修改，导致全局状态的复杂性和不可预测性增加。

（2）难以扩展：由于单例模式的特性，扩展单例类的功能可能会比较困难，需要修改原有的单例类代码。

（3）单一职责原则：单例模式往往承担太多的职责，导致类的职责不够清晰，违反单一职责原则。

（4）对象生命周期管理：由于单例模式的对象在整个系统的生命周期内存在，可能会导致对象长时间占用内存，不容易释放，增加系统的内存压力。

综上所述，单例模式在适当的场景下可以带来诸多好处，但也需要谨慎使用，避免滥用导致代码的复杂性，或降低可维护性。在设计时需要考虑系统的需求和特点，综合权衡利弊，选择合适的设计模式。

5.3.4 代码示例

下面是在Java中实现的单例模式的代码示例。

```
public class Singleton {
    private static Singleton instance;

    // 私有构造函数，防止外部类实例化
    private Singleton() {
    }

    // 公共方法获取 Singleton 实例
    public static Singleton getInstance() {
        if (instance == null) {
            // 如果实例不存在，则创建一个新实例
            instance = new Singleton();
        }
        return instance;
    }
}
```

5.4 工厂模式

工厂模式是一种创建型设计模式，它提供一种将对象的实例化过程封装在一个单独的类中的方式。工厂模式的主要目的是将对象的创建与使用相分离，使客户端在不必知道具体对象的实例化过程的情况下，通过工厂类来创建对象。

在工厂模式中，我们定义一个抽象工厂类，该类负责定义创建对象的接口。具体的对象创建由具体工厂类实现，每个具体工厂类都负责创建特定类型的对象。客户端通过调用工厂类的方法获取对象的实例，而无须关心具体对象的创建细节。

工厂模式可以帮助我们解决以下问题。

（1）将对象的创建和使用解耦，提高代码的灵活性和可维护性。

（2）隐藏对象的创建细节，使客户端代码更简洁。

（3）可以通过扩展具体工厂类来创建不同类型的对象，符合开闭原则。

5.4.1 应用场景

工厂模式在以下场景中可以被应用。

（1）对象的创建需要遵循某种复杂的逻辑或算法：当对象的创建过程涉及一些复杂的逻辑判断、条件分支或算法计算时，可以使用工厂模式将这些复杂的逻辑封装在工厂类中，客户端只需调用工厂方法即可获取所需的对象。

（2）对象的创建需要封装和隐藏：通过工厂模式，可以将对象的创建过程封装在工厂类中，客户端只需与工厂类进行交互，无须直接创建对象，从而实现对象的封装和隐藏，可以提高代码的安全性和可维护性。

（3）客户端需要根据不同条件动态获取不同类型的对象：当客户端需要根据不同的条件或配置来动态获取不同类型的对象时，可以使用工厂模式。工厂类可以根据客户端的需求返回相应的对象实例，从而实现灵活的对象创建。

（4）降低代码耦合度：使用工厂模式可以将客户端与具体产品的实现类解耦，客户端只需要依赖抽象工厂和抽象产品接口，不需要直接依赖具体产品的实现类。这样在需要替换具体产品或新增产品时，不会对客户端代码产生影响。

（5）统一管理和控制对象的创建：工厂模式可以集中管理和控制对象的创建过程，例如，实现对象的单例、缓存、池化等机制。这样可以确保对象的唯一性、节省系统资源，并且可以在工厂类中实现一些通用的逻辑或功能，提高代码的复用性。

总的来说，工厂模式适用于对象的创建需要遵循某种复杂的逻辑或算法、需要封装和隐藏对象的创建过程、提供灵活的对象创建方式、降低代码耦合度，以及统一管理和控制对象的创建等场景。它可以帮助我们实现可扩展、灵活和可维护的代码结构。

5.4.2 结构

工厂模式包含以下主要角色。

- 抽象工厂（Abstract Factory）：定义创建对象的接口，声明工厂方法。
- 具体工厂（Concrete Factory）：实现抽象工厂接口，负责创建具体类型的对象。

- 抽象产品（Abstract Product）：定义产品的抽象类或接口。
- 具体产品（Concrete Product）：实现抽象产品接口，是具体类型的对象。

图 5-2 展示了工厂模式的结构，其中，“Product”接口定义了抽象产品，“ConcreteProductA”和“ConcreteProductB”是具体产品的实现类。“Creator”类声明了工厂方法，用于创建产品对象。“ConcreteCreatorA”和“ConcreteCreatorB”是具体的创建者类，它们实现了工厂方法。

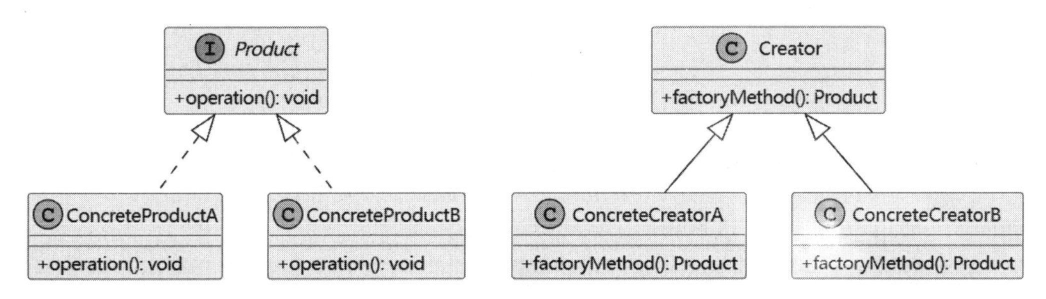

图 5-2　工厂模式的结构示意图

5.4.3 优缺点

工厂模式具有以下优点。

（1）将对象的创建和使用相分离，客户端只需要关心工厂类的接口，而无须关心具体对象的创建过程，降低了耦合度。

（2）可以隐藏对象创建的细节，使客户端代码更简洁，减少重复的代码。

（3）可以通过扩展具体工厂类创建不同类型的对象，符合开闭原则，增加新的产品类型时不需要修改现有代码。

工厂模式也存在一些缺点，具体如下。

（1）会增加系统的复杂性，引入额外的工厂类。

（2）当产品类型较多时，工厂类可能会变得庞大，不易管理。

（3）如果增加新的产品类型，需要同时修改抽象工厂和所有的具体工厂类。

综上所述，工厂模式在需要将对象的创建与使用相分离、隐藏对象创建细节、通过扩展具体工厂类创建不同类型的对象等方面具有一定的优势，可以提高代码的灵活性和可维护性。但在简单系统或产品类型固定的情况下，使用工厂模式可能会增加代码的复杂性。因此，在实际应用中需要根据具体情况进行权衡和选择。

5.4.4 代码示例

下面是使用工厂模式的Java代码示例。

```
// 抽象产品
interface Product {
    void operation();
```

```
}

// 具体产品 A
class ConcreteProductA implements Product {
    public void operation() {
        System.out.println("具体产品 A 的操作");
    }
}

// 具体产品 B
class ConcreteProductB implements Product {
    public void operation() {
        System.out.println("具体产品 B 的操作");
    }
}

// 工厂类
class Creator {
    public Product factoryMethod(String type) {
        if (type.equals("A")) {
            return new ConcreteProductA();
        } else if (type.equals("B")) {
            return new ConcreteProductB();
        }
        return null;
    }
}

// 测试代码
public class Main {
    public static void main(String[] args) {
        Creator creator = new Creator();

        // 创建具体产品 A
        Product productA = creator.factoryMethod("A");
        productA.operation();

        // 创建具体产品 B
        Product productB = creator.factoryMethod("B");
        productB.operation();
    }
}
```

5.5 抽象工厂模式

抽象工厂模式（Abstract Factory Pattern）是一种创建型设计模式，它提供一种封装一组相关或相互依赖对象创建的方式，而无须指定它们具体的类。通过使用抽象工厂模式，客户端可以创建并使用一系列相关的产品对象，而无须关心其具体的实现细节。

在抽象工厂模式中，有以下两个关键的概念。

（1）抽象工厂（Abstract Factory）：定义创建一系列相关产品对象的方法，每个方法对应一个产品族。

（2）具体工厂（Concrete Factory）：实现抽象工厂中定义的方法，具体负责创建具体的产品对象。

5.5.1 应用场景

抽象工厂模式可以被应用于以下场景。

（1）需要创建一组相关或相互依赖的对象：抽象工厂模式可被用于创建一组相关或相互依赖的对象，这些对象之间存在一定的关联关系，需要一起使用或协同工作。例如，在一个图形界面应用中，可能需要创建按钮、文本框和复选框等一组相关的 GUI 控件。

（2）需要隐藏具体产品的实现细节：通过使用抽象工厂模式，客户端只需要与抽象工厂和抽象产品接口进行交互，而无须关心具体产品的实现细节。这样可以实现对象的封装和隐藏，提高代码的安全性和可维护性。

（3）需要在产品族中选择一种具体产品：抽象工厂模式提供一种在产品族中选择具体产品的方式。产品族指的是具有共同特征或关联关系的一组产品，而具体产品是产品族中的某个具体实现。通过抽象工厂模式，客户端可以根据需要选择一种产品族，并获得该产品族中的一组具体产品。

（4）需要支持多个产品等级结构：抽象工厂模式可以支持多个产品等级结构的创建。产品等级结构指的是具有不同特征或功能的一组产品，它们之间可能存在一定的层次关系。通过抽象工厂模式，可以为每个产品等级结构定义一个具体工厂，从而实现灵活的对象创建和组合。

（5）需要满足开闭原则和依赖倒置原则：抽象工厂模式可以帮助我们遵循设计原则，特别是开闭原则和依赖倒置原则。它通过抽象工厂和抽象产品接口的定义，使客户端与具体产品的实现解耦，从而实现系统的可扩展性和灵活性。

总的来说，抽象工厂模式适用于需要创建一组相关或相互依赖的对象、隐藏具体产品的实现细节、在产品族中选择一种具体产品、支持多个产品等级结构及满足开闭原则和依赖倒置原则的场景。它可以帮助我们构建灵活、可扩展和可维护的系统架构。

5.5.2 结构

抽象工厂模式的结构包含以下几个角色。

- 抽象工厂（Abstract Factory）：声明一组创建产品对象的抽象方法。

- 具体工厂（Concrete Factory）：实现抽象工厂中定义的方法，负责创建具体的产品对象。
- 抽象产品（Abstract Product）：定义产品对象的共同接口。
- 具体产品（Concrete Product）：实现抽象产品接口，是具体类型的产品对象。

图 5-3 展示了抽象工厂模式的结构，其中抽象工厂“AbstractFactory”声明了创建抽象产品“AbstractProductA”和“AbstractProductB”的方法。具体工厂“ConcreteFactory1”和“ConcreteFactory2”分别实现了抽象工厂中的方法，负责创建具体的产品对象。抽象产品“AbstractProductA”和“AbstractProductB”定义了产品的共同接口，具体产品“ConcreteProductA1”“ConcreteProductA2”“ConcreteProductB1”和“ConcreteProductB2”实现了抽象产品接口，代表不同的具体产品。

这个示意图展示了抽象工厂模式的结构，其中抽象工厂、具体工厂、抽象产品和具体产品之间的关系清晰可见。

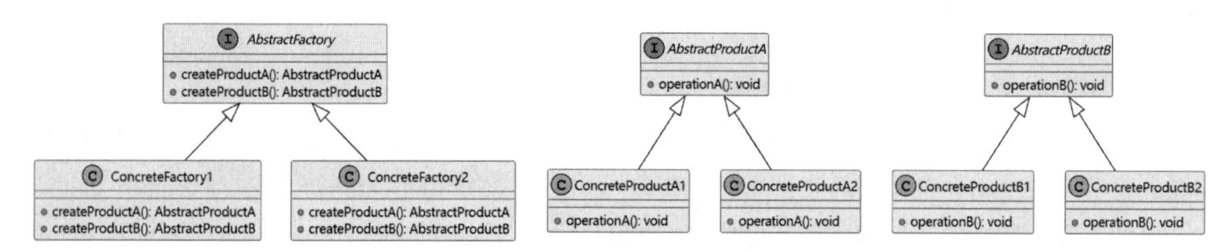

图 5-3　抽象工厂模式的结构示意图

5.5.3 优缺点

抽象工厂模式的优点包括以下几个方面。

（1）封装变化：抽象工厂模式将产品的创建和使用分离，客户端通过抽象工厂接口使用产品，无须关心具体产品的创建过程。这样可以封装变化，使系统更具灵活性和可维护性。

（2）符合开闭原则：抽象工厂模式支持增加新的产品族和产品等级结构，对于新产品的增加，只需要扩展相应的具体工厂和具体产品类即可，不需要修改已有代码。这符合开闭原则，使系统可以方便地进行扩展和演化。

（3）提供一致性：抽象工厂模式可以确保一组相关产品的一致性。具体工厂类负责创建产品族中的所有具体产品，保证这些产品之间具有一致的风格和特征。

（4）降低耦合：客户端与具体产品类解耦，只依赖抽象工厂接口和抽象产品接口。这样可以减少客户端与具体类之间的依赖关系，降低耦合度，提高系统的灵活性和可维护性。

抽象工厂模式的缺点包括以下几个方面。

（1）扩展困难：当需要增加新的产品族时，需要修改抽象工厂的接口和所有的具体工厂类，这样会影响系统的稳定性。因此，抽象工厂模式在面对频繁变化的产品族时，可能会导致扩展困难。

（2）不够灵活：抽象工厂模式针对一组相关产品进行创建，如果需要新增一种产品，就需要修改抽象工厂的接口和所有的具体工厂类。这种修改可能会影响其他产品的创建，导致系统变得复杂，不够灵活。

（3）增加系统复杂度：引入抽象工厂模式会增加系统的类和对象数量，增加系统的复杂度和理解难度。因此，在设计初期就需要慎重考虑是否真正需要使用抽象工厂模式。

总的来说，抽象工厂模式在一定的场景下能够有效地封装变化、提供一致性、降低耦合度，并符合开闭原则。但是，它也存在一些缺点，包括扩展困难、不够灵活和增加系统复杂度。在使用抽象工厂模式时，需要根据具体的需求和系统的特点进行权衡和选择。

5.5.4 代码示例

下面是使用抽象工厂模式的Java代码示例。

```
// 抽象产品
interface Product {
    void operation();
}

// 具体产品 A
class ConcreteProductA implements Product {
    public void operation() {
        System.out.println("具体产品 A 的操作");
    }
}

// 具体产品 B
class ConcreteProductB implements Product {
    public void operation() {
        System.out.println("具体产品 B 的操作");
    }
}

// 工厂类
class Creator {
    public Product factoryMethod(String type) {
        if (type.equals("A")) {
            return new ConcreteProductA();
        } else if (type.equals("B")) {
            return new ConcreteProductB();
        }
        return null;
    }
}
```

```
// 测试代码
public class Main {
    public static void main(String[] args) {
        Creator creator = new Creator();

        // 创建具体产品 A
        Product productA = creator.factoryMethod("A");
        productA.operation();

        // 创建具体产品 B
        Product productB = creator.factoryMethod("B");
        productB.operation();
    }
}
```

5.6 建造者模式

建造者模式（Builder Pattern）是一种创建型设计模式，它可以将复杂对象的构建过程和表示分离，使同样的构建过程可以创建不同的表示。

建造者模式的主要目的是将一个复杂对象的构建过程和表示分离，使构建过程可以灵活地创建不同的表示。使用建造者模式，可以将复杂对象的构建过程逐步细化，每一步都由具体的建造者负责实现。这样一来，无论是新增一种表示还是改变构建过程，都不会影响其他部分的代码。

5.6.1 应用场景

建造者模式适用于以下场景。

（1）当需要创建的对象具有复杂的内部结构，且需要将其构建过程和表示分离时，可以使用建造者模式。

（2）当需要构建的产品有多个组成部分，且构建过程中的顺序和细节可能变化时，可以使用建造者模式。

（3）当构建过程需要创建不同的表示时，可以使用建造者模式。

5.6.2 结构

建造者模式包含以下几个角色。

- 产品（Product）：要构建的复杂对象，包含多个组成部分。
- 抽象建造者（Abstract Builder）：定义构建产品的接口，声明各个部件的构建方法。

- 具体建造者（Concrete Builder）：实现抽象建造者接口，实现各个部件的具体构建方法，并返回构建好的产品。
- 指挥者（Director）：负责控制构建过程的顺序和流程，通常通过构建者构建产品。

图 5-4 所示的是建造者模式的结构示意图。

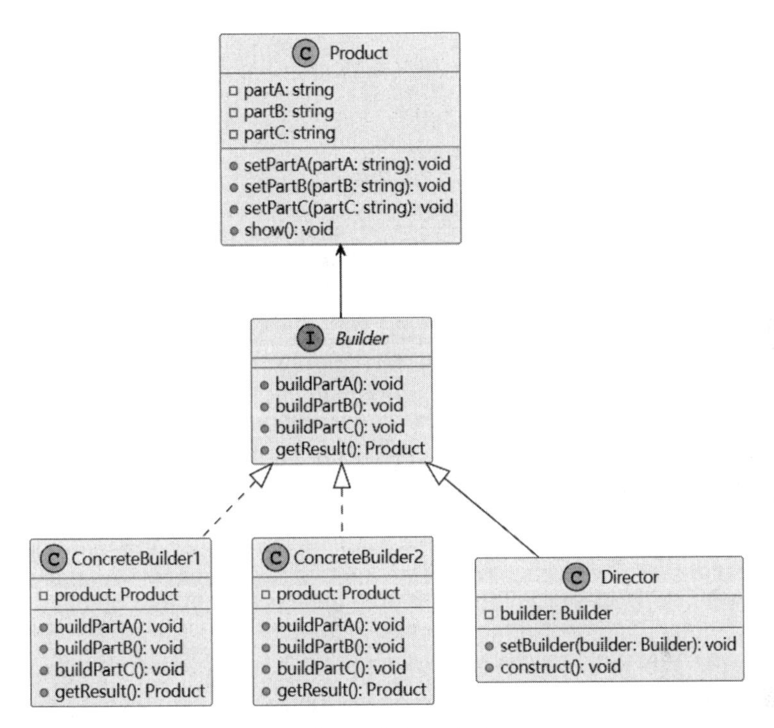

图 5-4　建造者模式的结构示意图

建造者模式的核心思想是通过指挥者来控制建造过程的顺序和流程，通过具体的建造者来构建产品的各个部件，最终得到一个完整的产品对象。

5.6.3 优缺点

建造者模式的优点包括以下几个方面。

（1）将复杂对象的构建过程与其表示分离，使同样的构建过程可以创建不同的表示。

（2）提供更好的封装性，隐藏产品的内部细节，使客户端只需关心产品的高层接口。

（3）可以更加精细地控制产品的构建过程，灵活地配置和组合各个部件。

（4）可以重复利用相同的构建算法创建不同的产品对象。

建造者模式的缺点包括以下几个方面。

（1）需要定义多个具体建造者类，会增加系统中的类的数量。

（2）对于简单的产品对象，建造者模式可能会显得过于复杂。

5.6.4 代码示例

下面是使用建造者模式的Java代码示例。

```
// 产品类
class Product {
    private String part1;
    private String part2;
    private String part3;

    public void setPart1(String part1) {
        this.part1 = part1;
    }

    public void setPart2(String part2) {
        this.part2 = part2;
    }

    public void setPart3(String part3) {
        this.part3 = part3;
    }

    public void show() {
        System.out.println("Product Parts:");
        System.out.println("Part 1: " + part1);
        System.out.println("Part 2: " + part2);
        System.out.println("Part 3: " + part3);
    }
}

// 抽象建造者
abstract class Builder {
    protected Product product = new Product();

    public abstract void buildPart1();
    public abstract void buildPart2();
    public abstract void buildPart3();

    public Product getProduct() {
        return product;
    }
}
```

```
// 具体建造者1
class ConcreteBuilder1 extends Builder {
    public void buildPart1() {
        product.setPart1("Part 1A");
    }

    public void buildPart2() {
        product.setPart2("Part 2A");
    }

    public void buildPart3() {
        product.setPart3("Part 3A");
    }
}

// 具体建造者2
class ConcreteBuilder2 extends Builder {
    public void buildPart1() {
        product.setPart1("Part 1B");
    }

    public void buildPart2() {
        product.setPart2("Part 2B");
    }

    public void buildPart3() {
        product.setPart3("Part 3B");
    }
}

// 指挥者
class Director {
    private Builder builder;

    public void setBuilder(Builder builder) {
        this.builder = builder;
    }

    public Product construct() {
        builder.buildPart1();
```

```
        builder.buildPart2();
        builder.buildPart3();
        return builder.getProduct();
    }
}

// 客户端
public class Main {
    public static void main(String[] args) {
        Director director = new Director();

        // 使用具体建造者 1 构建产品
        Builder builder1 = new ConcreteBuilder1();
        director.setBuilder(builder1);
        Product product1 = director.construct();
        product1.show();

        // 使用具体建造者 2 构建产品
        Builder builder2 = new ConcreteBuilder2();
        director.setBuilder(builder2);
        Product product2 = director.construct();
        product2.show();
    }
}
```

5.7 原型模式

原型模式（Prototype Pattern）是一种创建型设计模式，它允许通过复制（克隆）现有对象来创建新的对象，而无须通过调用构造函数进行创建。原型模式基于一个原型对象，通过复制这个原型对象来创建新的对象实例。

5.7.1 应用场景

原型模式可以被应用于以下场景。

（1）当创建一个对象的过程比较复杂或耗时时，通过复制现有对象来创建新对象可以提高性能。

（2）当需要创建一批相似的对象，但又希望每个对象都可以进行个性化定制时。

（3）当需要避免使用子类进行对象的创建时。

5.7.2 结构

原型(Prototype):定义一个克隆自身的接口,用于复制现有对象来创建新对象。原型模式包含以下两个角色。

- 具体原型(Concrete Prototype):实现原型接口,通过实现克隆方法来复制自身。
- 客户端(Client):使用原型对象创建新的对象。

图 5-5 展示了原型模式的结构,其中使用"interface"关键字表示原型接口"Prototype",包含"clone()"方法。而"class"关键字表示具体原型类"ConcretePrototype",它实现了"Prototype"接口,并包含一个私有字段"field"和"clone()"方法。

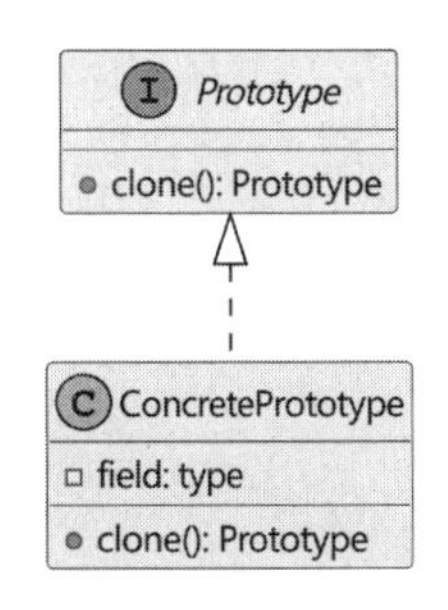

图 5-5 原型模式的结构示意图

5.7.3 优缺点

原型模式的优点包括以下几个方面。

(1)简化对象创建:原型模式允许通过复制现有对象来创建新对象,避免创建对象的复杂步骤,使对象创建过程更加简单。

(2)提高性能:通过原型模式创建对象时,可以避免执行初始化操作,从而提高对象的创建效率。

(3)动态添加和修改对象:原型模式支持动态添加和修改对象的属性,可以在运行时根据需要进行调整。

原型模式的缺点包括以下几个方面。

(1)需要正确实现克隆方法:为了使用原型模式,需要确保对象正确实现了克隆方法。否则,无法复制对象或复制结果不符合预期。

(2)对象构建复杂:当对象包含复杂的嵌套结构时,克隆过程可能会变得复杂。这可能导致克隆方法的实现变得复杂和困难。

总体而言,原型模式在需要创建相似对象且对象构建复杂的、避免使用子类进行对象的创建等场景中非常有用。它能够简化对象的创建过程,并提高性能。但需要注意正确实现克隆方法及处理复杂对象结构的情况。

5.7.4 代码示例

下面是使用原型模式的Java代码示例。

```
// 抽象产品
interface Product {
    void operation();
}
```

```
// 具体产品 A
class ConcreteProductA implements Product {
    public void operation() {
        System.out.println("具体产品 A 的操作");
    }
}

// 具体产品 B
class ConcreteProductB implements Product {
    public void operation() {
        System.out.println("具体产品 B 的操作");
    }
}

// 工厂类
class Creator {
    public Product factoryMethod(String type) {
        if (type.equals("A")) {
            return new ConcreteProductA();
        } else if (type.equals("B")) {
            return new ConcreteProductB();
        }
        return null;
    }
}

// 测试代码
public class Main {
    public static void main(String[] args) {
        Creator creator = new Creator();

        // 创建具体产品 A
        Product productA = creator.factoryMethod("A");
        productA.operation();

        // 创建具体产品 B
        Product productB = creator.factoryMethod("B");
        productB.operation();
    }
}
```

5.8 适配器模式

适配器模式（Adapter Pattern）是一种结构型设计模式，它允许将一个类的接口转换成客户端所期望的另一个接口。适配器模式使原本由于接口不兼容而不能一起工作的类能够协同工作。

5.8.1 应用场景

适配器模式可以被应用于以下场景。

（1）当需要使用一个已经存在的类，但其接口与所需接口不匹配时，可以使用适配器模式。

（2）当希望复用一些现有的类，但不可能对每一个类都进行接口调整时，可以使用适配器模式。

（3）当需要适配多个类或接口时，可以使用适配器模式实现统一的接口。

5.8.2 结构

适配器模式的结构如下。

- 目标接口（Target Interface）：客户端所期望的接口，适配器类通过实现该接口来与客户端进行交互。
- 适配器类（Adapter Class）：适配器类实现目标接口，并持有被适配者对象的引用。它将客户端的请求转发给被适配者对象，完成接口的转换和调用。
- 被适配者类（Adaptee Class）：已经存在的类，它包含客户端所需的功能，但其接口与目标接口不兼容。

如图 5-6 展示了适配器模式的结构，这个示意图展示了适配器模式中的四个主要组件，具体如下。

- Client（客户端）。
- Target（目标接口）。
- Adaptee（适配者）。
- Adapter（适配器）。

“Client” 通过调用 “request” 方法向 “Target” 发送请求，而 “Target” 接口定义了 “request” 方法。“Adapter” 类充当 “Client” 和 “Adaptee” 之间的适配器，它包含一个 “Adaptee” 对象，并通过实现 “Target” 接口的 “request” 方法来适配 “Adaptee” 的 “specificRequest” 方法。这样，“Client” 可以通过 “Adapter” 来间接使用 “Adaptee” 的功能。

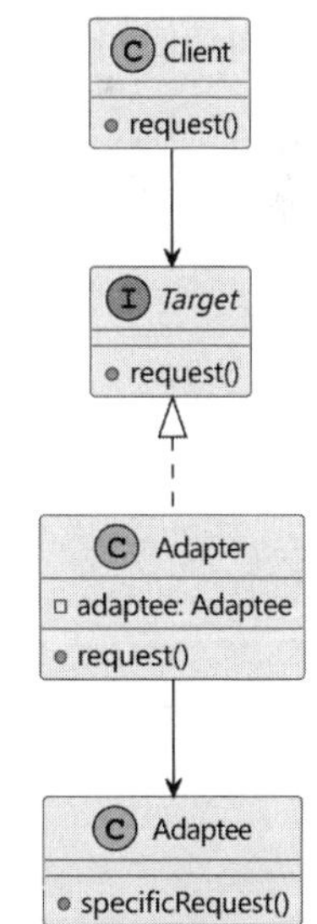

图 5-6 适配器模式的结构示意图

5.8.3 优缺点

适配器模式的优点包括以下几个方面。

（1）适配器模式可以帮助不兼容的接口进行协同工作。它允许将已有的类或接口与其他类或接口进行适配，以满足客户端的需求，而无须修改现有的代码结构。

（2）适配器模式可以提高代码的复用性。通过适配器，可以重复使用现有的类或接口，而无须重新实现相同的功能。

（3）适配器模式可以将系统的各个部分解耦。它使客户端和被适配者之间的依赖关系减少，从而提高系统的灵活性和可维护性。

适配器模式的缺点包括以下几个方面。

（1）引入适配器可能会增加系统的复杂性。适配器需要额外的代码来完成接口的适配工作，这可能会增加代码量和理解难度。

（2）适配器模式可能会导致性能损失。由于适配器需要进行额外的转换和适配操作，可能会影响系统的性能。

（3）适配器模式可能会隐藏系统的真实情况。适配器模式通过隐藏真实的情况实现细节，可能会导致在系统中出现难以理解和调试的情况。

总体而言，适配器模式是一种权衡和折中的设计模式，它在解决接口不兼容问题和提高代码复用性方面具有一定的价值，但在使用时需要考虑其对系统复杂性和性能的影响。

5.8.4 代码示例

下面是使用适配器模式的Java代码示例。

```
// 目标接口
interface Target {
    void request();
}

// 被适配者类
class Adaptee {
    public void specificRequest() {
        System.out.println("执行被适配者的方法");
    }
}

// 适配器类
class Adapter implements Target {
    private Adaptee adaptee;

    public Adapter(Adaptee adaptee) {
        this.adaptee = adaptee;
    }
```

```
    public void request() {
        adaptee.specificRequest();
    }
}

// 客户端代码
public class Client {
    public static void main(String[] args) {
        // 创建被适配者对象
        Adaptee adaptee = new Adaptee();

        // 创建适配器对象，并传入被适配者对象
        Target adapter = new Adapter(adaptee);

        // 调用目标接口的方法，实际上会调用被适配者的方法
        adapter.request();
    }
}
```

5.9 桥接模式

桥接模式（Bridge Pattern）是一种结构型设计模式，用于将抽象部分与其具体实现部分解耦，使它们可以独立地变化。该模式将抽象和实现通过桥接接口进行连接，从而使两者可以独立地进行扩展和修改。

5.9.1 应用场景

适合使用桥接模式的场景包括以下几种。

（1）当一个类存在两个独立变化的维度，且需要在运行时组合这两个维度时。

（2）当一个类需要在多个平台或多个数据库之间切换时。

（3）当需要通过对抽象部分和实现部分进行分离，以便能够独立地进行扩展和修改时。

5.9.2 结构

桥接模式的结构包含以下角色。

- 抽象化（Abstraction）：定义抽象部分的接口，通常包含一个对实现部分的引用。
- 具体抽象化（Concrete Abstraction）：实现抽象化接口，通过调用实现部分的方法来完成具体

的业务逻辑。

- 实现化（Implementor）：定义实现部分的接口，提供抽象化接口的具体实现。
- 具体实现化（Concrete Implementor）：实现实现化接口，提供具体实现的逻辑。

图5-7展示了桥接模式的结构，其中“Abstraction”（抽象化）是抽象部分的定义，其中包含一个对“Implementor”（实现化）接口的引用。“RefinedAbstraction”（具体抽象化）是具体的抽象化类，继承自“Abstraction”，并在其中实现了抽象部分的方法。

“Implementor”是实现化接口，定义了实现部分的方法。“ConcreteImplementorA ”和“ConcreteImplementorB ”是具体的实现化类，分别实现了“Implementor ”接口的方法。

通过桥接接口的连接，“Abstraction ”和“Implementor ”实现了解耦，可以独立地变化和扩展。

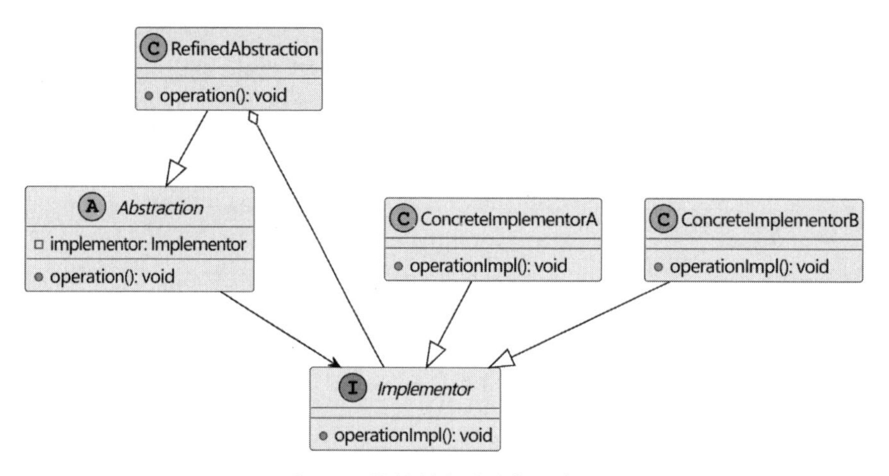

图5-7　桥接模式的结构示意图

5.9.3 优缺点

桥接模式的优点包括以下几个方面。

（1）分离抽象和实现：桥接模式通过将抽象部分和实现部分分离，它们可以独立地变化。这样可以更好地适应系统的变化需求，并且可以扩展新的抽象部分和实现部分，而不会相互影响。

（2）提高可扩展性：桥接模式将抽象部分和实现部分解耦，使它们可以独立地扩展。当系统需要新增抽象或实现时，可以方便地进行扩展而无须修改现有代码。

（3）提供灵活性：桥接模式可以在运行时动态地关联抽象部分和实现部分，从而提供更大的灵活性。可以根据需要动态地切换不同的实现，而不影响客户端代码。

（4）降低耦合度：桥接模式通过将抽象部分和实现部分分离，降低它们之间的耦合度。抽象部分和实现部分可以独立地进行修改和演化，而不会相互影响。

桥接模式的缺点包括以下几个方面。

（1）增加复杂性：桥接模式需要引入额外的抽象层，可能会增加系统的复杂性。需要在设计时仔细考虑抽象部分和实现部分之间的关系，会增加设计和开发的复杂性。

（2）增加系统的类和对象数量：桥接模式需要定义抽象部分和实现部分的接口和类，可能会导致系统中类和对象的数量增加。这可能会增加系统的内存消耗和运行时的开销。

综上所述，桥接模式通过将抽象部分和实现部分分离，提高系统的可扩展性、灵活性和降低耦合度，但同时也会增加系统的复杂性和类对象的数量。因此，在应用桥接模式时需要根据具体的需求权衡利弊。

5.9.4 代码示例

下面是使用桥接模式的Java代码示例。

```
// 实现部分接口
interface DrawingAPI {
    void drawCircle(double x, double y, double radius);
}

// 具体实现部分A
class DrawingAPIA implements DrawingAPI {
    @Override
    public void drawCircle(double x, double y, double radius) {
        System.out.printf("DrawingAPI A: circle at (%.1f, %.1f) with radius
%.1f\n", x, y, radius);
    }
}

// 具体实现部分B
class DrawingAPIB implements DrawingAPI {
    @Override
    public void drawCircle(double x, double y, double radius) {
        System.out.printf("DrawingAPI B: circle at (%.1f, %.1f) with radius
%.1f\n", x, y, radius);
    }
}

// 抽象部分
abstract class Shape {
    protected DrawingAPI drawingAPI;

    protected Shape(DrawingAPI drawingAPI) {
        this.drawingAPI = drawingAPI;
    }
```

```
    abstract void draw();
}

// 具体抽象部分 A
class CircleShape extends Shape {
    private double x, y, radius;

    public CircleShape(double x, double y, double radius, DrawingAPI 
drawingAPI) {
        super(drawingAPI);
        this.x = x;
        this.y = y;
        this.radius = radius;
    }

    @Override
    void draw() {
        drawingAPI.drawCircle(x, y, radius);
    }
}

// 客户端代码
public class Client {
    public static void main(String[] args) {
        DrawingAPI drawingAPIA = new DrawingAPIA();
        DrawingAPI drawingAPIB = new DrawingAPIB();

        Shape circleShapeA = new CircleShape(1, 2, 3, drawingAPIA);
        Shape circleShapeB = new CircleShape(4, 5, 6, drawingAPIB);

        circleShapeA.draw();
        circleShapeB.draw();
    }
}
```

5.10 装饰器模式

装饰器模式（Decorator Pattern），属于结构型设计模式，它允许在不修改现有对象结构的情况下，动态地向对象添加新的行为或功能。装饰器模式通过将对象包装在一个装饰器类中，然后在装饰器类中添加额外的行为，来扩展原始对象的功能。

装饰器模式的核心思想是通过组合而非继承来实现功能的扩展。通过将对象嵌套在一个或多个装饰器类中，可以在运行时动态地添加或删除对象的功能。装饰器类和原始对象都遵循相同的接口，这样可以确保装饰器对象可以透明地替代原始对象。

5.10.1 应用场景

装饰器模式适用于以下场景。

（1）动态地扩展对象的功能：当需要在不修改现有对象结构的情况下，为对象添加新的功能时，可以使用装饰器模式。通过使用不同的装饰器组合，可以动态地添加或删除对象的功能，而不影响原始对象。

（2）多层次的对象功能组合：如果存在多个层次的功能组合，每个层次都有不同的功能扩展需求，可以使用装饰器模式。每个层次的装饰器可以添加特定的功能，然后将装饰后的对象传递给下一层的装饰器，实现多层次的功能组合。

（3）需要动态地撤销对象功能的情况：装饰器模式可以在运行时动态地撤销对象的功能。通过移除特定的装饰器，可以撤销已添加的功能，使其恢复到原始对象的状态。

（4）避免使用继承进行功能扩展：当使用继承进行功能扩展会导致类爆炸、代码冗余或难以维护时，可以考虑使用装饰器模式。装饰器模式通过组合而非继承来实现功能的扩展，可以避免使用继承的缺点。

总而言之，装饰器模式适用于需要动态地扩展对象功能、多层次的对象功能组合、动态撤销对象功能及避免使用继承进行功能扩展的场景。它提供一种灵活且可维护的方式来扩展对象的功能。

5.10.2 结构

装饰器模式的结构包括以下几个角色。

- 抽象组件（Component）：定义被装饰对象和装饰器共同实现的接口或抽象类。它可以是具体组件和装饰器的共同父类或接口。
- 具体组件（Concrete Component）：实现抽象组件定义的接口或抽象类，是被装饰的对象。具体组件是装饰器模式中的核心，它定义最基本的功能。
- 抽象装饰器（Decorator）：继承抽象组件，并持有一个抽象组件的引用。抽象装饰器定义装饰器的公共接口，可以在运行时动态地为具体组件添加功能。
- 具体装饰器（Concrete Decorator）：实现抽象装饰器定义的接口或抽象类，并持有一个具体组件的引用。具体装饰器通过在调用具体组件的方法前后添加额外的功能来装饰具体组件。

图 5-8 展示了装饰器模式的结构，其中抽象类“Component ”定义了被装饰对象和装饰器共同实现的接口。具体类“ConcreteComponent ”实现了抽象类“Component ”定义的接口，是被装饰的对象。抽象类“Decorator ”继承了“Component ”并持有一个“Component ”的引用，定义了装饰器

的公共接口。具体类 “ConcreteDecoratorA ” 和 “ConcreteDecoratorB ” 分别继承了 “Decorator ” 并添加了额外的操作，通过在调用 “Component ” 的方法前后添加额外的功能来装饰具体组件。

这样的结构允许动态地为具体组件添加额外的功能，装饰器可以按需组合，不需要创建大量的子类来实现不同组合的功能。

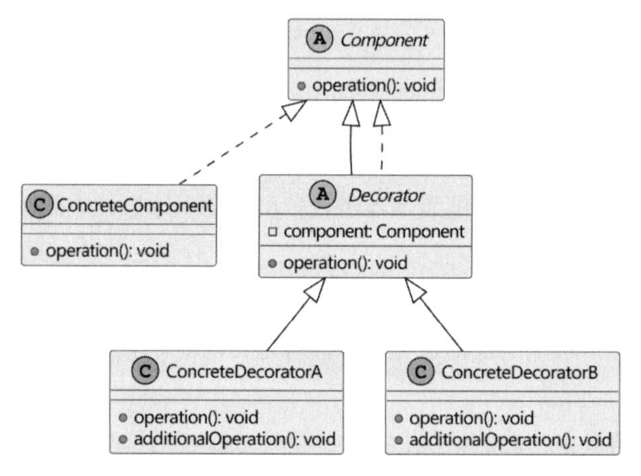

图 5-8　装饰器模式的结构示意图

5.10.3 优缺点

装饰器模式的优点包括以下几个方面。

（1）灵活性增强：装饰器模式允许动态地添加或修改对象的功能，而无须改变其原始类的结构。通过装饰器，可以在运行时为对象添加新的行为，实现功能的灵活组合。

（2）遵循开放封闭原则：装饰器模式遵循开放封闭原则，即可以在不修改现有代码的情况下扩展对象的功能。通过添加新的装饰器类，可以扩展对象的行为，而无须修改已有代码。

（3）易于组合：由于装饰器模式使用类似于链式的结构，可以方便地组合多个装饰器来实现复杂的功能。不同的装饰器可以按需组合，形成各种不同的功能组合。

（4）符合单一职责原则：装饰器模式可以将功能划分到不同的装饰器类中，每个装饰器类只关注特定的功能。这样可以保持每个类的职责单一，使代码更加清晰和易于维护。

装饰器模式的缺点包括以下几个方面。

（1）增加复杂性：引入装饰器类和组合结构会增加代码的复杂性，理解和维护代码可能会变得更加困难。如果装饰器的层级过深或过于复杂，可能会导致代码难以理解。

（2）可能影响性能：由于装饰器模式涉及多层嵌套和递归调用，可能会对程序的性能产生一定影响。每个装饰器都会增加额外的开销，可能会导致性能下降。

需要根据具体的应用场景和需求来评估是否使用装饰器模式。在需要灵活扩展对象功能且遵循开放封闭原则的情况下，装饰器模式是一种很好的选择。然而，在简单的情况下，使用装饰器模式可能会增加代码的复杂性，此时可以考虑其他简单的设计模式。

5.10.4 代码示例

以下是简单的装饰器模式的Java代码示例。

```
// 组件接口
interface Component {
    void operation();
}

// 具体组件实现
class ConcreteComponent implements Component {
    public void operation() {
        System.out.println(" 执行基本操作 ");
    }
}

// 装饰器基类
abstract class Decorator implements Component {
    protected Component component;

    public Decorator(Component component) {
        this.component = component;
    }

    public void operation() {
        component.operation();
    }
}

// 具体装饰器实现
class ConcreteDecoratorA extends Decorator {
    public ConcreteDecoratorA(Component component) {
        super(component);
    }

    public void operation() {
        super.operation();
        addFunctionality();
    }

    public void addFunctionality() {
        System.out.println(" 添加附加功能 A");
```

```
    }
}

// 具体装饰器实现
class ConcreteDecoratorB extends Decorator {
    public ConcreteDecoratorB(Component component) {
        super(component);
    }

    public void operation() {
        super.operation();
        addFunctionality();
    }

    public void addFunctionality() {
        System.out.println("添加附加功能 B");
    }
}

// 客户端代码
public class Client {
    public static void main(String[] args) {
        Component component = new ConcreteComponent();
        Decorator decoratorA = new ConcreteDecoratorA(component);
        Decorator decoratorB = new ConcreteDecoratorB(decoratorA);

        decoratorB.operation();
    }
}
```

5.11 组合模式

组合模式（Composite Pattern）是一种结构型设计模式，它将对象组合成树形结构以表示“部分-整体”的层次关系。组合模式使客户端可以统一对待单个对象和对象的组合，让客户端可以一致地使用单个对象和组合对象。

5.11.1 应用场景

组合模式适用于以下场景。

（1）需要表示对象的部分-整体层次结构：当存在一种层次结构，其中对象可以被划分为单个对象和组合对象，而且需要以统一的方式对待它们时，可以使用组合模式。例如，文件系统中的目录和文件之间就存在部分-整体的关系，可以使用组合模式来表示。

（2）希望客户端能够一致地处理单个对象和组合对象：组合模式使客户端可以通过统一的接口来操作单个对象和组合对象，无须关心它们的具体类型。这样可以简化客户端的代码，并且在不影响客户端的情况下，可以添加新的组合对象和叶子对象。

（3）需要对整个层次结构进行递归操作：组合模式可以方便地递归遍历整个层次结构，并对其中的对象进行操作。这样可以很方便地实现一些操作，例如，搜索、计算总和、打印等。

总之，组合模式适用于需要表示对象的部分-整体层次结构、希望客户端能以统一的方式对待单个对象和组合对象，以及需要对整个层次结构进行递归操作的情况。它能够简化代码，提高代码的可维护性和可扩展性，并且可以方便地进行递归操作。常见的应用场景包括文件系统、菜单系统、组织架构等。

5.11.2 结构

组合模式的结构包括以下几个关键角色。

- 组件（Component）：是组合模式中的抽象类或接口，定义组合对象和叶子对象的共同行为。它可以是组合对象或叶子对象的父类，提供一些通用的操作方法。
- 叶子（Leaf）：是组合模式中的叶子对象，表示组合中的最小单位。叶子对象没有子对象，它用于实现组件接口中定义的操作方法。
- 组合（Composite）：是组合模式中的组合对象，表示包含子对象的复杂对象。组合对象用于实现组件接口中定义的操作方法，并且可以持有一个或多个子对象。

组合模式通过将对象组织成树形结构，将单个对象和组合对象统一对待。组合对象可以递归地包含其他组合对象或叶子对象，形成一个层次结构。这样，客户端可以一致地操作单个对象和组合对象，无须关心它们的具体类型。

图5-9展示了组合模式的结构，其中，“Component”是抽象类，定义了“operation”方法。“Composite”是组合对象，包含一个或多个“Component”对象，并实现了“add”和“remove”方法来添加和移除子对象，同时实现了“operation”方法。“Leaf”是叶子对象，实现了“operation”方法。

组合对象“Composite ”可以包含其他组合对象或叶子对象，形成一个层次结构。箭头表示组合对象与其子对象的关联关系。

这样的结构可以实现对复杂对象的组合和递归操作，使客户端可以一致地处理单个对象和组合对象，提高代码的可扩展性和灵活性。

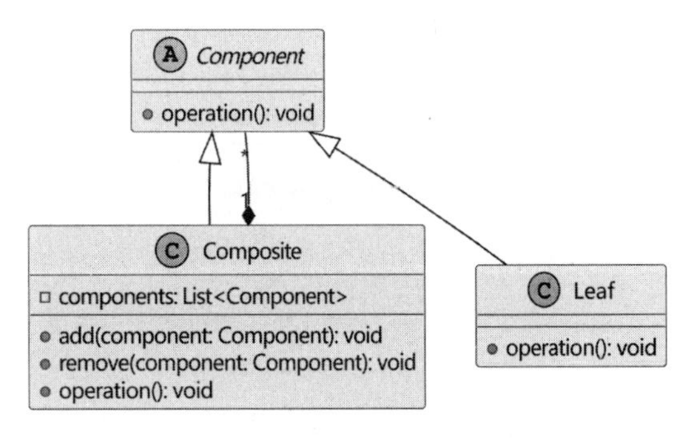

图5-9　组合模式的结构示意图

5.11.3 优缺点

组合模式的优点包括以下几个方面。

（1）简化客户端代码：组合模式通过统一的接口对待单个对象和组合对象，客户端无须区分它们，可以简化客户端代码的编写。

（2）提高灵活性和可扩展性：组合模式可以灵活地增加、删除和修改对象，使系统具有较好的可扩展性。通过组合多个对象形成层次结构，可以快速构建复杂的对象结构。

（3）统一的操作接口：组合模式定义统一的操作接口，使客户端可以一致地操作单个对象和组合对象，不需要区分它们的具体类型。

（4）简化对象间的耦合关系：组合模式将对象的层次结构封装在一个类中，可以减少对象之间的直接关联，降低耦合性。

组合模式的缺点包括以下几个方面。

（1）限制特定操作：由于组合模式会统一操作接口，某些特定操作可能不适用于所有对象，需要在客户端进行类型判断，可能会增加代码的复杂性。

（2）增加系统复杂性：使用组合模式会增加系统的类和对象数量，进而增加系统的复杂性和理解难度。

（3）不适合频繁修改层次结构：如果对象的层次结构经常变化，频繁地增加、删除、修改对象，可能会导致系统变得复杂且难以维护。

总的来说，组合模式适用于需要组织对象为层次结构并对其进行统一操作的场景，可以简化客户端代码，提高系统的灵活性和可扩展性。但需要注意不适用于频繁修改层次结构的情况，并且需要权衡好统一操作接口带来的限制。

5.11.4 代码示例

以下是使用组合模式的Java代码示例。

```
import java.util.ArrayList;
import java.util.List;

// 抽象组件
interface FileSystemComponent {
    void display();
}

// 叶子组件：文件
class File implements FileSystemComponent {
    private String name;

    public File(String name) {
```

```
        this.name = name;
    }

    public void display() {
        System.out.println("File: " + name);
    }
}

// 容器组件：文件夹
class Folder implements FileSystemComponent {
    private String name;
    private List<FileSystemComponent> components;

    public Folder(String name) {
        this.name = name;
        this.components = new ArrayList<>();
    }

    public void addComponent(FileSystemComponent component) {
        components.add(component);
    }

    public void removeComponent(FileSystemComponent component) {
        components.remove(component);
    }

    public void display() {
        System.out.println("Folder: " + name);
        for (FileSystemComponent component : components) {
            component.display();
        }
    }
}

// 客户端
public class Client {
    public static void main(String[] args) {
        // 创建文件系统层次结构
        Folder root = new Folder("root");
        Folder folder1 = new Folder("folder1");
        Folder folder2 = new Folder("folder2");
```

```
        File file1 = new File("file1.txt");
        File file2 = new File("file2.txt");

        root.addComponent(folder1);
        root.addComponent(folder2);
        folder1.addComponent(file1);
        folder2.addComponent(file2);

        // 遍历并显示文件系统
        root.display();
    }
}
```

5.12 外观模式

外观模式（Facade Pattern）是一种结构型设计模式，它提供一个统一的接口，用于访问系统中的一组接口或子系统，以简化客户端与子系统之间的交互。

5.12.1 应用场景

外观模式通常在以下场景中使用。

（1）简化复杂系统：当一个系统由多个子系统或组件组成，并且客户端需要与这些子系统进行交互时，可以使用外观模式来创建一个简化的接口，将复杂的系统细节隐藏起来，提供一个更简单的接口给客户端使用。

（2）隔离系统变化：当系统内部的子系统发生变化时，可以使用外观模式来隔离客户端与子系统之间的直接依赖关系。通过外观接口来封装子系统的变化，客户端无须修改代码即可适应变化。

（3）提供高层接口：当需要为一组相关接口提供一个更高层次的接口时，可以使用外观模式。这样做可以降低客户端与子系统之间的耦合度，同时提供更简洁、易于使用的接口。

5.12.2 结构

外观模式包含以下几个角色。

- 外观（Facade）：提供一个简化的接口，封装对子系统的访问，隐藏子系统的复杂性。
- 子系统（Subsystem）：实现系统的功能，处理具体的业务逻辑。
- 客户端（Client）：通过外观来访问子系统，简化与子系统的交互。

图 5-10 展示了外观模式的结构，其中，“SubsystemA”“SubsystemB”和“SubsystemC”表示子系统类，“Facade”表示外观类，外观类通过组合子系统类的实例来封装复杂的子系统操作。

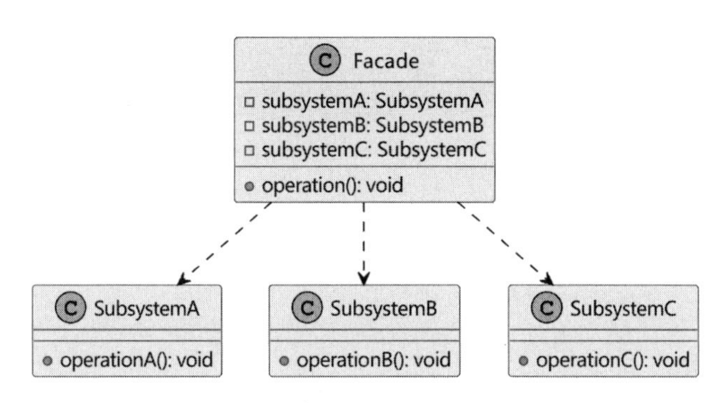

图 5-10　外观模式的结构示意图

5.12.3 优缺点

外观模式的优点包括以下几个方面。

(1)简化客户端与子系统之间的交互：外观模式提供一个统一的接口，将复杂的子系统操作封装起来，使客户端可以更简单地与子系统进行交互，而无须了解子系统的内部细节。

(2)提高系统的灵活性和可扩展性：通过外观类与子系统之间的解耦，可以更方便地修改或扩展子系统的实现，而不会影响客户端的代码。

(3)提供一个高层接口：外观模式可以将一组相关的操作封装成一个高层接口，提供给客户端使用，使客户端更加清晰地理解系统的功能。

(4)降低了客户端的复杂性：客户端只需要与外观类进行交互，无须直接与多个子系统类进行交互，从而降低客户端的复杂性。

外观模式的缺点包括以下几个方面。

(1)违反单一职责原则：外观类负责封装多个子系统的操作，可能会导致外观类变得庞大，承担过多的责任。

(2)不符合开闭原则：如果需要新增或修改子系统的功能，可能需要修改外观类的代码，会违反开闭原则。

(3)可能引入不必要的依赖：外观模式可能会引入客户端对子系统的依赖，使客户端与外观类紧密耦合，降低代码的灵活性。

综上所述，外观模式适用于需要简化复杂系统、隔离系统变化或提供高层接口的情况。然而，开发人员在应用外观模式时需要权衡其优点和缺点，并根据具体场景来决定是否使用该模式。

5.12.4 代码示例

下面是使用外观模式的Java代码示例。

```
// 子系统 A
class SubsystemA {
    public void operationA() {
```

```
        System.out.println("SubsystemA operation");
    }
}

// 子系统 B
class SubsystemB {
    public void operationB() {
        System.out.println("SubsystemB operation");
    }
}

// 子系统 C
class SubsystemC {
    public void operationC() {
        System.out.println("SubsystemC operation");
    }
}

// 外观类
class Facade {
    private SubsystemA subsystemA;
    private SubsystemB subsystemB;
    private SubsystemC subsystemC;

    public Facade() {
        subsystemA = new SubsystemA();
        subsystemB = new SubsystemB();
        subsystemC = new SubsystemC();
    }

    public void operation() {
        subsystemA.operationA();
        subsystemB.operationB();
        subsystemC.operationC();
    }
}

// 客户端代码
public class Main {
    public static void main(String[] args) {
        Facade facade = new Facade();
```

```
        facade.operation();
    }
}
```

5.13 享元模式

享元模式（Flyweight Pattern）是一种结构型设计模式，旨在通过共享对象有效地支持大量细粒度的对象。

5.13.1 应用场景

享元模式可以被应用于以下场景。

（1）当系统中存在大量相似对象，并且创建这些对象的成本较高时，可以使用享元模式共享对象，减少内存消耗。

（2）当需要缓存对象并重复使用时，可以使用享元模式提高系统性能。

（3）当对象的状态可以分为内部状态和外部状态，且内部状态可以共享时，可以使用享元模式共享内部状态，减少对象的数量。

5.13.2 结构

享元模式的结构包含以下角色。

- Flyweight（享元）：定义享元对象的接口，包含设置外部状态的方法。
- ConcreteFlyweight（具体享元）：实现享元接口，为内部状态和外部状态提供存储。
- FlyweightFactory（享元工厂）：负责创建和管理享元对象，提供对享元的访问和获取。
- Client（客户端）：使用享元对象的客户端，通过享元工厂获取或使用享元对象。

图 5-11 展示了享元模式的结构，其中，“Flyweight”是享元接口，“ConcreteFlyweight”是具体享元类，“Flyweight Factory”是享元工厂类，“Client”是客户端类。

- “Client”通过“FlyweightFactory”获取“Flyweight”对象。
- “FlyweightFactory”负责创建和管理“Flyweight”对象。
- “Flyweight”接口定义享元对象的操作方法。
- “ConcreteFlyweight”是具体的享元类，实现“Flyweight”接口。

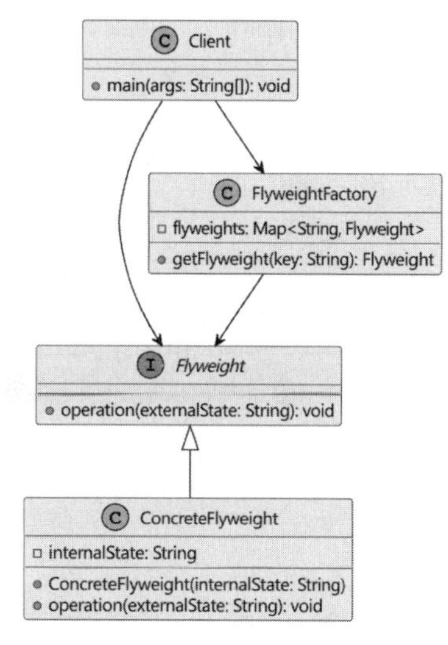

图 5-11 享元模式的结构示意图

通过享元模式，可以共享相似对象的内部状态，减少对象的创建和内存消耗。

5.13.3 优缺点

享元模式的优点包括以下几个方面。

（1）资源共享：享元模式可以实现对相同或相似对象的共享，减少对象的创建和内存消耗。

（2）减少内存占用：通过共享内部状态，可以减少对象的数量，从而减少内存的占用。

（3）提高性能：减少对象的创建和销毁，可以提高系统的性能。

享元模式的缺点包括以下几个方面。

（1）引入共享对象管理：享元模式需要引入一个共享对象管理的机制，会增加系统的复杂性。

（2）共享状态的限制：由于享元对象需要共享内部状态，因此要求其内部状态是可共享的，这可能限制对象的设计和扩展。

（3）线程安全问题：如果多个线程同时访问享元对象，需要进行线程同步处理，会增加系统的复杂性。

需要根据具体的应用场景来评估享元模式的优缺点，再决定是否使用享元模式确保其能够为系统带来性能和资源的优化。

5.13.4 代码示例

下面是使用享元模式的Java代码示例。

```
import java.util.HashMap;
import java.util.Map;

// 享元工厂类
class FlyweightFactory {
    private Map<String, Flyweight> flyweights = new HashMap<>();

    public Flyweight getFlyweight(String key) {
        if (flyweights.containsKey(key)) {
            return flyweights.get(key);
        } else {
            Flyweight flyweight = new ConcreteFlyweight(key);
            flyweights.put(key, flyweight);
            return flyweight;
        }
    }
}

// 享元接口
```

```
interface Flyweight {
    void operation();
}

// 具体享元类
class ConcreteFlyweight implements Flyweight {
    private String key;

    public ConcreteFlyweight(String key) {
        this.key = key;
    }

    public void operation() {
        System.out.println("Concrete Flyweight with key: " + key);
    }
}

// 客户端
public class Client {
    public static void main(String[] args) {
        FlyweightFactory factory = new FlyweightFactory();

        // 获取享元对象并执行操作
        Flyweight flyweight1 = factory.getFlyweight("key1");
        flyweight1.operation();

        Flyweight flyweight2 = factory.getFlyweight("key2");
        flyweight2.operation();

        Flyweight flyweight3 = factory.getFlyweight("key1");
        flyweight3.operation();
    }
}
```

5.14 代理模式

代理模式（Proxy Pattern）是一种结构型设计模式，它允许通过代理对象控制对真实对象的访问。代理模式提供一个代理对象，该对象可以充当真实对象的替代者，并能够控制对真实对象的访问和操作。

5.14.1 应用场景

代理模式的应用场景包括以下几种。

（1）远程代理：用于处理远程对象的访问。

（2）虚拟代理：用于创建代价高昂的对象，直到需要使用它时才真正创建。

（3）安全代理：用于控制对真实对象的访问权限。

（4）智能代理：在访问真实对象时执行额外的逻辑，如记录日志、缓存等。

5.14.2 结构

代理模式的结构包括以下角色。

- 抽象主题（Subject）：定义真实对象和代理对象共同的接口，可以是接口或抽象类。
- 真实主题（Real Subject）：定义真实对象的具体实现，是代理对象所代表的真实业务逻辑。
- 代理（Proxy）：包含一个指向真实主题的引用，并实现抽象主题定义的接口。代理对象可以在调用真实对象之前或之后执行额外的逻辑，例如，权限验证、缓存等。

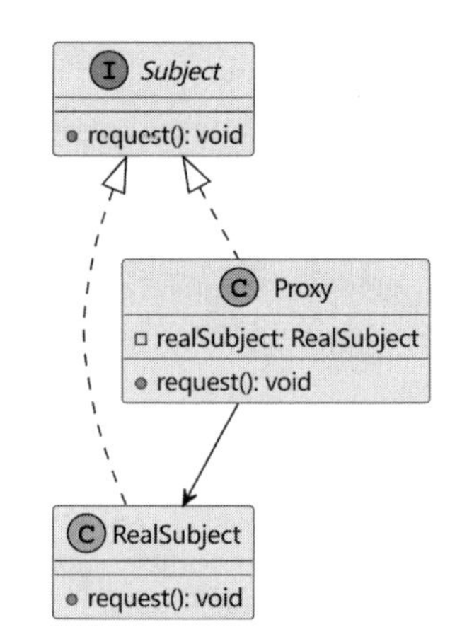

图 5-12　代理模式的结构示意图

图 5-12 展示了代理模式的结构，其中，“Subject”是代理和真实主题实现的共同接口，“RealSubject”表示真实的对象，它实现了“Subject”接口的功能。“Proxy”充当了客户端和真实主题之间的中介，它实现了与“Subject”相同的接口，并持有对真实主题的引用。“Proxy”可以在将请求委托给真实主题之前或之后执行其他任务。

5.14.3 优缺点

代理模式的优点包括以下几个方面。

（1）代理模式可以实现对客户端和真实对象的解耦，客户端只需与代理进行交互，无须直接与真实对象进行通信。

（2）代理模式提供对真实对象的控制和管理，可以在代理中添加额外的逻辑，例如，权限验证、缓存等。

（3）代理模式可以增强真实对象的功能，通过代理对象可以在不修改真实对象的情况下，对其进行扩展或增强。

代理模式的缺点包括以下几个方面。

（1）引入代理对象会增加系统的复杂性，需要额外的代码来处理代理和真实对象之间的交互。

（2）在一些情况下，引入代理对象会增加请求的处理时间和资源消耗。

综上所述，代理模式适用于远程代理、虚拟代理、安全代理、智能代理等场景，可以实现对客户端和真实对象的解耦、提供对真实对象的控制和管理、增强真实对象的功能，但也需要权衡额外的复杂性和性能影响。

5.14.4 代码示例

下面是使用代理模式的Java代码示例。

```
// 接口：定义了真实对象和代理对象的共同行为
interface Image {
    void display();
}

// 真实对象：实现了接口的具体对象
class RealImage implements Image {
    private String filename;

    public RealImage(String filename) {
        this.filename = filename;
        loadFromDisk();
    }

    private void loadFromDisk() {
        System.out.println("Loading image from disk: " + filename);
    }

    public void display() {
        System.out.println("Displaying image: " + filename);
    }
}

// 代理对象：通过持有真实对象的引用，控制对真实对象的访问
class ImageProxy implements Image {
    private String filename;
    private RealImage realImage;

    public ImageProxy(String filename) {
        this.filename = filename;
    }

    public void display() {
        if (realImage == null) {
```

```
            realImage = new RealImage(filename);
        }
        realImage.display();
    }
}

// 客户端代码
public class Client {
    public static void main(String[] args) {
        Image image1 = new ImageProxy("image1.jpg");
        Image image2 = new ImageProxy("image2.jpg");

        // 在需要显示图片时才会真正加载和显示
        image1.display();
        image2.display();
    }
}
```

5.15 策略模式

策略模式（Strategy Pattern）是一种行为型设计模式，它允许在运行时选择算法的行为。该模式通过将算法封装在独立的策略类中，使它们可以相互替换，而客户端代码无须关心具体的算法实现。

5.15.1 应用场景

策略模式适用于以下场景。

（1）当一个系统中有多个类似的算法，但其具体实现可能会随着时间的推移而变化时。

（2）当需要在运行时动态地选择算法时。

（3）当需要封装一组相关的算法，并将其作为一个整体进行切换和使用时。

5.15.2 结构

策略模式由三个核心组件组成。

- 策略接口（Strategy Interface）：定义算法的统一接口，具体策略类必须实现该接口。
- 具体策略类（Concrete Strategies）：实现策略接口，封装具体的算法实现。
- 环境类（Context）：持有策略接口的引用，负责根据需要选择具体的策略进行调用。

图 5-13 展示了策略模式的结构，其中，“Strategy”是策略接口，定义了策略类需要实现的方法。“ConcreteStrategyA”“ConcreteStrategyB”和“ConcreteStrategyC”是具体的策略类，分别实现了不同

的策略。“Context”是环境类，持有策略接口的引用，并提供设置策略和执行策略的方法。

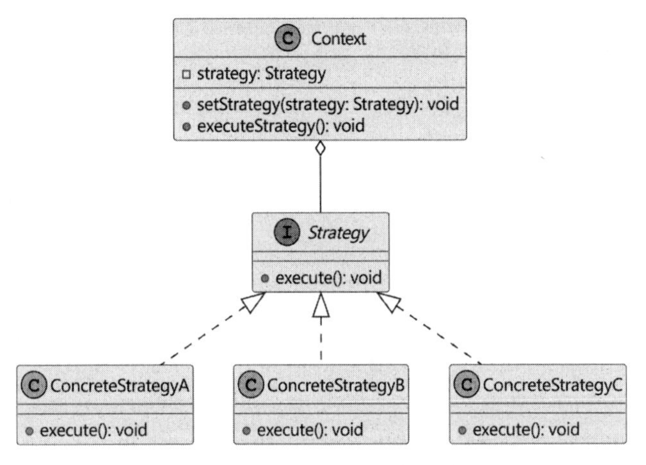

图 5-13　策略模式的结构示意图

5.15.3 优缺点

策略模式的优点包括以下几个方面。

（1）可以在运行时动态地改变对象的行为，即使在程序运行时也可以根据需要选择不同的策略。

（2）可以通过定义不同的策略类避免使用大量的条件语句，使代码更加清晰、简洁。

（3）提供一种松耦合的设计，策略类之间相互独立，易于单独修改、扩展和维护。

策略模式的缺点包括以下几个方面。

（1）会增加系统中的类和对象数量，每个具体策略类都需要一个对应的类。

（2）客户端必须知道所有的策略类，并自行选择合适的策略，这会增加客户端的复杂性。

总体而言，策略模式适用于需要在不同情况下采用不同算法或行为的场景，它可以提供灵活性和可扩展性，但使用时也需要权衡类的数量和客户端的选择复杂性。

5.15.4 代码示例

下面是使用策略模式的Java代码示例。

```
// 策略接口
interface PaymentStrategy {
    void pay(double amount);
}

// 具体策略类：支付宝支付
class AliPayStrategy implements PaymentStrategy {
    @Override
    public void pay(double amount) {
```

```
        System.out.println("使用支付宝支付：" + amount + "元");
    }
}

// 具体策略类：微信支付
class WeChatPayStrategy implements PaymentStrategy {
    @Override
    public void pay(double amount) {
        System.out.println("使用微信支付：" + amount + "元");
    }
}

// 上下文类
class PaymentContext {
    private PaymentStrategy strategy;

    public PaymentContext(PaymentStrategy strategy) {
        this.strategy = strategy;
    }

    public void setStrategy(PaymentStrategy strategy) {
        this.strategy = strategy;
    }

    public void pay(double amount) {
        strategy.pay(amount);
    }
}

// 客户端代码
public class Main {
    public static void main(String[] args) {
        // 创建支付上下文对象，并传入支付宝支付策略
        PaymentContext context = new PaymentContext(new AliPayStrategy());
        // 使用支付宝支付
        context.pay(100.0);

        // 切换为微信支付策略
        context.setStrategy(new WeChatPayStrategy());
        // 使用微信支付
        context.pay(200.0);
```

```
    }
}
```

5.16 观察者模式

观察者模式（Observer Pattern）是一种行为型设计模式，它定义对象之间的一对多依赖关系，确保当一个对象的状态发生变化时，所有依赖它的对象都会得到通知并自动更新。

5.16.1 应用场景

观察者模式适用于以下场景。

（1）当一个对象的改变需要同时通知其他多个对象，并且不希望这些对象与该对象耦合在一起时，可以使用观察者模式。

（2）当一个抽象模型有两个方面，其中一个方面依赖另一个方面，可以使用观察者模式将这两个方面封装在独立的对象中，使它们可以独立地改变和复用。

5.16.2 结构

观察者模式包含以下角色。

- Subject（主题）：被观察的对象，它维护一个观察者列表，并提供方法用于添加、删除和通知观察者。
- Observer（观察者）：定义一个更新方法，用于接收主题通知并作出相应的反应。
- ConcreteSubject（具体主题）：具体的被观察对象，继承自Subject类，实现添加、删除和通知观察者的方法。
- ConcreteObserver（具体观察者）：具体的观察者对象，实现更新方法，以便接收并处理主题的通知。

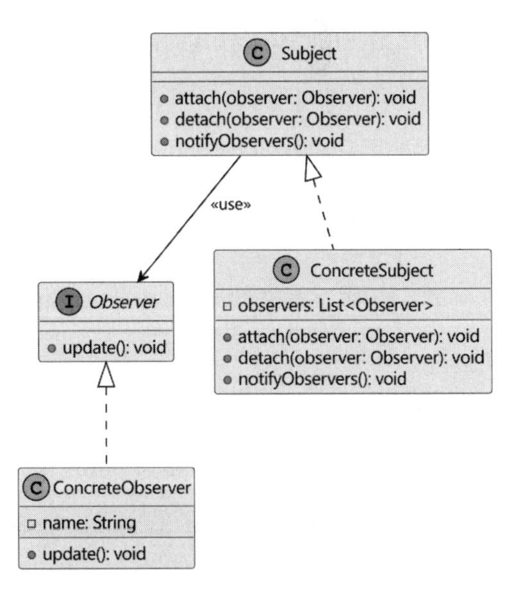

图 5-14 观察者模式的结构示意图

图5-14展示了观察者模式的结构，其中，“Subject”是主题接口，定义了观察者对象的管理方法。“Observer”是观察者接口，定义了接收通知并作出反应的方法。“ConcreteSubject”是具体主题类，实现了主题接口的方法，包括添加、删除和通知观察者。“ConcreteObserver”是具体观察者类，实现了观察者接口的方法。“Subject”和“Observer”之间存在一对多的关联关系，主题对象可以有多个观察者对象订阅并接收通知。

5.16.3 优缺点

观察者模式的优点和缺点如下。

观察者模式的优点包括以下几个方面。

（1）解耦性：观察者模式将主题和观察者之间解耦，使它们可以独立变化。主题只需知道观察者接口，而不需要了解具体的观察者，从而降低它们之间的依赖关系。

（2）扩展性：在观察者模式中，可以灵活地增加或移除观察者，而不影响主题或其他观察者的运行。这使系统更易于扩展和维护。

（3）实时性：观察者模式可以实现主题和观察者之间的一对多关系，当主题状态发生变化时，所有观察者都会立即收到通知并进行相应的处理，可以实现实时性的需求满足。

观察者模式的缺点包括以下几个方面。

（1）内存占用：在观察者模式中，每个主题对象都需要维护一个观察者列表，当观察者较多或主题更新频繁时，会增加内存的占用。

（2）顺序性问题：观察者模式中观察者的执行顺序是不确定的，主题通知观察者的顺序可能会影响观察者的处理结果。如果观察者之间有依赖关系，可能需要额外的处理来保证执行顺序。

（3）异常处理：观察者模式中，如果观察者在处理通知时发生异常，可能会影响其他观察者的执行。需要注意异常处理机制，以保证系统的稳定性。

5.16.4 代码示例

下面是使用观察者模式的Java代码示例。

```
import java.util.ArrayList;
import java.util.List;

// 观察者接口
interface Observer {
    void update(String message);
}

// 主题接口
interface Subject {
    void attach(Observer observer);
    void detach(Observer observer);
    void notifyObservers(String message);
}

// 具体主题类
class ConcreteSubject implements Subject {
```

```
    private List<Observer> observers = new ArrayList<>();

    public void attach(Observer observer) {
        observers.add(observer);
    }

    public void detach(Observer observer) {
        observers.remove(observer);
    }

    public void notifyObservers(String message) {
        for (Observer observer : observers) {
            observer.update(message);
        }
    }
}

// 具体观察者类
class ConcreteObserver implements Observer {
    private String name;

    public ConcreteObserver(String name) {
        this.name = name;
    }

    public void update(String message) {
        System.out.println(name + " 收到消息: " + message);
    }
}

public class Main {
    public static void main(String[] args) {
        // 创建具体主题对象
        ConcreteSubject subject = new ConcreteSubject();

        // 创建具体观察者对象
        Observer observer1 = new ConcreteObserver("Observer 1");
        Observer observer2 = new ConcreteObserver("Observer 2");
        Observer observer3 = new ConcreteObserver("Observer 3");

        // 注册观察者到主题
```

```
            subject.attach(observer1);
            subject.attach(observer2);
            subject.attach(observer3);

            // 主题发送通知给观察者
            subject.notifyObservers("Hello, observers!");

            // 移除观察者
            subject.detach(observer2);

            // 主题再次发送通知
            subject.notifyObservers("Observer 2 has been detached!");

        }
    }
```

5.17 模板方法模式

模板方法模式(Template Method Pattern)是一种行为设计模式，它定义一个算法的骨架，将一些步骤的具体实现延迟到子类中。模板方法模式使子类可以在不改变算法结构的情况下，重新定义算法中的某些步骤。

5.17.1 应用场景

模板方法模式适用于以下场景。

(1)算法的骨架已经确定，但某些步骤的具体实现可能有所不同。使用模板方法模式可以将这些不同的实现延迟到子类中。

(2)有一组相关的类，它们共享相同的行为和算法结构，但各自的具体实现可能不同。通过将共同行为提取到抽象类中，并定义模板方法和抽象方法，可以简化这组类的设计和维护。

(3)需要控制算法的流程，确保某些步骤按照固定的顺序执行，而具体步骤的实现可以灵活变化。

(4)希望在不改变算法骨架的情况下，允许子类对某些步骤进行扩展或重写，以实现个性化的需求。

(5)需要实现一种钩子方法(Hook Method)，用于在算法执行的不同阶段插入自定义的行为。

总的来说，模板方法模式适用于任何需要定义算法骨架并允许具体步骤实现变化的情况。它能够提高代码的复用性、灵活性和可维护性，同时提供一种标准化的算法实现方式。

5.17.2 结构

模板方法模式的结构包括以下几个角色。

- 抽象类（Abstract Class）：抽象类定义算法的骨架，其中包含一个模板方法和一些具体方法或抽象方法。模板方法定义算法的结构和执行顺序，而具体方法或抽象方法则用于实现算法的具体步骤。
- 具体类（Concrete Class）：具体类是抽象类的子类，负责实现抽象类中定义的具体方法或抽象方法。每个具体类都可以根据需要重写抽象类中的方法，以实现自己的具体逻辑。

图 5-15 展示了模板方法模式的结构，其中，抽象类“AbstractClass”拥有模板方法“templateMethod()”和具体方法“primitiveOperation1()”“primitiveOperation2()”。具体类“ConcreteClass1”和“ConcreteClass2”继承自抽象类，并实现了具体方法。

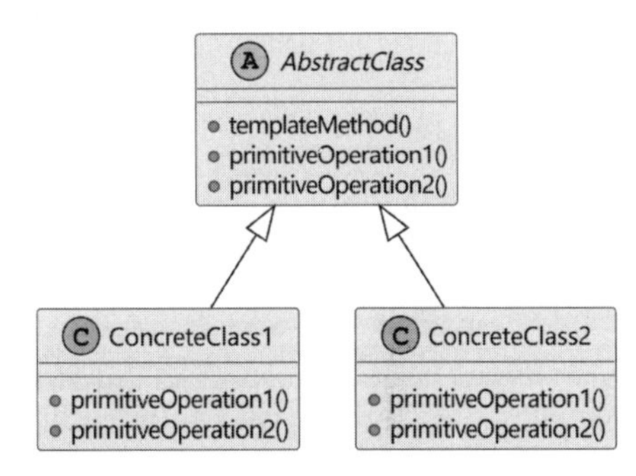

图 5-15　模板方法模式的结构示意图

5.17.3 优缺点

模板方法模式的主要优点包括以下几个方面。

（1）它可以实现代码复用，将相同的代码抽象到父类中，而将不同的代码留给子类实现。

（2）它可以封装算法的过程，实现过程的不变化的部分，而可变的部分由子类实现。

（3）它具有一个不变的算法骨架，子类可以在不改变该算法结构的基础上重新定义某些方法。

模板方法模式的主要缺点包括以下几个方面。

（1）子类的功能受到父类的约束，无法彻底改变父类的算法。

（2）算法的一部分实现被分散在父类与子类中，不利于理解和维护。

（3）子类必须遵循父类加强的执行顺序，缺乏弹性。

5.17.4 代码示例

以下是使用模板方法模式的Java代码示例。

```
abstract class AbstractClass {
    // 模板方法
    public void templateMethod() {
        step1();
        step2();
        step3();
    }
```

```
    // 抽象方法，由子类实现
    protected abstract void step1();
    // 抽象方法，由子类实现
    protected abstract void step2();
    // 具体方法，通用的实现
    protected void step3() {
        System.out.println("AbstractClass: Performing step 3");
    }
}
class ConcreteClass extends AbstractClass {
    @Override
    protected void step1() {
        System.out.println("ConcreteClass: Performing step 1");
    }
    @Override
    protected void step2() {
        System.out.println("ConcreteClass: Performing step 2");
    }
}
public class Main {
    public static void main(String[] args) {
        AbstractClass abstractClass = new ConcreteClass();
        abstractClass.templateMethod();
    }
}
```

5.18 迭代器模式

迭代器模式（Iterator Pattern）是一种行为设计模式，它提供一种顺序访问集合对象元素的方法，而无须暴露集合对象的内部表示。

5.18.1 应用场景

迭代器模式的主要应用场景有以下几种。

（1）访问一个聚合对象的内容而无须暴露它的内部表示。迭代器模式使聚合对象的内部结构变化而不影响用户。例如，在集合框架中使用迭代器遍历集合中的元素，无须知道集合的内部结构。如果集合结构发生变化，迭代器的使用方式不会受影响。

（2）为遍历不同的聚合结构提供一个统一的接口。迭代器模式会抽象集合的遍历，因此可以使用同一个接口遍历不同的集合对象。 例如，在JDK集合框架中，Iterator接口定义遍历各种集合的统一接口。

（3）支持对聚合对象的多种遍历。通过不同的迭代器，可以以不同的方式遍历同一个聚合对象。例如，同一个列表既可以前向遍历，也可以后向遍历，只需要使用不同的迭代器。

（4）简化聚合类。通过使用迭代器，聚合类的接口更简单，只需要提供创建迭代器的接口即可，而不需要定义自己的遍历接口。例如，在JDK集合框架中，各个集合类只需要提供Iterator()方法产生迭代器，而不需要定义自己的遍历方法。

（5）实现记忆过程的算法。通过迭代器可以轻松实现对聚合对象在遍历过程中对迭代位置的跟踪与记忆。例如，需要中断遍历并继续已遍历部分的算法可以使用迭代器轻松实现。

（6）实现适配器模式的一种方式。通过迭代器可以将一个接口适配成客户所期望的另一个接口，实现适配器模式。例如，Iterator可以将不同集合类的接口适配成统一的接口供客户使用。

总之，迭代器模式主要适用于需要访问聚合元素而无须关心聚合内部结构、需要为不同的聚合结构提供统一访问接口、支持对聚合对象的多种遍历等场景。

5.18.2 结构

在迭代器模式中，有以下几个关键角色。

- 迭代器（Iterator）：定义访问和遍历元素的接口，提供一系列的方法，如获取下一个元素、判断是否还有下一个元素等。
- 具体迭代器（ConcreteIterator）：实现迭代器接口，具体定义对于集合对象的遍历方式。
- 集合（Collection）：定义创建迭代器对象的接口，可以是一个抽象类或接口，也可以是具体的类。
- 具体集合（ConcreteCollection）：实现集合接口，具体定义创建迭代器对象的方法，可以是一个数组、链表等数据结构。
- 客户端（Client）：通过迭代器来访问和遍历集合对象中的元素。

图 5-16 展示了在迭代器模式的结构，其中包括客户端（Client）、迭代器接口（Iterator）、聚合接口（Aggregate）、具体迭代器（ConcreteIterator）和具体聚合（ConcreteAggregate）等组成部分。

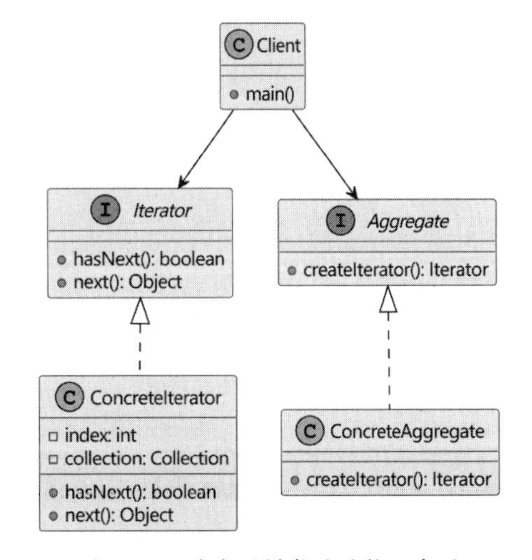

图 5-16　迭代器模式的结构示意图

5.18.3 优缺点

迭代器模式的优点包括以下几个方面。

（1）分离集合对象的遍历算法：迭代器模式将集合对象的遍历算法封装在迭代器中，使集合对象和迭代器对象可以独立变化，互不影响。这样一来，新增或修改集合对象的结构不会影响遍历算法的实现。

（2）简化集合对象的接口：迭代器模式将遍历集合对象的责任交给迭代器，集合对象只需要提供一个统一的迭代器接口，而不需要暴露内部的数据结构和遍历方法。

（3）支持多种遍历方式：迭代器模式可以为同一个集合对象提供不同的迭代器，从而支持多种不同的遍历方式，例如，正序遍历、逆序遍历、按条件过滤等。

（4）简化客户端代码：客户端只需要通过迭代器接口与集合对象进行交互，无须关心集合对象内部的具体实现和遍历方式，可以简化客户端代码。

迭代器模式的缺点包括以下几个方面。

（1）增加系统的复杂性：引入迭代器对象和迭代器接口会增加系统的抽象层次，使代码结构变得更加复杂。

（2）增加代码的数量：为支持迭代器模式，需要定义迭代器接口和具体的迭代器实现类，这会增加代码的数量。

（3）遍历过程中不宜修改集合对象：使用迭代器遍历集合对象时，如果在遍历过程中修改集合对象，可能会导致遍历结果不准确或出现异常。

5.18.4 代码示例

以下是使用迭代器模式的Java代码示例。

```
// 迭代器接口
interface Iterator<T> {
    boolean hasNext();
    T next();
}

// 集合接口
interface Collection<T> {
    Iterator<T> createIterator();
}

// 具体迭代器实现类
class ArrayIterator<T> implements Iterator<T> {
    private T[] array;
    private int position;

    public ArrayIterator(T[] array) {
        this.array = array;
```

```
        this.position = 0;
    }

    public boolean hasNext() {
        return position < array.length;
    }

    public T next() {
        if (hasNext()) {
            T item = array[position];
            position++;
            return item;
        }
        return null;
    }
}

// 具体集合实现类
class ArrayList<T> implements Collection<T> {
    private T[] array;

    public ArrayList(T[] array) {
        this.array = array;
    }

    public Iterator<T> createIterator() {
        return new ArrayIterator<T>(array);
    }
}

public class Main {
    public static void main(String[] args) {
        String[] names = {"Alice", "Bob", "Charlie", "David"};

        // 创建集合对象
        Collection<String> collection = new ArrayList<String>(names);

        // 创建迭代器对象
        Iterator<String> iterator = collection.createIterator();

        // 遍历集合并输出元素
        while (iterator.hasNext()) {
```

```
                String name = iterator.next();
                System.out.println(name);
            }
        }
    }
```

5.19 状态模式

状态模式（State Pattern）是一种行为型设计模式，它允许对象在内部状态改变时改变其行为。状态模式的核心思想是将对象的行为封装在不同的状态类中，使对象在不同的状态下具有不同的行为，从而将复杂的条件判断转移到状态类中处理。

5.19.1 应用场景

状态模式适用于以下场景。

（1）对象的行为取决于其内部状态，并且在运行时可以动态地改变行为。

（2）对象具有大量的状态，且状态之间存在复杂的转换关系。

（3）需要在不同的状态下执行不同的行为，而不是通过大量的条件判断语句来实现。

（4）需要将状态的变化封装在独立的类中，使状态的变化对客户端透明。

5.19.2 结构

在状态模式中，有以下几个关键角色。

- Context（上下文）：它定义客户端感兴趣的接口，维护一个当前状态对象的引用，且其行为会随着状态对象的改变而改变。
- State（状态）：它是抽象状态类或接口，定义具体状态类的公共方法，并可以根据具体情况进行不同的实现。
- ConcreteState（具体状态）：它是具体的状态类，实现抽象状态类定义的方法，并且根据当前状态决定具体的行为。

图 5-17 展示了状态模式的结构，其中，“Context”代表上下文对象，“State”代表状态接口，“ConcreteStateA”和“ConcreteStateB”代表具体的状态类。“Context”通过持有“state”的引用来调用具体状态类的方法，从而实现状态的切换和相应的行为执行。

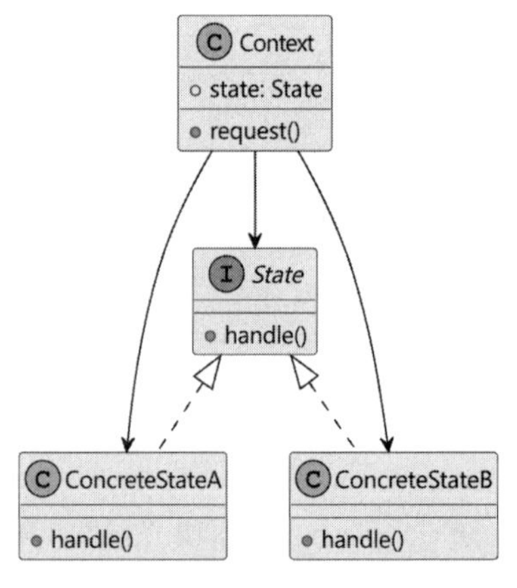

图 5-17 状态结构的结构示意图

5.19.3 优缺点

状态模式的优点包括以下几个方面。

（1）将状态的变化逻辑封装在具体状态类中，使状态的变化对客户端透明，客户端不需要关心状态之间的转换和具体的行为。

（2）状态类之间相互独立，新增、修改或删除状态类不会影响其他状态类和上下文类，符合开闭原则。

（3）将状态的判断逻辑分散到具体状态类中，使代码结构更加清晰、简洁，易于理解和维护。

（4）通过增加新的状态类，可以方便地扩展系统的功能，使系统更具灵活性和可扩展性。

状态模式的缺点包括以下几个方面。

（1）会增加系统的复杂度，引入更多的类和对象，特别是当状态较多且状态之间的转换逻辑较为复杂时，可能导致代码变得复杂和难以维护。

（2）状态模式需要为每个状态都创建一个具体状态类，如果状态较多，会增加类的数量，可能会导致系统的类的数量过多，增加系统的复杂性。

（3）当状态转换比较频繁时，会产生较多的状态对象，可能会占用较多的内存空间。

综上所述，状态模式在状态较多且状态之间的转换逻辑相对简单的情况下，可以提高代码的可维护性和灵活性，但在状态较复杂或状态转换频繁的情况下，可能会增加系统的复杂度和内存消耗。所以，在使用状态模式时需要权衡考虑。

5.19.4 代码示例

以下是使用状态模式的Java代码示例。

```java
// 状态接口
interface State {
    void handle();
}

// 具体状态类：状态 A
class ConcreteStateA implements State {
    @Override
    public void handle() {
        System.out.println("处理状态 A");
    }
}

// 具体状态类：状态 B
class ConcreteStateB implements State {
    @Override
```

```
    public void handle() {
        System.out.println("处理状态 B");
    }
}

// 上下文类
class Context {
    private State state;

    public void setState(State state) {
        this.state = state;
    }

    public void request() {
        state.handle();
    }
}

public class Main {
    public static void main(String[] args) {
        // 创建上下文对象
        Context context = new Context();

        // 设置初始状态为状态 A
        context.setState(new ConcreteStateA());

        // 调用上下文的方法，执行状态对应的行为
        context.request();

        // 切换状态为状态 B
        context.setState(new ConcreteStateB());

        // 再次调用上下文的方法，执行状态 B 对应的行为
        context.request();
    }
}
```

5.20 责任链模式

责任链模式（Chain of Responsibility Pattern）是一种行为型设计模式，它允许多个对象按照顺序处理请求，直到其中一个对象能够处理该请求为止。

在责任链模式中，每个处理请求的对象都有一个对下一个处理者的引用，形成一个链条。当有请求到达时，首先由第一个处理者尝试处理，如果它能够处理，则处理结束；如果不能处理，则将请求传递给下一个处理者，以此类推，直到有一个处理者能够处理请求为止。

5.20.1 应用场景

责任链模式适用于以下场景。

（1）多个对象可以处理同一类型的请求，但每个对象的处理逻辑可能不同：当有多个对象可以处理相同类型的请求，但它们的处理逻辑可能不同或按照不同的顺序执行时，可以使用责任链模式。每个处理者可以根据自身的逻辑决定是否处理请求，以及是否将请求传递给下一个处理者。

（2）需要动态指定处理请求的对象：在运行时可以动态地指定处理请求的对象，而不是在编译时确定，可以使用责任链模式。通过更改责任链的组成或顺序，可以灵活地调整请求的处理方式。

（3）请求的发送者不需要知道具体的处理者：请求的发送者不需要知道请求由哪个具体的处理者处理，只需将请求发送给责任链的第一个处理者即可。这样可以降低发送者与处理者之间的耦合度，增加系统的灵活性。

（4）需要对请求进行多级处理或过滤：责任链模式可以将请求按照一定的规则进行多级处理或过滤。每个处理者负责处理或过滤特定条件下的请求，可以根据需求增加、删除或重新排列处理者，灵活地构建责任链。

（5）需要避免请求的发送者与接收者之间的直接耦合：责任链模式可以将请求的发送者和接收者解耦，发送者只需要将请求发送给责任链的第一个处理者，而不需要知道具体的处理者是谁。这样可以减少对象之间的直接关联，提高系统的可维护性和扩展性。

需要注意的是，责任链模式并不能保证请求一定会被处理，可能会出现请求无法被任何处理者处理的情况。此外，如果责任链过长或处理者之间的交互复杂，可能会影响系统性能和调试过程的复杂性。因此，在使用责任链模式时需要谨慎考虑，根据具体情况进行合理设计。

5.20.2 结构

责任链模式的结构包含以下几个角色。

- 抽象处理者（AbstractHandler）：定义处理请求的接口，以及设置下一个处理者的方法。
- 具体处理者（ConcreteHandler）：实现抽象处理者的接口，具体处理请求的逻辑，并可以选择是否将请求传递给下一个处理者。
- 客户端（Client）：创建处理者对象，并组成责任链。

图 5-18 展示了责任链模式的结构，其中，“Client”是客户端类，用于创建处理者对象并发送请求。“Handler”是抽象处理者类，定义处理请求的接口，并包含一个指向下一个处理者的引用。“ConcreteHandlerA”“ConcreteHandlerB”“ConcreteHandlerC”是具体处理者类，实现抽象处理者类的接口，根据具体的处理逻辑进行请求处理。

“Client”和“Handler”之间存在关联关系，“Handler”类之间通过继承形成责任链结构。

请求从“Client”发送到第一个处理者“ConcreteHandlerA”，如果该处理者无法处理请求，则将请求传递给下一个处理者“ConcreteHandlerB”，以此类推，直到找到能够处理请求的处理者或到达责任链的末尾。

责任链模式可以动态地组织和调整处理者的顺序，使请求的发送者和接收者解耦，提高系统的灵活性和可维护性。

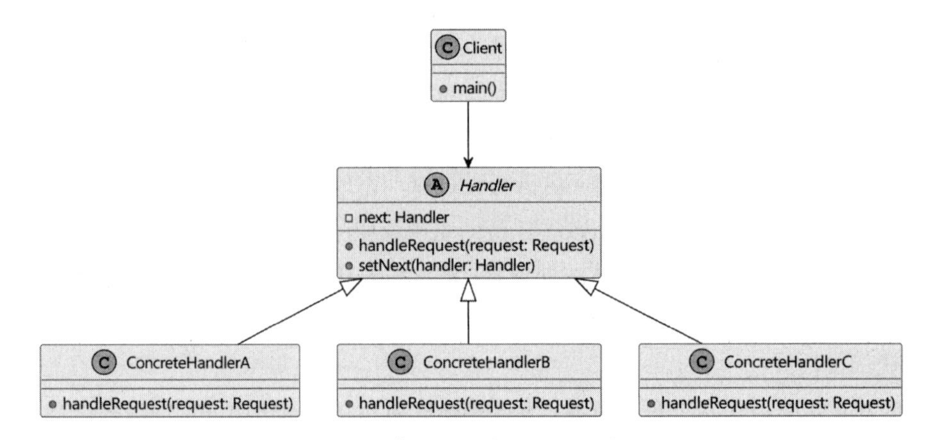

图 5-18 责任链模式的结构示意图

5.20.3 优缺点

责任链模式的优点包括以下几个方面。

（1）解耦请求发送者和接收者：请求发送者无须知道具体的处理者，只需要将请求发送给第一个处理者，而处理者也无须知道请求的发送者是谁，只需要关注自己能够处理的请求类型。

（2）可扩展性：可以很容易地增加或修改处理者，无须修改客户端代码，符合开闭原则。

（3）灵活性：可以动态地组织和调整处理者的顺序，根据具体的业务需求进行配置和调整。

责任链模式的缺点包括以下几个方面。

（1）请求可能无法被处理：如果责任链中没有适合处理请求的处理者，请求可能会被无视而无法得到处理。

（2）可能引起性能问题：如果责任链过长或处理者的处理逻辑过于复杂，可能会影响系统的性能。

（3）可能导致系统变得复杂：责任链模式会增加系统的复杂性，因为需要维护处理者之间的关系和顺序。

需要根据具体的业务场景和需求来评估使用责任链模式的优缺点，并权衡其适用性。

5.20.4 代码示例

以下是使用责任链模式的Java代码示例。

```
// 抽象处理者
abstract class Handler {
    protected Handler successor;

    public void setSuccessor(Handler successor) {
        this.successor = successor;
    }

    public abstract void handleRequest(int request);
}

// 具体处理者 A
class ConcreteHandlerA extends Handler {
    public void handleRequest(int request) {
        if (request >= 0 && request < 10) {
            System.out.println("ConcreteHandlerA 处理请求: " + request);
        } else if (successor != null) {
            successor.handleRequest(request);
        }
    }
}

// 具体处理者 B
class ConcreteHandlerB extends Handler {
    public void handleRequest(int request) {
        if (request >= 10 && request < 20) {
            System.out.println("ConcreteHandlerB 处理请求: " + request);
        } else if (successor != null) {
            successor.handleRequest(request);
        }
    }
}

// 具体处理者 C
class ConcreteHandlerC extends Handler {
    public void handleRequest(int request) {
        if (request >= 20 && request < 30) {
            System.out.println("ConcreteHandlerC 处理请求: " + request);
```

```
        } else if (successor != null) {
            successor.handleRequest(request);
        }
    }
}

// 客户端
public class Client {
    public static void main(String[] args) {
        Handler handlerA = new ConcreteHandlerA();
        Handler handlerB = new ConcreteHandlerB();
        Handler handlerC = new ConcreteHandlerC();

        handlerA.setSuccessor(handlerB);
        handlerB.setSuccessor(handlerC);

        // 发送请求
        handlerA.handleRequest(5);
        handlerA.handleRequest(15);
        handlerA.handleRequest(25);
    }
}
```

5.21 命令模式

命令模式（Command Pattern）是一种行为设计模式，它将请求封装成一个对象，从而使用户可以用不同的请求对客户端进行参数化。该模式允许将请求的发送者和接收者解耦，并支持对请求进行排队、记录日志、撤销等操作。

5.21.1 应用场景

命令模式适用于以下场景。

（1）需要将请求发送者和接收者解耦的情况，使发送者和接收者不直接交互。

（2）需要在不同的时间点对请求进行排队、记录日志、撤销等操作。

（3）需要支持可扩展的命令操作，允许新增新的命令类而无须修改现有代码。

5.21.2 结构

命令模式包含以下几个角色：

- Command（命令）：定义执行操作的接口。
- ConcreteCommand（具体命令）：实现命令接口，将具体操作封装在命令对象中。
- Receiver（接收者）：执行具体操作的对象。
- Invoker（调用者）：调用命令对象执行操作。
- Client（客户端）：创建具体命令对象并设置命令的接收者。

图 5-19 展示了命令模式的结构，其中，"Client"（客户端）创建具体的命令对象（ConcreteCommand）并设置命令的接收者（Receiver），然后将命令对象传递给 "Invoker"（调用者）。"Invoker" 通过调用命令对象的 "execute()" 方法来执行具体的操作。命令对象持有对接收者的引用，并在 "execute()" 方法中调用接收者的操作方法。

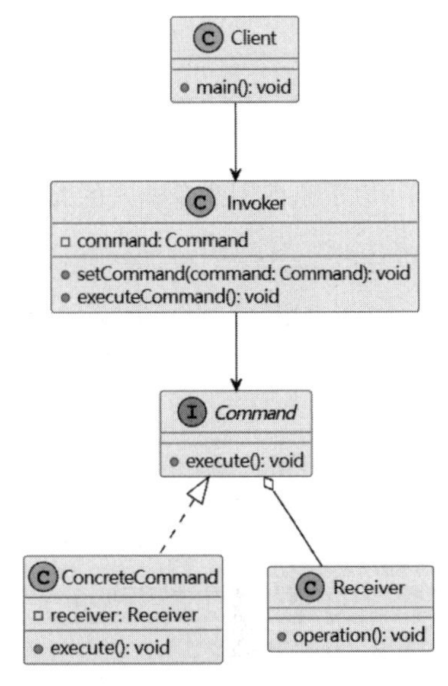

图 5-19　命令模式的结构示意图

这样，通过命令模式，我们实现了命令的发送者和接收者的解耦，使发送者不直接与接收者交互，而是通过命令对象间接地执行操作。这种设计模式可用于实现命令的撤销、重做、排队等功能，能够提高系统的灵活性和可扩展性。

5.21.3 优缺点

命令模式的优点包括以下几个方面。

（1）解耦发送者和接收者：命令模式将发送者和接收者解耦，发送者只需知道如何发送命令，而无须关心具体的接收者和执行过程。这可以增强系统的灵活性和可扩展性。

（2）可扩展性：命令模式易于扩展新的命令和接收者，可以在不修改现有代码的情况下新增命令和接收者的组合。这使系统可以方便地添加新功能。

（3）支持撤销和重做操作：命令模式可以记录命令的历史，从而支持撤销和重做操作。通过保留命令的执行记录，可以回退到之前的状态，实现撤销操作；反之，可以重新执行命令，实现重做操作。

（4）支持命令队列和日志记录：命令模式可以将命令按照顺序组织成队列，并且可以记录每个命令的执行日志。这可被用于实现任务调度和日志记录，便于系统的管理和监控。

命令模式的缺点包括以下几个方面。

（1）类膨胀：每个具体命令都需要一个具体命令类，如果命令数量过多，可能导致类的膨胀，增加系统的复杂性。

（2）命令顺序依赖：如果命令之间存在顺序依赖，需要额外的管理机制来保证命令的正确执行顺序。

（3）系统性能影响：由于要引入额外的命令对象和调用过程，可能会对系统的性能产生一定影响。特别是在大规模命令的执行和撤销过程中，可能会增加系统的开销。

需要根据具体的应用场景来评估命令模式的优缺点，并权衡是否适合使用该模式。

5.21.4 代码示例

以下是使用命令模式的Java代码示例。

```
// 命令接口
interface Command {
    void execute();
}

// 具体命令类
class LightOnCommand implements Command {
    private Light light;

    public LightOnCommand(Light light) {
        this.light = light;
    }

    public void execute() {
        light.turnOn();
    }
}

// 接收者类
class Light {
    public void turnOn() {
        System.out.println("The light is on.");
    }

    public void turnOff() {
        System.out.println("The light is off.");
    }
}

// 请求者类
class RemoteControl {
    private Command command;

    public void setCommand(Command command) {
        this.command = command;
    }
```

```java
    public void pressButton() {
        command.execute();
    }
}

public class Main {
    public static void main(String[] args) {
        // 创建接收者对象
        Light light = new Light();

        // 创建具体命令对象，并设置接收者
        Command lightOnCommand = new LightOnCommand(light);

        // 创建请求者对象，并设置命令
        RemoteControl remoteControl = new RemoteControl();
        remoteControl.setCommand(lightOnCommand);

        // 请求者执行命令
        remoteControl.pressButton();
    }
}
```

5.22 解释器模式

解释器模式（Interpreter Pattern）是一种行为设计模式，它定义一种语言的文法，并解析这个语言中的表达式。该模式可被用于处理自定义语言或规则的解析和解释。

5.22.1 应用场景

解释器模式适用于以下场景。

（1）自定义语言解析和处理：当需要解析和处理自定义的语言或规则时，可以使用解释器模式。例如，编译器、解析器、正则表达式引擎等都可以使用解释器模式解析和处理输入的语言或规则。

（2）查询语言解析：当需要解析和执行查询语言或查询条件时，解释器模式可以派上用场。例如，数据库查询语言（如SQL）、搜索引擎查询语言等都可以使用解释器模式解析和执行查询条件。

（3）数学表达式解析：解释器模式可被用于解析和计算数学表达式。例如，计算器应用程序中的表达式解析和计算就可以使用解释器模式实现。

（4）符号处理器：当需要处理特定符号、标记或令牌序列时，解释器模式可以帮助解析和处理这些符号。例如，编译器中的词法分析器就可以使用解释器模式处理源代码中的各种符号。

总之，解释器模式适用于需要解析和处理自定义语言、查询语言解析、数学表达式解析或符号处理器等场景。它能够将复杂的语法规则拆分成简单的表达式，并通过递归解析实现对语言或规则的解释和处理。

5.22.2 结构

解释器模式的结构包括以下几个核心组件。

- 抽象表达式（Abstract Expression）：定义解释器的接口，声明解释器的抽象方法，用于解释和执行表达式。
- 终结符表达式（Terminal Expression）：继承自抽象表达式，实现解释器接口的终结符表达式。它代表语言中的一个具体终结符，负责解释和执行该终结符所代表的语义。
- 非终结符表达式（Nonterminal Expression）：继承自抽象表达式，实现解释器接口的非终结符表达式。它代表语言中的一个非终结符，负责解释和执行该非终结符所代表的语义，通常由多个终结符表达式和非终结符表达式组成。
- 上下文（Context）：包含需要解释的语句或表达式，在解释器模式中充当数据的上下文环境。
- 客户端（Client）：负责创建和配置解释器对象，通过调用解释器对象的解释方法解释和执行语句或表达式。

这些组件共同工作，通过解释器对象的组合和递归调用，实现对语句或表达式的解释和执行。

图 5-20 展示了解释器模式的结构。

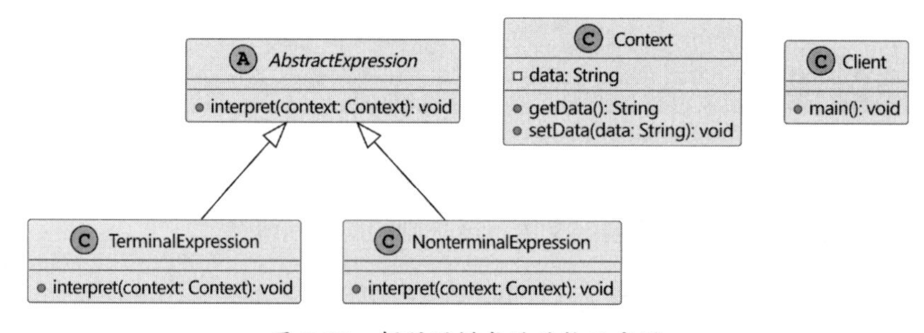

图 5-20 解释器模式的结构示意图

5.22.3 优缺点

解释器模式的优点包括以下几个方面。

（1）灵活性：解释器模式可以灵活地扩展和修改语言的语法规则，通过增加新的解释器来处理新的语法规则，而无须修改现有的代码。

（2）可扩展性：由于解释器模式中的每个语法规则都对应一个具体的解释器类，因此可以通过增加新的解释器类来扩展语言的语法规则，使系统具备更强的表达能力。

（3）易于实现语法解析：解释器模式提供了一种清晰简单的方式来解析和执行语法规则，它将语法规则分解为多个小的解释器类，使语法解析过程更加可控和易于实现。

解释器模式的缺点包括以下几个方面。

（1）复杂性：解释器模式通常涉及多个解释器类之间的组合和嵌套关系，因此在设计和实现时需要考虑类的结构和交互关系，可能会增加系统的复杂性。

（2）性能问题：解释器模式在解释和执行语法规则时，需要进行多次解释器的调用和执行，可能会导致性能上的损失，特别是在面对复杂的语法规则和大量的解释器对象的情况时。

（3）可读性：由于解释器模式将语法规则分解为多个小的解释器类，因此可能会导致代码量增加，降低代码的可读性和可维护性。

需要根据具体的应用场景和需求来评估解释器模式的适用性，并权衡其优缺点来进行设计和实现。

5.22.4 代码示例

以下是使用解释器模式的Java代码示例。

```
// 抽象表达式类
abstract class Expression {
    public abstract int interpret();
}

// 终结符表达式类
class NumberExpression extends Expression {
    private int number;

    public NumberExpression(int number) {
        this.number = number;
    }

    public int interpret() {
        return number;
    }
}

// 非终结符表达式类
class AddExpression extends Expression {
    private Expression left;
    private Expression right;

    public AddExpression(Expression left, Expression right) {
        this.left = left;
```

```
        this.right = right;
    }

    public int interpret() {
        return left.interpret() + right.interpret();
    }
}

// 客户端类
public class Client {
    public static void main(String[] args) {
        // 构建解释器的语法树
        Expression expression = new AddExpression(new NumberExpression(5),
new NumberExpression(3));

        // 执行解释器
        int result = expression.interpret();
        System.out.println("解释器计算结果: " + result);
    }
}
```

5.23 中介者模式

中介者模式（Mediator Pattern）是一种行为设计模式，它通过封装一系列对象之间的交互，来减少对象之间的直接耦合。中介者模式将对象之间的通信集中到一个中介对象，由中介对象协调和管理对象之间的交互。

5.23.1 应用场景

中介者模式适用于以下场景。

（1）当对象之间的通信需要通过大量的相互引用时，使用中介者模式可以简化对象之间的关系，减少耦合。

（2）当一组对象之间存在复杂的交互逻辑，难以理解和维护时，可以使用中介者模式将交互逻辑集中到一个中介者对象。

（3）当一个对象的行为依赖其他对象的状态变化时，使用中介者模式可以提供一种集中式的管理和控制机制。

5.23.2 结构

中介者模式包含以下几个角色。

- 抽象中介者（AbstractMediator）：定义中介者的接口，提供对象之间通信的方法。
- 具体中介者（ConcreteMediator）：实现中介者接口，负责协调和管理对象之间的交互。
- 抽象同事类（AbstractColleague）：定义同事类的接口，包含与中介者通信的方法。
- 具体同事类（ConcreteColleague）：实现同事类接口，通过中介者进行通信。

图 5-21 展示了中介者模式的结构。

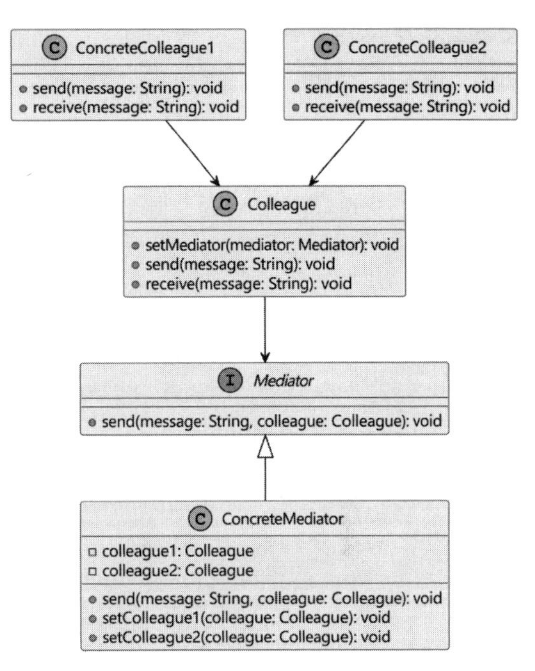

图 5-21　中介者模式的结构示意图

5.23.3 优缺点

中介者模式的优点包括以下几个方面。

（1）减少对象之间的直接耦合：中介者模式通过引入中介者对象，将对象之间的通信转移到中介者对象中进行，从而减少对象之间的直接耦合。各个对象只需要与中介者对象进行通信，不需要了解其他对象的细节，可以降低系统的复杂性。

（2）促进系统的松耦合：由于各个对象之间的通信通过中介者对象进行，各个对象之间的依赖关系减少，系统的耦合度降低。这使系统更具灵活性、可扩展性，易于维护和修改。

（3）简化对象间的交互：中介者模式集中对象之间的交互逻辑，使交互变得简单明了。各个对象只需要与中介者对象进行通信，不需要关心其他对象的状态和行为，可以降低交互的复杂性。

（4）增加新的中介者类：中介者模式通过引入中介者对象来管理对象之间的通信，因此可以灵活地增加新的中介者类，以应对不同的交互场景。这使系统具有更好的扩展性和灵活性。

中介者模式的缺点包括以下几个方面。

（1）中介者对象的复杂性：中介者对象需要处理多个对象之间的交互，可能会变得复杂。随着对象之间的关系复杂化，中介者对象的职责可能会变大，需要仔细设计和管理。

（2）可能导致单点故障：中介者模式将对象之间的通信集中在中介者对象，如果中介者对象发生故障或无法正常工作，可能会影响整个系统的运行。

（3）可能降低系统的性能：由于中介者模式将对象之间的通信转移到中介者对象进行，可能会增加通信的开销和延迟，从而影响系统的性能。

需要根据具体的系统需求和设计考虑是否采用中介者模式，权衡其优缺点。在某些复杂的对象交互场景中，中介者模式可以提供一种可行的解决方案，帮助简化系统的设计和维护。

5.23.4 代码示例

以下是使用中介者模式的Java代码示例。

```
// 抽象中介者
interface Mediator {
    void send(String message, Colleague colleague);
}

// 具体中介者
class ConcreteMediator implements Mediator {
    private Colleague colleague1;
    private Colleague colleague2;

    public void setColleague1(Colleague colleague) {
        this.colleague1 = colleague;
    }

    public void setColleague2(Colleague colleague) {
        this.colleague2 = colleague;
    }

    public void send(String message, Colleague colleague) {
        if (colleague == colleague1) {
            colleague2.receive(message);
        } else {
            colleague1.receive(message);
        }
    }
}

// 抽象同事类
abstract class Colleague {
    protected Mediator mediator;

    public Colleague(Mediator mediator) {
        this.mediator = mediator;
    }

    public abstract void send(String message);
```

```
    public abstract void receive(String message);
}

// 具体同事类
class ConcreteColleague1 extends Colleague {
    public ConcreteColleague1(Mediator mediator) {
        super(mediator);
    }

    public void send(String message) {
        mediator.send(message, this);
    }

    public void receive(String message) {
        System.out.println("ConcreteColleague1 received: " + message);
    }
}

class ConcreteColleague2 extends Colleague {
    public ConcreteColleague2(Mediator mediator) {
        super(mediator);
    }

    public void send(String message) {
        mediator.send(message, this);
    }

    public void receive(String message) {
        System.out.println("ConcreteColleague2 received: " + message);
    }
}

// 客户端类
public class Client {
    public static void main(String[] args) {
        // 创建中介者对象
        Mediator mediator = new ConcreteMediator();

        // 创建同事对象
        Colleague colleague1 = new ConcreteColleague1(mediator);
        Colleague colleague2 = new ConcreteColleague2(mediator);
```

```
            // 设置中介者的同事对象
            ((ConcreteMediator) mediator).setColleague1(colleague1);
            ((ConcreteMediator) mediator).setColleague2(colleague2);

            // 同事对象之间进行通信
            colleague1.send("Hello from colleague1!");
            colleague2.send("Hello from colleague2!");
        }
    }
```

5.24 备忘录模式

备忘录模式（Memento Pattern）是一种行为型设计模式，它允许在不破坏封装性的前提下捕获和恢复对象的内部状态。备忘录模式通过将对象的状态保存到备忘录对象，并在需要的时候进行恢复，可以实现对象状态的保存与恢复。

5.24.1 应用场景

备忘录模式适用于以下场景。

（1）需要保存和恢复对象的内部状态。

（2）需要实现撤销、重做或历史记录功能。

（3）需要在不破坏封装性的前提下获取对象的状态快照。

5.24.2 结构

备忘录模式包含以下几个角色。

- Originator（发起人）：负责创建备忘录对象并保存自身状态到备忘录中，也可以从备忘录中恢复自身状态。
- Memento（备忘录）：用于存储Originator对象的内部状态，提供给Originator进行保存和恢复状态的操作。
- Caretaker（管理者）：负责保存备忘录对象，但无法访问备忘录的具体内容。只能将备忘录传递给其他对象，以便后续恢复Originator的状态。

图 5-22 展示了备忘录模式的结构。

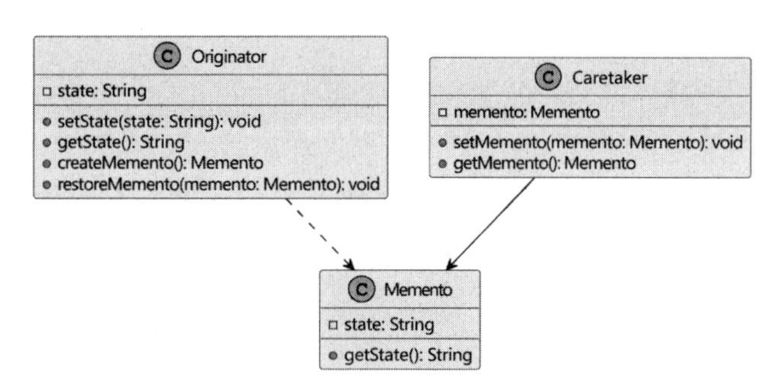

图 5-22　备忘录模式的结构示意图

5.24.3 优缺点

备忘录模式的优点包括以下几个方面。

（1）提供对象状态的保存和恢复功能，使对象状态的管理更加灵活。

（2）封装对象的状态，避免对象状态对外暴露，符合封装性的原则。

（3）支持撤销、重做和历史记录等操作，可以增加系统交互和操作的灵活性。

备忘录模式的缺点包括以下几个方面。

（1）如果需要保存的对象状态较大或需要频繁保存状态，会消耗较多的内存资源。

（2）在使用备忘录模式时，需要注意备忘录的生命周期管理，及时删除不再需要的备忘录对象，避免内存泄漏。

5.24.4 代码示例

以下是使用备忘录模式的Java代码示例。

```
// 备忘录类
class Memento {
    private String state;

    public Memento(String state) {
        this.state = state;
    }

    public String getState() {
        return state;
    }
}

// 发起人类
class Originator {
    private String state;
```

```
    public void setState(String state) {
        this.state = state;
    }

    public String getState() {
        return state;
    }

    public Memento createMemento() {
        return new Memento(state);
    }

    public void restoreMemento(Memento memento) {
        state = memento.getState();
    }
}

// 管理者类
class Caretaker {
    private Memento memento;

    public void setMemento(Memento memento) {
        this.memento = memento;
    }

    public Memento getMemento() {
        return memento;
    }
}

// 客户端类
public class Client {
    public static void main(String[] args) {
        Originator originator = new Originator();
        Caretaker caretaker = new Caretaker();

        // 设置初始状态
        originator.setState("State 1");
        System.out.println("当前状态: " + originator.getState());

        // 创建备忘录并保存
        Memento memento = originator.createMemento();
```

```
        caretaker.setMemento(memento);

        // 修改状态
        originator.setState("State 2");
        System.out.println("当前状态: " + originator.getState());

        // 恢复状态
        originator.restoreMemento(caretaker.getMemento());
        System.out.println("恢复后的状态: " + originator.getState());
    }
}
```

5.25 访问者模式

访问者模式（Visitor Pattern）是一种行为型设计模式，它允许在不修改被访问对象的前提下定义新的操作。

5.25.1 应用场景

访问者模式适用于以下场景。

（1）当一个对象结构包含多个不同类型的对象，并且需要对这些对象进行统一的操作时。

（2）当需要对一个对象结构中的对象进行多种不相关的操作，而不希望在每个对象类中都添加这些操作的情况。

（3）当对象结构中的对象类很少发生变化，但经常需要添加新的操作时，可以通过访问者模式将新的操作添加到访问者类，而无须修改对象类。

5.25.2 结构

访问者模式包含以下几个主要角色。

- Visitor（访问者）：定义对每个具体元素（Element）类访问的方法，通过这些方法可以对具体元素进行不同的操作。
- ConcreteVisitor（具体访问者）：实现 Visitor 接口，定义对具体元素的具体操作。
- Element（元素）：定义一个 accept (Visitor visitor) 方法，用于接受访问者的访问。
- ConcreteElement（具体元素）：实现 Element 接口，具体元素类将自身传入访问者的方法，以便访问者进行操作。
- ObjectStructure（对象结构）：定义一个或多个元素的集合，并提供遍历这些元素的方法。

图 5-23 展示了访问者模式的结构。

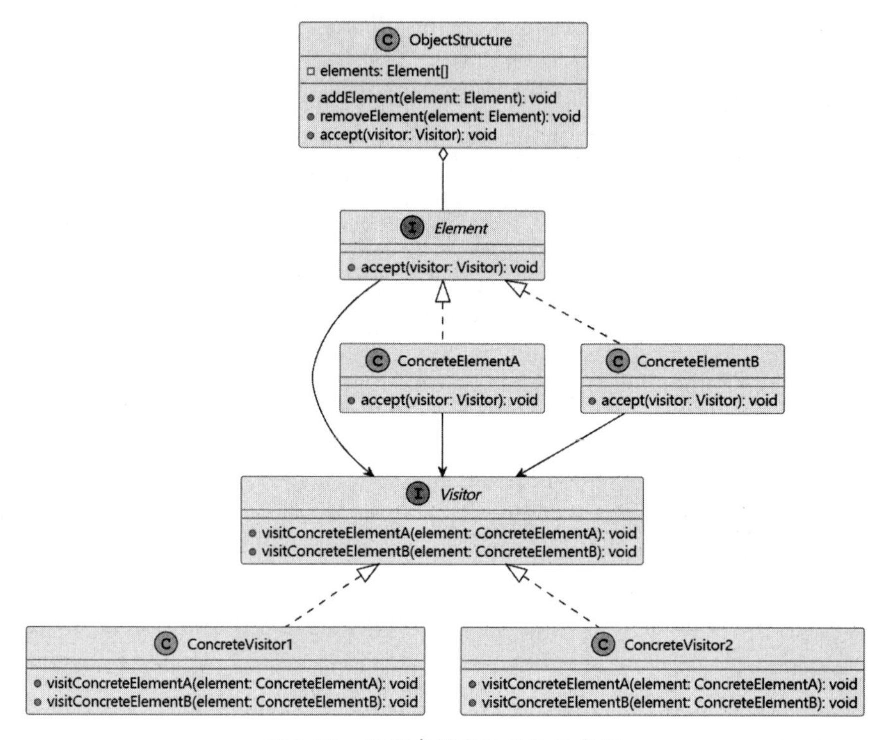

图 5-23 访问者模式的结构示意图

5.25.3 优缺点

访问者模式的优点包括以下几个方面。

（1）分离数据结构和操作：访问者模式将数据结构与对数据的操作分离，使添加新的操作变得更加容易，而无须修改现有的数据结构。

（2）增加新的操作：通过定义新的访问者类，可以在不修改现有元素类的情况下添加新的操作，符合开闭原则。

（3）简化数据结构：访问者模式将对数据的操作集中在访问者类，使数据结构可以专注于自身的核心功能，可以简化数据结构的设计和实现。

访问者模式的缺点包括以下几个方面。

（1）增加新的元素类困难：如果需要添加新的元素类，就需要在每个访问者类中添加相应的访问方法，这可能会导致访问者类的数量增加，并且修改现有的访问者类。

（2）破坏封装性：访问者模式将操作逻辑封装在访问者类中，可能会破坏元素类的封装性，因为访问者需要访问元素的内部状态。

总体而言，访问者模式适用于数据结构相对稳定，但其操作可能会发生变化的情况。它能够提供一种灵活的方式来增加新的操作，但也会引入一定的复杂性。因此，在设计时需要权衡其优缺点，并根据实际需求进行选择。

5.25.4 代码示例

以下是使用访问者模式的Java代码示例。

```
// 元素接口
interface Element {
    void accept(Visitor visitor);
}

// 具体元素 A
class ConcreteElementA implements Element {
    public void accept(Visitor visitor) {
        visitor.visitConcreteElementA(this);
    }

    public void operationA() {
        // 具体元素 A 的操作
    }
}

// 具体元素 B
class ConcreteElementB implements Element {
    public void accept(Visitor visitor) {
        visitor.visitConcreteElementB(this);
    }

    public void operationB() {
        // 具体元素 B 的操作
    }
}

// 访问者接口
interface Visitor {
    void visitConcreteElementA(ConcreteElementA elementA);
    void visitConcreteElementB(ConcreteElementB elementB);
}

// 具体访问者
class ConcreteVisitor implements Visitor {
    public void visitConcreteElementA(ConcreteElementA elementA) {
        // 对具体元素 A 的操作
        elementA.operationA();
```

```
    }

    public void visitConcreteElementB(ConcreteElementB elementB) {
        // 对具体元素 B 的操作
        elementB.operationB();
    }
}

// 客户端
public class Client {
    public static void main(String[] args) {
        Element elementA = new ConcreteElementA();
        Element elementB = new ConcreteElementB();

        Visitor visitor = new ConcreteVisitor();

        elementA.accept(visitor);
        elementB.accept(visitor);
    }
}
```

5.26 本章总结

本章介绍了常用的软件设计模式，包括它们的概念、应用场景、结构、优缺点和代码示例。设计模式种类多样，如单例、工厂、建造者、适配器、观察者等，每种模式都有独特用途。

学习这些设计模式有助于提高代码的可重用性和可维护性，为解决不同的设计问题提供了有力工具。

ChatGPT 和设计模式

ChatGPT是一个自然语言处理的模型，可被用于完成各种任务，包括对设计模式的理解和应用。ChatGPT可以帮助架构师理解不同的设计模式，解释其概念和原则，并为特定问题提供设计模式的建议。以下是在设计模式方面可以应用ChatGPT的一些场景。

（1）模式识别：ChatGPT可以学习和识别常见的设计模式，并将其应用于给定的上下文。通过与ChatGPT交互，架构师可以检查代码或设计，并与ChatGPT探讨是否存在某种设计模式的适用性。

（2）模式解释和解答：ChatGPT可以解释和说明不同的设计模式，提供模式的定义、特点和使用场景。它可以回答与设计模式相关的问题，并提供示例和代码片段来说明模式的实际应用。

（3）模式选择和建议：ChatGPT可以根据给定的需求和约束条件，为特定的设计问题提供设计模式的建议。通过描述问题和要求，ChatGPT可以提供适合解决问题的设计模式选择，并给出实现该模式的指导和建议。

（4）模式扩展和变体：ChatGPT可以帮助架构师探索和理解不同设计模式之间的关系，以及它们的扩展和变体。它可以提供关于自定义和修改设计模式以适应特定需求的建议。

需要注意的是，虽然ChatGPT可以提供有关设计模式的指导和建议，但它并不能取代架构师的专业知识和经验。设计模式的应用还需要考虑具体的上下文和需求，以及软件系统的特定情况。ChatGPT只是一个辅助工具，可以提供有关设计模式的信息和建议，但最终的决策和实现仍由架构师负责。

6.1 ChatGPT对设计模式的解释和说明

本节我们将探讨ChatGPT在解释和说明设计模式方面的能力。ChatGPT作为一个强大的语言模型，可以提供关于不同设计模式的详细解释、特点和使用场景的说明。无论是经典的设计模式还是较新的模式，ChatGPT都可以为架构师提供相关的知识和理解。

通过与ChatGPT的交互，架构师可以向它提出关于特定设计模式的问题，例如该模式的目的、实现方式、适用性等等。ChatGPT将回答架构师的问题并提供清晰而详细的解释，帮助架构师更好地理解设计模式的概念和用途。

此外，ChatGPT还可以通过示例代码和场景描述来说明设计模式的实际应用。架构师可以描述一个具体的问题或情境，ChatGPT将为架构师提供适用的设计模式，并展示如何将其应用于解决问题的过程。

由于对设计模式的解释和说明能力，ChatGPT可以为开发人员和软件架构师提供一个强大的学习和参考工具。架构师可以利用ChatGPT的知识和见解，深入了解各种设计模式，并在实际的软件开发中灵活运用。

6.1.1 案例1：使用ChatGPT辅助掌握装饰器模式

下面我们通过具体示例解释一下如何使用ChatGPT辅助掌握装饰器模式。

动手示例

架构师向ChatGPT发送如下请求消息。

有如下装饰器模式的示例代码，帮我使用PlantUML绘制类图。

```
// 组件接口
interface Component {
    void operation();
}
// 具体组件类
class ConcreteComponent implements Component {
    public void operation() {
        System.out.println("执行具体组件操作");
    }
}
// 抽象装饰器类
abstract class Decorator implements Component {
    protected Component component;
    public Decorator(Component component) {
        this.component = component;
    }
    public void operation() {
        component.operation();
    }
}
// 具体装饰器类A
class ConcreteDecoratorA extends Decorator {
    public ConcreteDecoratorA(Component component) {
        super(component);
    }
    public void operation() {
        super.operation();
        System.out.println("执行具体装饰器A的操作");
    }
}
// 具体装饰器类B
class ConcreteDecoratorB extends Decorator {
    public ConcreteDecoratorB(Component component) {
        super(component);
    }
    public void operation() {
```

```
        super.operation();
        System.out.println("执行具体装饰器B的操作");
    }
}
public class Client {
    public static void main(String[] args) {
        // 创建具体组件对象
        Component component = new ConcreteComponent();

        // 使用装饰器包装具体组件
        Component decoratedComponent = new ConcreteDecoratorA(new Concrete
DecoratorB(component));
        // 调用装饰后的操作
        decoratedComponent.operation();
    }
}
```

ChatGPT的回答如下。

装饰器模式是一种结构型设计模式，它允许向现有对象添加新的行为，而无须修改其底层结构。装饰器模式通过将对象包装在一个具有相同接口的装饰器对象中，来动态地为对象添加额外的功能。其主要作用包括：

- 扩展功能：装饰器模式允许在运行时动态地为对象添加新的功能，而无须修改原始对象的代码。这使得在不改变现有代码的情况下，可以轻松地扩展对象的功能。
- 遵循开闭原则：装饰器模式遵循开闭原则，即对扩展是开放的，对修改是关闭的。通过使用装饰器模式，可以在不修改现有代码的情况下，通过添加新的装饰器类来扩展对象的功能。

架构师向ChatGPT发送如下请求消息。

给出使用装饰器模式示例代码。

ChatGPT的回答如下。

下面是使用装饰器模式的示例代码：

```
// 组件接口
interface Component {
    void operation();
```

```
}

// 具体组件类
class ConcreteComponent implements Component {
    public void operation() {
        System.out.println("执行具体组件操作");
    }
}

// 抽象装饰器类
abstract class Decorator implements Component {
    protected Component component;

    public Decorator(Component component) {
        this.component = component;
    }
    public void operation() {
        component.operation();
    }
}
// 具体装饰器类A
class ConcreteDecoratorA extends Decorator {
    public ConcreteDecoratorA(Component component) {
        super(component);
    }
    public void operation() {
        super.operation();
        System.out.println("执行具体装饰器A的操作");
    }
}
// 具体装饰器类B
class ConcreteDecoratorB extends Decorator {
    public ConcreteDecoratorB(Component component) {
        super(component);
    }
    public void operation() {
        super.operation();
        System.out.println("执行具体装饰器B的操作");
    }
}
```

```
public class Client {
    public static void main(String[] args) {
        // 创建具体组件对象
        Component component = new ConcreteComponent();

        // 使用装饰器包装具体组件
        Component decoratedComponent = new ConcreteDecoratorA(new Concrete
DecoratorB(component));
        // 调用装饰后的操作
        decoratedComponent.operation();
    }
}
```

在上面的示例中，“Component”接口定义了组件的操作方法。“ConcreteComponent”类是具体的组件实现类。

“Decorator”是抽象装饰器类，实现了“Component”接口并持有一个“Component”对象。它的构造函数接受一个“Component”对象作为参数。在“operation()”方法中，它先调用被装饰对象的“operation()”方法，然后执行自己的附加行为。

“ConcreteDecoratorA”和“ConcreteDecoratorB”是具体的装饰器类，它们扩展了“Decorator”类并实现了自己的附加行为。

在客户端代码中，首先创建一个具体组件对象“ConcreteComponent”，然后使用具体装饰器类进行装饰，最后调用装饰后的对象的“operation()”方法。

这个示例展示了如何使用装饰器模式在不修改原有对象结构的情况下，动态地给对象添加新的行为或功能。通过组合不同的装饰器，可以实现各种组合和扩展效果。

架构师可以复制上述代码并保存为“Client.java”文件，然后使用JDK编译和运行，这个过程不再赘述。

通过这个示例，可以看到ChatGPT如何帮架构师理解设计模式。

6.1.2 案例2：使用ChatGPT辅助绘制类图

无论是学习还是使用设计模式，架构师都需要了解程序的静态结构。在UML中静态结构是通过类图展示的，所以下面使用ChatGPT绘制类图。

动手示例

架构师向ChatGPT发送如下请求消息。

有如下装饰器模式的示例代码，帮我使用PlantUML绘制类图。

```java
// 组件接口
interface Component {
    void operation();
}

// 具体组件类
class ConcreteComponent implements Component {
    public void operation() {
        System.out.println("执行具体组件操作");
    }
}

// 抽象装饰器类
abstract class Decorator implements Component {
    protected Component component;

    public Decorator(Component component) {
        this.component = component;
    }
    public void operation() {
        component.operation();
    }
}
// 具体装饰器类A
class ConcreteDecoratorA extends Decorator {
    public ConcreteDecoratorA(Component component) {
        super(component);
    }
    public void operation() {
        super.operation();
        System.out.println("执行具体装饰器A的操作");
    }
}
// 具体装饰器类B
class ConcreteDecoratorB extends Decorator {
    public ConcreteDecoratorB(Component component) {
        super(component);
    }
    public void operation() {
        super.operation();
        System.out.println("执行具体装饰器B的操作");
```

```
        }
    }
    public class Client {
        public static void main(String[] args) {
            // 创建具体组件对象
            Component component = new ConcreteComponent();

            // 使用装饰器包装具体组件
            Component decoratedComponent = new ConcreteDecoratorA(new Concrete
    DecoratorB(component));
            // 调用装饰后的操作
            decoratedComponent.operation();
        }
    }
```

ChatGPT的回答如下。

下面是使用PlantUML绘制的装饰器模式类图：

```
@startuml
interface Component {
    +operation(): void
}

class ConcreteComponent {
    +operation(): void
}

abstract class Decorator {
    -component: Component
    +operation(): void
}

class ConcreteDecoratorA {
    +operation(): void
}

class ConcreteDecoratorB {
    +operation(): void
}
```

```
Client --> Component
Client --> ConcreteComponent
Client --> Decorator
Client --> ConcreteDecoratorA
Client --> ConcreteDecoratorB

Component <|.. ConcreteComponent
Component <|.. Decorator
Decorator <|-- ConcreteDecoratorA
Decorator <|-- ConcreteDecoratorB

@enduml
```

将上述代码复制到VS Code的PlantUML扩展工具中，渲染后生成类图，效果如图 6-1 所示。

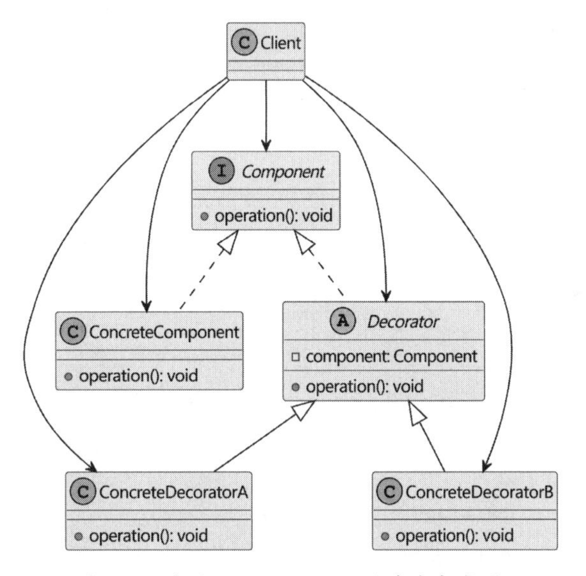

图 6-1　使用 PlantUML 工具渲染生成类图

6.1.3 案例3：使用ChatGPT辅助绘制时序图

无论是学习还是使用设计模式，架构师除了需要了解程序的静态结构，还需要掌握程序的动态行为。在UML中动态行为是通过时序图展示的，所以下面使用ChatGPT绘制时序图。

动手示例

架构师向 ChatGPT 发送如下请求消息。

有如下装饰器模式的示例代码，帮我使用PlantUML绘制时序图。

```
// 组件接口
interface Component {
    void operation();
}

// 具体组件类
class ConcreteComponent implements Component {
    public void operation() {
        System.out.println("执行具体组件操作");
    }
}

// 抽象装饰器类
abstract class Decorator implements Component {
    protected Component component;

    public Decorator(Component component) {
        this.component = component;
    }
    public void operation() {
        component.operation();
    }
}
// 具体装饰器类A
class ConcreteDecoratorA extends Decorator {
    public ConcreteDecoratorA(Component component) {
        super(component);
    }
    public void operation() {
        super.operation();
        System.out.println("执行具体装饰器A的操作");
    }
}
// 具体装饰器类B
class ConcreteDecoratorB extends Decorator {
    public ConcreteDecoratorB(Component component) {
        super(component);
    }
    public void operation() {
        super.operation();
        System.out.println("执行具体装饰器B的操作");
```

```
    }
}
public class Client {
    public static void main(String[] args) {
        // 创建具体组件对象
        Component component = new ConcreteComponent();

        // 使用装饰器包装具体组件
        Component decoratedComponent = new ConcreteDecoratorA(new Concrete
DecoratorB(component));
        // 调用装饰后的操作
        decoratedComponent.operation();
    }
}
```

ChatGPT 的回答如下。

下面是使用PlantUML绘制的装饰器模式时序图：

```
@startuml
participant Client
participant Component
participant ConcreteComponent
participant Decorator
participant ConcreteDecoratorA
participant ConcreteDecoratorB

Client -> Component: 创建具体组件对象
Client -> ConcreteComponent: 实例化具体组件对象
Client -> Decorator: 使用装饰器包装具体组件
Client -> ConcreteDecoratorA: 实例化装饰器A对象
Client -> ConcreteDecoratorB: 实例化装饰器B对象
Client -> Component: 调用装饰后的操作

activate Component
ConcreteComponent -> Component: operation()
activate Decorator
ConcreteDecoratorA -> Component: operation()
ConcreteDecoratorB -> Component: operation()
deactivate Decorator
deactivate Component
```

```
@enduml
```

将上述代码复制到VS Code的PlantUML扩展工具中，渲染后生成时序图，效果如图6-2所示。

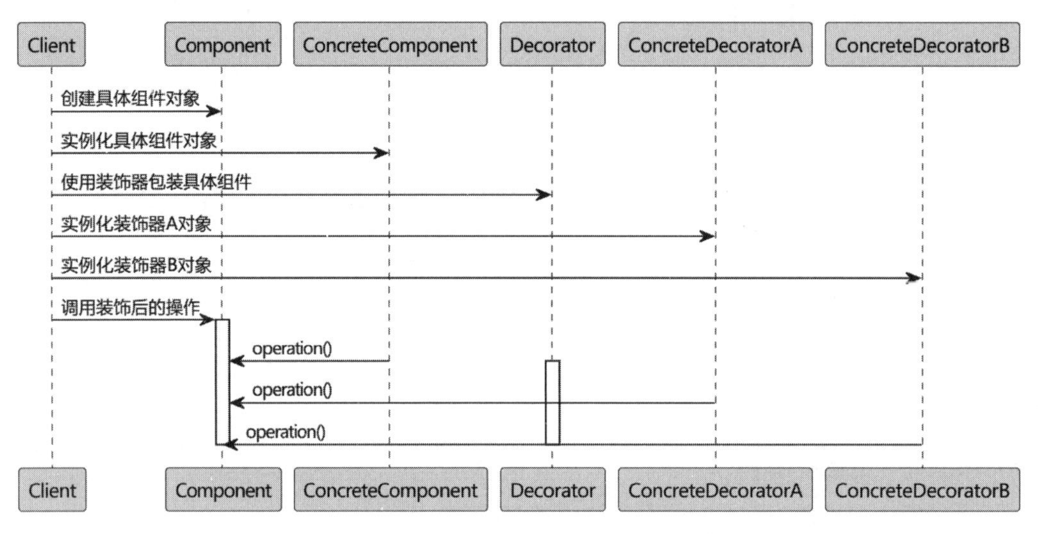

图6-2　使用PlantUML工具渲染生成时序图

6.2 ChatGPT的设计模式识别与应用能力

ChatGPT具有一定的设计模式识别与应用能力。它可以通过学习大量的设计模式示例和相关文档，理解不同设计模式的结构、特点和应用场景。当与ChatGPT进行交互时，架构师可以通过描述设计问题或提供代码片段，与ChatGPT一起探讨设计模式的适用性。

以下是ChatGPT在设计模式识别与应用方面的能力体现。

（1）模式识别：ChatGPT可以分析提供的代码或设计描述，并尝试识别其中可能使用的设计模式。它可以根据代码结构、类关系和行为模式等进行模式识别。

（2）模式应用建议：当描述某个设计问题时，ChatGPT可以根据给定的需求和约束条件，提供设计模式的建议。它可以分析问题，并根据设计模式的特点和优势，提供适合解决问题的设计模式选择和实现建议。

（3）模式实现指导：ChatGPT可以为特定设计模式的实现提供指导。当架构师决定使用某个设计模式时，ChatGPT可以提供关于实现该模式的具体指导和技巧，以及在特定编程语言或框架中应用该模式的建议。

6.2.1 案例4：使用ChatGPT辅助设计创建图书对象

下面我们通过具体示例解释一下如何使用ChatGPT创建设计模式。

动手示例

架构师向ChatGPT发送如下请求消息。

我正在开发一个图书管理系统，我需要根据图书的类型（小说、科技、历史等）创建相应的图书对象。我应该如何设计这部分的代码?

ChatGPT的回答如下。

对于这种情况，你可以考虑使用工厂方法模式来创建不同类型的图书对象。工厂方法模式可以帮助你将图书对象的创建逻辑与使用逻辑分离，提高代码的可扩展性和维护性。以下是示例代码，帮助你理解如何应用工厂方法模式：

```
// 图书接口
interface Book {
    void display();
}

// 小说类
class Novel implements Book {
    public void display() {
        System.out.println("显示小说图书");
    }
}

// 科技类
class Science implements Book {
    public void display() {
        System.out.println("显示科技图书");
    }
}

// 历史类
class History implements Book {
    public void display() {
        System.out.println("显示历史图书");
    }
}

// 图书工厂接口
interface BookFactory {
```

```
    Book createBook();
}

// 小说图书工厂
class NovelFactory implements BookFactory {
    public Book createBook() {
        return new Novel();
    }
}

// 科技图书工厂
class ScienceFactory implements BookFactory {
    public Book createBook() {
        return new Science();
    }
}

// 历史图书工厂
class HistoryFactory implements BookFactory {
    public Book createBook() {
        return new History();
    }
}

public class Client {
    public static void main(String[] args) {
        // 根据图书类型选择对应的工厂
        BookFactory factory = new NovelFactory();
        // 使用工厂创建图书对象
        Book book = factory.createBook();
        // 调用图书对象的方法
        book.display();
    }
}
```

在这个例子中，你可以根据用户选择的图书类型来选择对应的图书工厂，然后使用工厂创建相应的图书对象。这样，你就可以将图书的创建逻辑与使用逻辑分离开，并且在需要添加新的图书类型时也更加方便。

通过这个例子可见，通过与ChatGPT的交流，架构师可以决定应该采用哪个设计模式。

6.2.2 案例5：使用ChatGPT辅助设计购物车功能

下面我们通过具体示例解释一下如何使用ChatGPT辅助设计购物车功能。

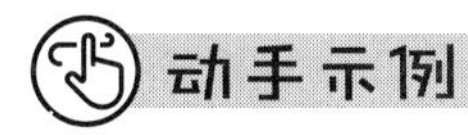

架构师向ChatGPT发送如下请求消息。

我正在开发一个在线购物平台，其中有多个商家提供不同的商品。我希望能够实现一个购物车功能，让用户可以将多个商品添加到购物车并进行结算。有没有适合这种情况的设计模式？

ChatGPT的回答如下。

针对你的需求，建议使用观察者模式实现购物车功能。观察者模式可被用于实现对象之间的一对多依赖关系，当一个对象状态发生变化时，其他依赖对象会自动收到通知并更新自己的状态。以下是示例代码，演示如何应用观察者模式实现购物车功能：

```
// 商品类
class Product {
    private String name;
    private double price;

    public Product(String name, double price) {
        this.name = name;
        this.price = price;
    }

    public String getName() {
        return name;
    }

    public double getPrice() {
        return price;
    }
}

// 购物车观察者接口
interface CartObserver {
    void update(Product product);
}
```

```
// 购物车类
class ShoppingCart {
    private List<Product> products;
    private List<CartObserver> observers;

    public ShoppingCart() {
        products = new ArrayList<>();
        observers = new ArrayList<>();
    }

    public void addObserver(CartObserver observer) {
        observers.add(observer);
    }

    public void removeObserver(CartObserver observer) {
        observers.remove(observer);
    }

    public void addProduct(Product product) {
        products.add(product);
        notifyObservers(product);
    }

    private void notifyObservers(Product product) {
        for (CartObserver observer : observers) {
            observer.update(product);
        }
    }
}

// 购物车日志观察者
class CartLogObserver implements CartObserver {
    public void update(Product product) {
        System.out.println("商品已添加到购物车: " + product.getName());
    }
}
// 购物车总价观察者
class CartTotalPriceObserver implements CartObserver {
    private double totalPrice;

    public void update(Product product) {
```

```
        totalPrice += product.getPrice();
        System.out.println("购物车总价更新为：" + totalPrice);
    }
}

public class Client {
    public static void main(String[] args) {
        // 创建购物车对象
        ShoppingCart cart = new ShoppingCart();

        // 创建观察者对象
        CartObserver logObserver = new CartLogObserver();
        CartObserver totalPriceObserver = new CartTotalPriceObserver();

        // 添加观察者到购物车
        cart.addObserver(logObserver);
        cart.addObserver(totalPriceObserver);

        // 添加商品到购物车
        Product product1 = new Product("商品1", 10.0);
        Product product2 = new Product("商品2", 20.0);
        cart.addProduct(product1);
        cart.addProduct(product2);
    }
}
```

在这个例子中，购物车类充当了被观察者的角色，它维护了商品列表和观察者列表，并在添加商品时通知观察者。观察者可以根据收到的通知来更新自己的状态，例如记录日志或计算购物车总价。通过观察者模式，你可以实现购物车功能并方便地扩展新的观察者。

6.3 ChatGPT在设计模式选择和建议中的应用

ChatGPT在设计模式选择和建议中的应用包括以下方面。

（1）问题分析：ChatGPT可以通过与用户的对话，深入了解特定的设计问题，包括需求、约束条件和预期的功能等。它可以帮助澄清问题，并从中提取关键信息以辅助设计模式的选择和建议。

（2）设计模式知识库：ChatGPT拥有广泛的设计模式知识，可以根据用户的问题提供相关的设计模式信息和解释。它可以描述每个设计模式的定义、特点、使用场景和适用性等，并为用户提供理论基础。

（3）模式匹配：ChatGPT可以将用户描述的设计问题与已知的设计模式进行匹配，并提供适合解决问题的设计模式建议。通过理解用户需求并对现有模式进行分析，ChatGPT可以识别最合适的设计模式并进行推荐。

（4）实践经验：ChatGPT可以根据已有的设计模式实践经验，向用户提供针对特定问题的建议。它可以分享设计模式的使用案例、实际应用技巧和最佳实践，以帮助用户更好地理解和应用设计模式。

（5）技术限制考虑：ChatGPT还可以考虑特定技术环境和限制条件，为用户提供适合该环境的设计模式建议。它可以了解各种编程语言、框架和平台的特性，并根据用户的技术背景提供相应的设计模式选择建议。

需要注意的是，ChatGPT在设计模式选择和建议中只是一个辅助工具，而不能取代架构师的专业知识和经验。最终的决策和实现应由架构师根据实际情况和具体需求进行。ChatGPT的作用是提供信息和建议，以帮助架构师做出更明智的设计决策。

6.3.1 案例6：使用ChatGPT辅助选择商品库存管理设计模式

下面我们通过具体示例解释一下如何使用ChatGPT辅助选择设计模式。

动手示例

架构师向ChatGPT发送如下请求消息。

我正在开发一个电子商务网站，我需要一个模式来处理商品库存的管理和更新，你能给我一些建议吗?

ChatGPT的回答如下。

当涉及商品库存管理和更新时，可以考虑使用观察者模式。观察者模式允许多个观察者对象订阅并接收被观察对象的状态变化通知。在你的场景中，你可以将商品库存对象作为被观察者，而将各个功能模块（如订单管理、库存管理等）作为观察者。

架构师向ChatGPT发送如下请求消息。

这听起来很有趣！能详细解释一下如何应用观察者模式来处理商品库存管理吗?

ChatGPT的回答如下。

当一个商品的库存发生变化时，被观察者（商品库存对象）会通知所有注册的观察者（各个功能模块）。观察者模块可以根据收到的通知，执行相应的操作，例如更新订单状态、调整库存数量等。这种方式可以确保各个功能模块之间的解耦，使系统更具灵活性和可扩展性。

在实现中，架构师可以先定义一个抽象的被观察者接口，其中包含添加、删除和通知观察者的方法。然后，实现一个具体的商品库存类，它继承被观察者接口，并实现具体的库存管理逻辑。各个功能模块可以实现观察者接口，并在其相应的方法中定义处理库存变化的逻辑。

以下是简化的示例代码。

```
// 被观察者接口
interface Observable {
    void addObserver(Observer observer);
    void removeObserver(Observer observer);
    void notifyObservers();
}
// 观察者接口
interface Observer {
    void update();
}
// 商品库存类（被观察者）
class ProductInventory implements Observable {
    private List<Observer> observers = new ArrayList<>();
    private int quantity;
    public void setQuantity(int quantity) {
        this.quantity = quantity;
        notifyObservers();
    }
    public void addObserver(Observer observer) {
        observers.add(observer);
    }
    public void removeObserver(Observer observer) {
        observers.remove(observer);
    }
    public void notifyObservers() {
        for (Observer observer : observers) {
            observer.update();
        }
    }
}
// 订单管理类（观察者）
class OrderManager implements Observer {
    public void update() {
        // 处理库存变化后的订单管理逻辑
```

```
            System.out.println("订单管理模块收到库存变化通知，更新订单状态");
        }
    }
    // 库存管理类（观察者）
    class InventoryManager implements Observer {
        public void update() {
            // 处理库存变化后的库存管理逻辑
            System.out.println("库存管理模块收到库存变化通知，调整库存数量");
        }
    }
    public class Client {
        public static void main(String[] args) {
            // 创建商品库存对象
            ProductInventory inventory = new ProductInventory();
            // 创建观察者对象并注册到被观察者
            Observer orderManager = new OrderManager();
            Observer inventoryManager = new InventoryManager();
            inventory.addObserver(orderManager);
            inventory.addObserver(inventoryManager);
            // 商品库存发生变化，通知观察者
            inventory.setQuantity(100);
        }
    }
```

这样，架构师可以根据具体的业务需求和设计约束，进一步完善和扩展上述基本的观察者模式，以满足电子商务网站的商品库存管理需求。

6.3.2 案例7：使用ChatGPT辅助绘制商品库存管理类图

6.3.1小节案例中的示例代码比较复杂，下面使用ChatGPT辅助绘制商品库存管理类图，帮助大家掌握设计模式的应用。

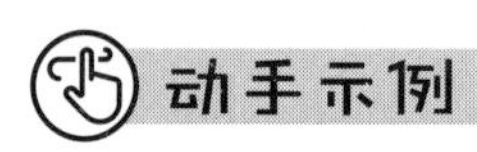

架构师向ChatGPT发送如下请求消息。

有如下示例代码，帮我使用PlantUML绘制类图。

```
// 被观察者接口
interface Observable {
    void addObserver(Observer observer);
    void removeObserver(Observer observer);
```

```
    void notifyObservers();
}

// 观察者接口
interface Observer {
    void update();
}

// 商品库存类(被观察者)
class ProductInventory implements Observable {
    private List<Observer> observers = new ArrayList<>();
    private int quantity;

    public void setQuantity(int quantity) {
        this.quantity = quantity;
        notifyObservers();
    }

    public void addObserver(Observer observer) {
        observers.add(observer);
    }

    public void removeObserver(Observer observer) {
        observers.remove(observer);
    }

    public void notifyObservers() {
        for (Observer observer : observers) {
            observer.update();
        }
    }
}

// 订单管理类(观察者)
class OrderManager implements Observer {
    public void update() {
        // 处理库存变化后的订单管理逻辑
        System.out.println("订单管理模块收到库存变化通知,更新订单状态");
    }
}
```

```
// 库存管理类(观察者)
class InventoryManager implements Observer {
    public void update() {
        // 处理库存变化后的库存管理逻辑
        System.out.println("库存管理模块收到库存变化通知，调整库存数量");
    }
}

public class Client {
    public static void main(String[] args) {
        // 创建商品库存对象
        ProductInventory inventory = new ProductInventory();

        // 创建观察者对象并注册到被观察者
        Observer orderManager = new OrderManager();
        Observer inventoryManager = new InventoryManager();
        inventory.addObserver(orderManager);
        inventory.addObserver(inventoryManager);

        // 商品库存发生变化，通知观察者
        inventory.setQuantity(100);
    }
}
```

ChatGPT的回答如下。

以下是使用PlantUML绘制的类图，表示给定示例代码中的观察者模式：

```
@startuml
interface Observable {
    +addObserver(observer: Observer): void
    +removeObserver(observer: Observer): void
    +notifyObservers(): void
}
interface Observer {
    +update(): void
}
class ProductInventory {
    -observers: List<Observer>
    -quantity: int
    +setQuantity(quantity: int): void
```

```
    +addObserver(observer: Observer): void
    +removeObserver(observer: Observer): void
    +notifyObservers(): void
}
class OrderManager {
    +update(): void
}
class InventoryManager {
    +update(): void
}
Observable <|.. ProductInventory
Observable <.. Observer
Observer <|.. OrderManager
Observer <|.. InventoryManager
@enduml
```

将上述代码复制到VS Code的PlantUML扩展工具中，渲染后生成类图，效果如图 6-3 所示。

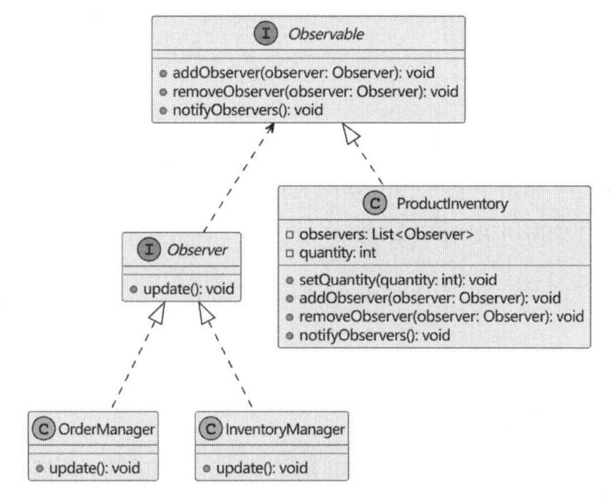

图 6-3　使用PlantUML 工具渲染生成商品库存管理类图

6.4 ChatGPT对设计模式扩展和变体的指导

ChatGPT可以提供一些指导和建议，帮助架构师理解设计模式的扩展和变体，并根据架构师的具体需求进行适当的修改。下面是ChatGPT在设计模式扩展和变体方面的一些应用。

（1）扩展设计模式：ChatGPT可以提供关于扩展现有设计模式的建议。它可以分析已有设计模式的结构和目的，并提供一些扩展模式的思路和示例。例如，对于装饰器模式，ChatGPT可以介绍如何添加新的装饰器类，扩展已有的装饰功能。

（2）变体设计模式：ChatGPT可以帮助架构师了解不同设计模式的变体和衍生模式。它可以解释变体模式的概念和用途，并提供与原始模式相比的差异和适用场景。例如，ChatGPT可以解释适配器模式和双向适配器模式之间的区别，以及它们在不同情况下的应用。

（3）自定义设计模式：ChatGPT可以与架构师共同探讨特定需求下的自定义设计模式。通过描述问题和目标，ChatGPT可以提供一些思考方向和设计原则，以帮助架构师构思和定义适合特定情况的设计模式。它可以通过分析现有模式的组合和修改，提供一些建议和示例。

请注意，设计模式的扩展和变体需要谨慎考虑，并在实际项目中进行适当的评估和测试。ChatGPT只是提供一些思路和指导，最终的决策和实现仍由架构师负责。在实际应用中，架构师应结合自身的经验和专业知识，以及对特定需求和系统的理解，来决定是否使用，以及如何扩展或变体设计模式。

6.4.1 案例8：使用ChatGPT辅助扩展观察者模式

下面我们通过具体示例解释一下如何使用ChatGPT辅助扩展观察者模式。

案例背景

原始设计模式：观察者模式（Observer Pattern）。观察者模式用于实现对象之间的一对多依赖关系。当被观察者对象的状态发生变化时，观察者对象会自动收到通知并进行相应的更新。

扩展方向：添加异步通知能力。

扩展设计模式：异步观察者模式（Asynchronous Observer Pattern）。异步观察者模式是观察者模式的一种扩展形式，它在原有观察者模式的基础上添加了异步通知的能力。当被观察者对象的状态发生变化时，通知观察者对象的过程可以异步进行，从而提高系统的响应性能。

动手示例

架构师向ChatGPT发送如下请求消息。

我正在开发一个电子商务平台，我使用观察者模式来实现订单管理和库存管理的功能。但是现在我希望在观察者模式的基础上进行扩展，添加一个日志管理的功能，以记录订单和库存的变化情况。我希望通过ChatGPT辅助扩展设计模式，你有什么建议?

ChatGPT的回答如下。

当前的观察者模式确实适合实现订单管理和库存管理的功能，而你希望添加日志管理的功能。在这种情况下，一个可行的扩展设计模式是装饰器模式。装饰器模式允许你在不改变原有类结构的情况下，动态地为对象添加新的功能。

架构师向ChatGPT发送如下请求消息。

能否详细解释一下如何使用装饰器模式来扩展观察者模式?

ChatGPT的回答如下。

当使用装饰器模式来扩展观察者模式时，你可以创建一个新的具体装饰器类，用于添加日志管理功能。这个具体装饰器类应该实现观察者接口，并在update方法中实现日志记录的逻辑。在原有的观察者模式中，你需要将这个新的装饰器对象添加到被观察者对象的观察者列表，以确保日志管理功能被调用。

架构师向ChatGPT发送如下请求消息。

非常感谢你的解释！那么，我需要如何修改我的代码来实现这个扩展呢?

ChatGPT的回答如下。

首先，你可以创建一个新的装饰器类，命名为LogManagerDecorator，实现Observer接口。在该装饰器类的update方法中，你可以添加日志记录的逻辑，将订单和库存的变化情况记录下来。接下来，在Client类的main方法中，创建LogManagerDecorator对象，并将其添加到ProductInventory对象的观察者列表。这样，当订单或库存发生变化时，LogManagerDecorator的update方法将被调用，实现日志记录的功能。

当使用装饰器模式来扩展观察者模式时，你可以创建一个新的具体装饰器类，用于添加日志管理功能。这个具体装饰器类应该实现观察者接口，并在update方法中实现日志记录的逻辑。

架构师向ChatGPT发送如下请求消息。

这听起来很合理！我会按照你的建议修改我的代码。谢谢你的帮助！

根据与ChatGPT的交流，架构师编写如下代码。

```
import java.util.ArrayList;
import java.util.List;
import java.util.concurrent.ExecutorService;
import java.util.concurrent.Executors;
// 被观察者接口
interface Observable {
    void addObserver(Observer observer);
    void removeObserver(Observer observer);
    void notifyObservers();
}
// 观察者接口
interface Observer {
    void update();
}
```

```
// 异步观察者接口
interface AsyncObserver extends Observer {
    void updateAsync();
}
// 商品库存类（被观察者）
class ProductInventory implements Observable {
    private List<Observer> observers = new ArrayList<>();
    private int quantity;
    private ExecutorService executor = Executors.newFixedThreadPool(5);
    public void setQuantity(int quantity) {
        this.quantity = quantity;
        notifyObserversAsync();
    }
    public void addObserver(Observer observer) {
        observers.add(observer);
    }
    public void removeObserver(Observer observer) {
        observers.remove(observer);
    }
    public void notifyObservers() {
        for (Observer observer : observers) {
            observer.update();
        }
    }
    public void notifyObserversAsync() {
        for (Observer observer : observers) {
            if (observer instanceof AsyncObserver) {
                executor.submit(() -> ((AsyncObserver) observer).
updateAsync());
            } else {
                observer.update();
            }
        }
    }
}
// 订单管理类（观察者）
class OrderManager implements AsyncObserver {
    public void update() {
        // 处理库存变化后的订单管理逻辑
        System.out.println("订单管理模块收到库存变化通知，更新订单状态");
    }
    public void updateAsync() {
```

```
            // 异步处理订单管理逻辑
            System.out.println("订单管理模块收到库存变化异步通知，更新订单状态");
        }
    }
    // 库存管理类（观察者）
    class InventoryManager implements Observer {
        public void update() {
            // 处理库存变化后的库存管理逻辑
            System.out.println("库存管理模块收到库存变化通知，调整库存数量");
        }
    }
    public class Client {
        public static void main(String[] args) {
            // 创建商品库存对象
            ProductInventory inventory = new ProductInventory();
            // 创建观察者对象并注册到被观察者
            Observer orderManager = new OrderManager();
            Observer inventoryManager = new InventoryManager();
            inventory.addObserver(orderManager);
            inventory.addObserver(inventoryManager);
            // 商品库存发生变化，通知观察者
            inventory.setQuantity(100);
        }
    }
```

6.4.2 案例9：使用ChatGPT辅助绘制扩展观察者模式类图

6.4.1 小节案例中的示例代码比较复杂，下面使用ChatGPT辅助绘制扩展观察者模式类图帮助大家掌握设计模式的应用。

动手示例

架构师向ChatGPT发送如下请求消息。

有如下示例代码，帮我使用PlantUML绘制类图。

```
import java.util.ArrayList;
import java.util.List;
import java.util.concurrent.ExecutorService;
import java.util.concurrent.Executors;
```

```java
// 被观察者接口
interface Observable {
    void addObserver(Observer observer);
    void removeObserver(Observer observer);
    void notifyObservers();
}

// 观察者接口
interface Observer {
    void update();
}

// 异步观察者接口
interface AsyncObserver extends Observer {
    void updateAsync();
}

// 商品库存类(被观察者)
class ProductInventory implements Observable {
    private List<Observer> observers = new ArrayList<>();
    private int quantity;
    private ExecutorService executor = Executors.newFixedThreadPool(5);

    public void setQuantity(int quantity) {
        this.quantity = quantity;
        notifyObserversAsync();
    }

    public void addObserver(Observer observer) {
        observers.add(observer);
    }

    public void removeObserver(Observer observer) {
        observers.remove(observer);
    }

    public void notifyObservers() {
        for (Observer observer : observers) {
            observer.update();
        }
    }
```

```
    public void notifyObserversAsync() {
        for (Observer observer : observers) {
            if (observer instanceof AsyncObserver) {
                executor.submit(() -> ((AsyncObserver) observer).updateAsync());
            } else {
                observer.update();
            }
        }
    }
}

// 订单管理类(观察者)
class OrderManager implements AsyncObserver {
    public void update() {
        // 处理库存变化后的订单管理逻辑
        System.out.println("订单管理模块收到库存变化通知，更新订单状态");
    }

    public void updateAsync() {
        // 异步处理订单管理逻辑
        System.out.println("订单管理模块收到库存变化异步通知，更新订单状态");
    }
}

// 库存管理类(观察者)
class InventoryManager implements Observer {
    public void update() {
        // 处理库存变化后的库存管理逻辑
        System.out.println("库存管理模块收到库存变化通知，调整库存数量");
    }
}

public class Client {
    public static void main(String[] args) {
        // 创建商品库存对象
        ProductInventory inventory = new ProductInventory();

        // 创建观察者对象并注册到被观察者
        Observer orderManager = new OrderManager();
        Observer inventoryManager = new InventoryManager();
        inventory.addObserver(orderManager);
        inventory.addObserver(inventoryManager);
```

```
        // 商品库存发生变化，通知观察者
        inventory.setQuantity(100);
    }
}
```

ChatGPT的回答如下。

以下是使用PlantUML绘制的类图：

```
@startuml
interface Observable {
    +addObserver(observer: Observer): void
    +removeObserver(observer: Observer): void
    +notifyObservers(): void
}
interface Observer {
    +update(): void
}
interface AsyncObserver {
    +updateAsync(): void
}
class ProductInventory {
    -observers: List<Observer>
    -quantity: int
    -executor: ExecutorService
    +setQuantity(quantity: int): void
    +addObserver(observer: Observer): void
    +removeObserver(observer: Observer): void
    +notifyObservers(): void
    +notifyObserversAsync(): void
}
class OrderManager {
    +update(): void
    +updateAsync(): void
}
class InventoryManager {
    +update(): void
}
Observable <|.. ProductInventory
Observer <|.. OrderManager
Observer <|.. InventoryManager
```

```
AsyncObserver <|.. OrderManager
ProductInventory --> ExecutorService
@enduml
```

将上述代码复制到VS Code的PlantUML扩展工具中，渲染后生成类图，效果如图 6-4 所示。

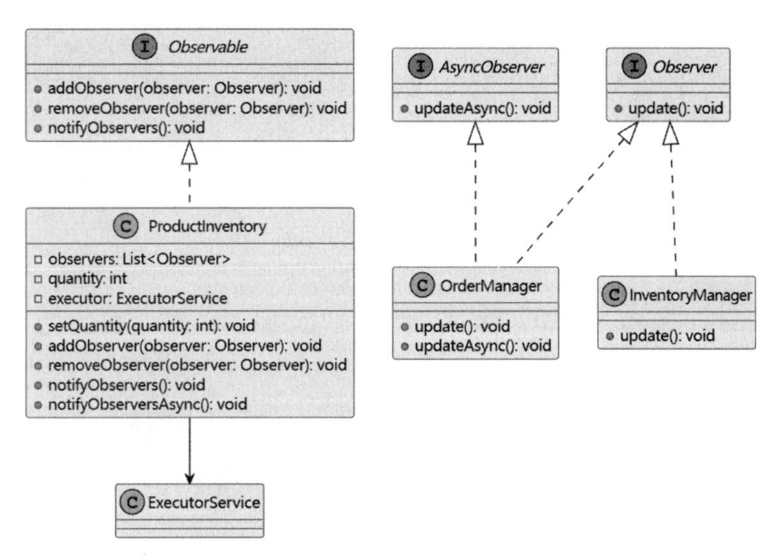

图 6-4　使用 PlantUML 工具渲染生成扩展观察者模式类图

6.5 本章总结

本章介绍了ChatGPT在设计模式方面的应用，包括饰器模式和类图绘制的案例。我们强调了ChatGPT在设计模式识别、应用、选择和建议中的作用，以及其为提高设计模式的理解和应用效率提供的支持和指导。

使用 ChatGPT 辅助进行数据库设计

使用ChatGPT辅助进行数据库设计可以大大提高架构师的工作效率和质量。ChatGPT是一个基于机器学习的自然语言处理模型，具有强大的文本理解和生成能力，可以帮助架构师快速理解和分析系统需求，并根据需求生成相应的数据模型和数据库设计方案。

具体来说，使用ChatGPT进行数据库设计有以下几个优点。

（1）自动化：ChatGPT可以自动解析和分析系统需求文档，根据需求生成相应的数据模型和数据库设计方案，避免烦琐的手工操作，提高工作效率。

（2）高精度：ChatGPT在文本理解和生成方面具有很高的精度，可以识别系统需求中的重要信息并将其转换为相应的数据模型和数据库设计方案，从而提升设计质量。

（3）可迭代性：由于ChatGPT可以快速生成数据模型和数据库设计方案，因此可以方便地进行迭代和修改，以适应需求变化和优化设计方案。

（4）可视化：ChatGPT可以将生成的数据模型和数据库设计方案进行可视化展示，便于开发团队理解和交流，减少沟通成本，提高协作效率。

综上所述，使用ChatGPT辅助进行数据库设计可以避免烦琐的手工操作，减少沟通成本，大大提高架构师的工作效率和质量，是一种高效、智能的数据库设计方法。

7.1 数据库设计阶段

数据库设计主要分为以下几个阶段。

（1）需求分析。分析业务需求，理解数据实体及其关系，为后续数据库设计工作建立基础。需识别数据实体、属性、关系等要素。

（2）概念建模。基于需求分析，识别业务中的主要概念及其关系，建立初步的概念模型。确认各数据实体及其之间的联系，以及实体的属性。

（3）逻辑建模。将概念模型转换为数据库的逻辑结构，通常用ER模型表示。确认ER模型中的实体、属性、关系，并进行规范化设计。

（4）物理建模。将ER模型转换为数据库的物理结构，如创建表、字段等结构。确定每个表的字段、数据类型、长度、是否主键等详细设计。

（5）数据字典编制。编写数据字典，记录每个表和字段的详细信息，包括名称、类型、长度、说明等。数据字典是数据库设计的重要产出。

（6）规范评审。审查数据库设计是否符合相关规范，如表命名、字段命名和字段定义规范等。提高数据库设计的质量与规范性。

（7）性能优化。在数据库结构确定后，需要考虑其性能方面的表现，如添加索引、调整字段类型等，以优化查询与操作的性能。

数据库设计涉及需求分析、概念建模、逻辑建模和物理建模等方面。其目的是将业务需求转换为高质量的数据库结构方案。合理的数据库设计是软件项目成功的基石，直接影响系统的性能、可扩展性和数据完整性。

7.2 数据库概念建模

数据库概念建模是对业务需求中的概念及其关系进行抽象和归纳，建立概念模型的过程。它是数据库设计的基础，为后续的逻辑建模和物理建模工作奠定基础。

数据库概念建模的主要工作包括以下几个方面。

（1）识别概念实体。分析业务需求，识别重要的概念实体，它们通常对应到数据库中的表。要确定每个概念实体的语义和属性。

（2）识别概念关系。分析各个概念实体之间的关系，可以是1:1、1:N或M:N关系。关系可以对应到数据库的外键关联。

（3）概括概念数据类型。分析概念实体的各属性，归纳出重要的概念数据类型，为后续确定表字段的数据类型提供参考。

（4）建立概念模型。用图形或文本的方式描绘各概念实体、概念关系及重要属性，形成业务领域的概念模型。它应覆盖所有的需求相关的概念。

（5）验证和评审。评审概念模型的准确性和完整性，确保它能正确表达需求中的所有概念及其联系，并进行必要的修改与优化。

7.2.1 案例1：使用ChatGPT对Todo List项目进行需求分析

数据库设计的第一步是对项目进行需求分析，从中找出系统的实体（Entity）。本小节以Todo List项目为例，介绍如何使用ChatGPT对Todo List项目进行需求分析。就数据库设计而言，需求分析的结果是获得系统中的实体。

提示

在软件开发中，实体通常指代具有唯一标识的对象或数据模型中的核心对象。实体代表现实世界中的具体事物，可以是物理实体（如人、汽车、产品）或概念实体（如订单、用户账户、文章）。

实体通常具有属性（数据）和行为（操作），它们的属性描述实体的特征和状态，行为定义实体可以执行的操作。

案例背景

Todo List（待办事项清单）项目用于管理自己的待办事宜。Todo List项目的功能需求如下。

（1）用户管理：支持用户注册和登录，可以设置个人信息。

（2）任务添加：用户可以添加新的待办任务，包括名称、描述、期限等。

（3）任务列表：用户可以查看所有待办任务的列表，可以按状态或日期过滤。

（4）任务详情：用户可以查看特定任务的所有详情。

（5）任务编辑：用户可以编辑未完成任务的信息，包括名称、描述和期限。

（6）任务完成：用户可以将未完成任务标记为已完成。已完成任务以完成状态显示在列表。

（7）任务删除：用户可以删除未完成或已完成的任务。已删除任务不会出现在任何列表中。

动手示例

架构师向ChatGPT发送如下请求消息。

有如下需求，帮我找出其中的实体。

Todo List（待办事项清单）项目用于管理自己的待办事宜。Todo List项目功能需求：

（1）用户管理：支持用户注册和登录，可以设置个人信息。

（2）任务添加：用户可以添加新的待办任务，包括名称、描述、期限等。

（3）任务列表：用户可以查看所有待办任务的列表，可以按状态或日期过滤。

（4）任务详情：用户可以查看特定任务的所有详情。

（5）任务编辑：用户可以编辑未完成任务的信息，包括名称、描述和期限。

（6）任务完成：用户可以将未完成任务标记为已完成。已完成任务以完成状态显示在列表。

（7）任务删除：用户可以删除未完成或已完成的任务。已删除任务不会出现在任何列表中。

指令执行后，ChatGPT的回答如下。

根据需求描述，可以找出以下实体：

1. 用户（User）：用于表示系统中的用户，包括注册、登录和个人信息设置等功能。

2. 待办任务（Todo Task）：表示用户的待办事项，包括名称、描述、期限等属性。用户可以添加、编辑、完成和删除任务，还可以查看任务的详情。

根据上述需求，用户和待办任务是核心的实体概念，它们是系统中的主要对象，并负责具体的功能和操作。其他功能（如任务列表、过滤、任务详情等）可以视为对用户和待办任务进行操作和展示的辅助功能。

除了用户和待办任务实体外，还可以考虑以下潜在的辅助实体：

任务列表（Task List）：用于组织和展示用户的待办任务列表，支持按状态或日期进行过滤。

总之，根据需求描述，用户（User）、待办任务（Todo Task）和任务列表（Task List）可以作为系统中的实体。

从ChatGPT的回答可知，它主要提炼了用户（User）和待办任务（Todo Task）两个实体，还有辅助实体任务列表（Task List）。这些只是ChatGPT提供给我们的参考，最后的决定还要由架构师根据实际情况和自己的经验做出。

另外，为了便于查看，通过将这些实体和相关属性归纳成为表格。

动手示例

架构师向ChatGPT发送如下请求消息。

有如下实体，帮归纳成Markdown表格。

1. 用户（User）：用于表示系统中的用户，包括注册、登录和个人信息设置等功能。
2. 待办任务（Todo Task）：表示用户的待办事项，包括名称、描述、期限等属性。

指令执行后，ChatGPT的回答如下。

以下是将给定实体归纳为Markdown表格的示例：

```
| 实体    | 描述    |
| ------------------- | ---------------------------------------------------------- |
| 用户 (User)          | 用于表示系统中的用户，包括注册、登录和个人信息设置等功能 |
| 待办任务 (Todo Task) | 表示用户的待办事项，包括名称、描述、期限等属性             |
```

复制上述代码并保存为“Todo List项目实体.md”文件，然后使用Markdown 工具预览，效果如图7-1所示。

实体	描述
用户 (User)	用于表示系统中的用户，包括注册、登录和个人信息设置等功能
待办任务 (Todo Task)	表示用户的待办事项，包括名称、描述、期限等属性

图7-1 Markdown预览效果

7.2.2 案例2：使用ChatGPT对Todo List项目进行数据库概念建模

7.2.1小节中经过需求分析获得了Todo List系统的实体，下面就可以进行数据库概念建模了。

动手示例

架构师向ChatGPT发送如下请求消息。

有如下实体，请使用PlantUML语言对其进行数据库概念建模。

1. 用户（User）：用于表示系统中的用户，包括注册、登录和个人信息设置等功能。
2. 待办任务（Todo Task）：表示用户的待办事项，包括名称、描述、期限等属性。

指令执行后，ChatGPT的回答如下。

以下是使用PlantUML语言对给定实体进行数据库概念建模的示例：

```
@startuml
entity "User" as user {
  * username
  --
  * password
  * nickname
  * avatar
}
entity "TodoTask" as task {
  * id
  --
  * title
  * description
  * due_date
}
user ||--|{ task
@enduml
```

将上述代码复制到VS Code的PlantUML扩展工具中，渲染后生成概念建模，效果如图7-2所示。

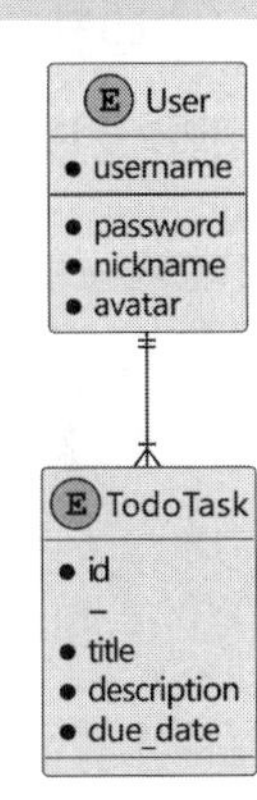

图7-2　概念建模图

从图7-2可以看到如下信息。

（1）系统中有两个实体："User"和"TodoTask"。

（2）"User"实体包含"username""password""nickname"和"avatar"四个属性，

（3）"TodoTask"实体包含"id"、"title""description"和"due_date"四个属性。

（4）"User"和"TodoTask"实体之间的关系：一个用户拥有多个待办事项，一个待办事项属于一个用户。

7.3 案例3：使用ChatGPT对Todo List项目进行逻辑建模

数据库逻辑建模是将概念模型转换为数据库的逻辑结构的过程，主要工作包括以下几个方面。

（1）选择数据模型：通常选择关系模型，用ER图表示数据库的逻辑结构。

（2）确认实体：将概念模型中的概念实体转换为ER图的实体，确定实体的主属性(作为主键)和外键。

（3）确认关系：表示概念模型中的概念关系为ER图的关系，确定关系的配比和参与度。

（4）设计实体结构：为每个实体确定其所有属性，包括数据类型、长度、NULL性等详细信息。

需要考虑各属性之间的依赖关系。

（5）规范化设计：检验和优化ER模型，满足第一范式（1NF）、第二范式（2NF）和第三范式（3NF）等要求，避免数据冗余和更新异常。

架构师可以借助ChatGPT从系统功能需求中确定实体和实体关系，获得实体后，可以作为输入条件，让ChatGPT帮助绘制数据库逻辑模型。

动手示例

架构师向ChatGPT发送如下请求消息。

有如下实体类，帮我使用PlantUML语言进行数据库逻辑建模。

1. 用户（User）：用于表示系统中的用户，包括注册、登录和个人信息设置等功能。

2. 待办任务（Todo Task）：表示用户的待办事项，包括名称、描述、期限等属性。

指令执行后，ChatGPT的回答如下。

下面是使用PlantUML语言进行数据库逻辑建模的示例，表示用户（User）和待办任务（Todo Task）之间的关系：

```
@startuml

!define Table(name, desc) class name as "desc" << (T,#FFAAAA) >>
!define PrimaryKey(x) <u>x</u>
!define ForeignKey(x) <u>x</u>

Table(User, "用户") {
  -- 主键 --
  id: PrimaryKey(int)
  -- 属性 --
  username: varchar(50)
  password: varchar(50)
  email: varchar(100)
  -- 方法 --
  + register(): void
  + login(): void
  + updatePersonalInfo(): void
}
```

复制上述PlantUML代码，保存后预览导出的Todo List项目数据库逻辑建模图，就是ER图，

如图 7-3 所示。

对图 7-3 所示的ER图解释如下。

主键属性使用下划线表示，并且在实体类之间使用关联关系表示它们之间的关系。在本示例中，用户（User）和待办任务（Todo Task）之间是一对多的关系，表示一个用户可以拥有多个待办任务。

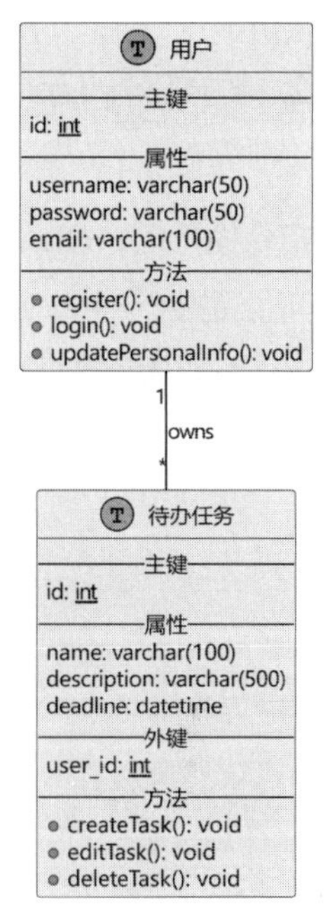

图 7-3　Todo List 项目数据库逻辑建模ER图

7.4 案例4：使用ChatGPT对Todo List项目进行物理建模

数据库物理建模是指将逻辑数据模型转换为物理存储模型的过程，包括确定数据库中表、列、键、索引等对象的具体存储方式和结构。在物理建模过程中，需要考虑数据库的性能、可扩展性、安全性等方面的因素，以满足实际业务需求。常见的物理建模工具包括ERWin、PowerDesigner等。

数据库物理建模是根据概念建模和逻辑建模的成果，设计数据库的物理结构的过程。主要工作包括以下几个方面。

（1）确认实体和表：确定每个实体对应到的数据库表，并明确表的名称。

（2）设计表结构：为每个表确定字段，包括字段名、数据类型、长度、小数位数等详细定义。还需要考虑字段间的依赖关系。

（3）设置主键：为每个表选择一个或多个属性作为主键，确保记录的唯一性。

（4）设置外键：在各表之间设置外键关系，表示表与表之间的联系。

（5）规范字段名：选择遵循数据库规范的字段名称，确认大小写、无空格等。

（6）选择存储结构：选择合适的数据库存储模式，如基于行的表或列的表等。

（7）设计索引：为频繁查询或排序的字段创建索引，提高数据库性能。

（8）设计视图和存储过程：用于实现一定的业务逻辑，屏蔽一定的表结构细节。

（9）进行性能调优：创建必要的索引、设置表空间等，确保性能达到要求。

架构师可以借助ChatGPT的文本处理能力，把概念模型的描述作为输入条件，让ChatGPT帮助绘制数据库物理模型。

动手示例

架构师向ChatGPT发送如下请求消息。

有如下概念模型描述，帮我使用PlantUML语言绘制数据库物理模型。

1. 用户(User): 用于表示系统中的用户，包括注册、登录和个人信息设置等功能。
2. 待办任务(Todo Task): 表示用户的待办事项，包括名称、描述、期限等属性。

指令执行后，ChatGPT的回答如下。

下面是使用PlantUML语言进行数据库物理建模的示例，表示用户(User)和待办任务(Todo Task)之间的物理模型:

```
@startuml

!define Table(name, desc) class name as "desc" << (T,#FFAAAA) >>
!define PrimaryKey(x) <u>x</u>
!define ForeignKey(x) <u>x</u>

  Table(User, "用户") {
    -- 主键 --
    id: PrimaryKey(int)
    -- 属性 --
    username: varchar(50)
    password: varchar(50)
    email: varchar(100)
    -- 方法 --
    + register(): void
    + login(): void
    + updatePersonalInfo(): void
  }

  Table(TodoTask, "待办任务") {
    -- 主键 --
    id: PrimaryKey(int)
    -- 属性 --
    name: varchar(100)
    description: varchar(500)
    deadline: datetime
    -- 外键 --
    user_id: ForeignKey(int)
    -- 方法 --
    + createTask(): void
    + editTask(): void
    + deleteTask(): void
  }
```

```
    User "1" -- "*" TodoTask : owns

@enduml
```

复制上述PlantUML代码，保存后预览导出的Todo List项目数据库物理模型图，就是ER图，如图 7-4 所示。

图 7-4 所示的ER图中，用户（User）和待办任务（Todo Task）作为数据库中的表（Table）进行建模。在物理模型中，我们考虑了数据库的结构，通过将实体类定义为表，并使用主键和外键来建立它们之间的关系。

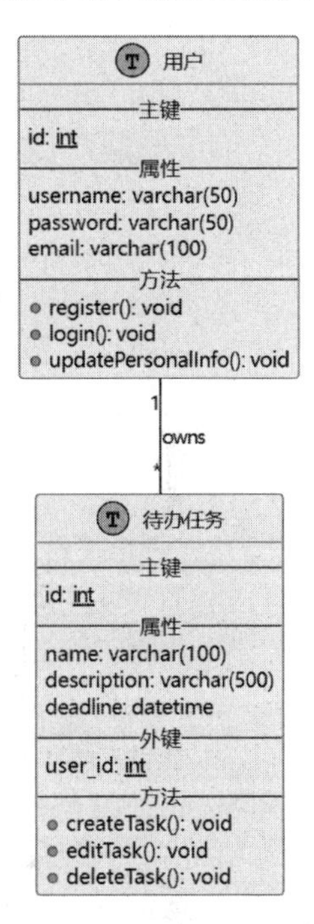

图 7-4　Todo List项目数据库物理建模ER图

7.5 案例5：使用ChatGPT辅助生成DDL脚本

DDL（Data Definition Language）是用于定义数据库模式的语句，通常包括以下内容。

（1）创建表语句：用于创建数据库中的表结构，包括表名、列名、数据类型、大小限制、约束条件等。

（2）删除表语句：用于删除数据库中的表结构，包括表名、列名、数据类型、大小限制、约束条件等。

（3）修改表结构语句：包括增加、修改、删除表中的列，修改数据类型、大小限制、约束条件等。

（4）创建索引语句：用于在表中创建索引，提高检索效率。

（5）删除索引语句：用于删除表中的索引。

使用ChatGPT为Todo List项目生成DDL脚本，编写DDL脚本的依据是数据库物理模型。

动手示例

架构师向ChatGPT发送如下请求消息。

有如下数据库物理模型，帮我生成建表的DDL脚本，注意：基于MySQL8 数据库，数据库名是TodoListDB。

```
@startuml

!define Table(name, desc) class name as "desc" << (T,#FFAAAA) >>
```

```
!define PrimaryKey(x) <u>x</u>
!define ForeignKey(x) <u>x</u>

  Table(User, "用户") {
    -- 主键 --
    id: PrimaryKey(int)
    -- 属性 --
    username: varchar(50)
    password: varchar(50)
    email: varchar(100)
    -- 方法 --
    + register(): void
    + login(): void
    + updatePersonalInfo(): void
  }

  Table(TodoTask, "待办任务") {
    -- 主键 --
    id: PrimaryKey(int)
    -- 属性 --
    name: varchar(100)
    description: varchar(500)
    deadline: datetime
    -- 外键 --
    user_id: ForeignKey(int)
    -- 方法 --
    + createTask(): void
    + editTask(): void
    + deleteTask(): void
  }

  User "1" -- "*" TodoTask : owns

@enduml
```

指令执行后，ChatGPT的回答如下。

根据给定的数据库物理模型，以下是基于MySQL 8的建表DDL脚本，数据库名为TodoListDB：

```
-- 创建用户表
```

```
CREATE TABLE TodoListDB.User (
  id INT PRIMARY KEY AUTO_INCREMENT,
  username VARCHAR(50) NOT NULL,
  password VARCHAR(50) NOT NULL,
  email VARCHAR(100) NOT NULL,
  CONSTRAINT UC_User_username UNIQUE (username),
  CONSTRAINT UC_User_email UNIQUE (email)
);

-- 创建待办任务表
CREATE TABLE TodoListDB.TodoTask (
  id INT PRIMARY KEY AUTO_INCREMENT,
  name VARCHAR(100) NOT NULL,
  description VARCHAR(500) NOT NULL,
  deadline DATETIME NOT NULL,
  user_id INT NOT NULL,
  CONSTRAINT FK_TodoTask_user_id FOREIGN KEY (user_id) REFERENCES
TodoListDB.User (id)
);
```

复制上述代码并粘贴到文本文件中，命名为“TodoListDB.ddl”，以备日后使用。

7.6 本章总结

本章重点介绍了ChatGPT在数据库设计中的应用，包括数据库概念建模、逻辑建模和物理建模的不同阶段。通过案例示例，展示了ChatGPT如何辅助需求分析、逻辑设计、物理建模和DDL脚本生成等工作。ChatGPT的应用为数据库设计提供了有力的支持，利用其自然语言处理和生成能力，提高了设计效率。

第 8 章 使用 ChatGPT 编写高质量的程序代码

ChatGPT是一种语言模型，可用于生成文本，包括程序代码。使用ChatGPT创建高质量的程序代码，可以参考以下几点。

（1）提供详细且准确的需求说明。要想生成高质量的代码，ChatGPT需要清晰地理解代码要实现的功能和业务逻辑。所以提供详细的需求说明和示例是非常必要的。

（2）遵循代码规范和最佳实践。在说明中要表达清楚代码需要遵循的语言标准、设计模式及工程化要求，这样ChatGPT生成的代码质量会更高。

（3）采取迭代协作的方式。很难通过一次交互就获得完全满意的代码。所以，最好采取迭代的方式，在ChatGPT生成第一版代码后，开发人员进行评审并提出修改意见，然后ChatGPT再生成修订后的代码，如此循环往复，逐渐提高代码质量。

（4）人工验收和测试。虽然ChatGPT可以生成代码，但架构师还是需要对代码进行审阅、测试及必要的调整优化。人工的参与可以最大限度地保证最终的代码质量。

（5）不断优化和改进。为ChatGPT提供的说明和条件越详细越好，这需要不断优化和改进。同时，架构师也需要不断总结在协作中的体会，优化和改进与ChatGPT的交互方式，这样可以更高效和深入地协作，生成更高质量的代码。

（6）结合其他工具。除了ChatGPT，还可以结合其他工具，如静态代码分析工具、单元测试工具及性能测试工具等。这些工具可以提供更加客观和详尽的代码评估，有利于架构师提高与ChatGPT的协作效率，生成更高质量的代码。

综上所述，要使用ChatGPT高效工作并生成高质量的程序代码，需要架构师与ChatGPT保持高度协作。通过提供详细的需求说明、遵循代码规范、采取迭代方式、人工验收与测试、不断优化与改进、结合其他工具等方式，可以最大限度地发挥ChatGPT的作用，生成高质量的代码。

8.1 代码评审

代码评审（Code Review）旨在确保代码的质量和正确性。代码评审涉及对代码进行系统化的检查和审查，以确保其符合编码标准、最佳实践和安全要求。在程序代码中，可能存在语法错误、逻辑错误或安全漏洞等问题，因此需要通过代码评审来识别和纠正这些问题。

评审人员应该具备良好的程序设计和开发经验，能够识别常见的编码错误和潜在的安全隐患，并提出改进意见。此外，评审人员还应该关注代码的可读性、可维护性和效率等方面，以确保代码的长期可靠性和可持续性。

总之，对程序代码进行评审是非常重要的，这有助于确保代码的质量和正确性，并降低代码维护和更新的成本。

为了进行代码评审，我们可以使用一些工具，这些工具有：静态代码分析、逻辑验证（如单元测试等）和性能测试等。

8.1.1 静态代码分析工具

本小节先介绍使用静态代码分析工具评审代码，代码静态检查工具主要用于自动扫描代码，检查代码是否符合指定的代码规范和最佳实践，发现代码存在的潜在问题。主流的工具有以下几种。

（1）Checkstyle：主要检查Java代码是否符合规范，如函数长度、变量命名、空格使用等。它定义了许多可配置的规则，可以检查Java代码是否满足我们指定的Java代码规范。

（2）PMD：是Java静态代码分析工具，可以检测不规范的代码，如未使用的变量、未捕获的异常等。还可以用来评估Java代码的规范性和鲁棒性。

（3）FindBugs：用于检测Java Bytecode中的bug和不规范之处。它包含许多预定义的规则，可以发现Java代码中的潜在问题，如空检查、同步问题等。

（4）Cppcheck：用于检查C/C++代码的静态代码分析工具，可以检测未初始化的变量、内存泄漏等问题。还可以用来评估/C++代码质量。

（5）PyLint：用于检查Python代码的静态代码分析工具，可以根据PEP 8 Python规范来检查代码，发现不规范之处。还可以自动评估Python代码是否符合PEP 8 规范。

使用这些工具，可以自动化评估代码在规范、鲁棒性和质量方面的水平。评估结果可以形成报告，经检查后将需要改进的地方反馈给开发者，以消除代码中存在的问题。

下面我们分别介绍一下，Java代码检查工具Checkstyle、PMD和Python的PyLint工具的使用方法。

8.1.2 使用Java代码检查工具Checkstyle

Checkstyle是一种用于软件开发的工具，可确保代码符合特定的编码标准和指南。它可以帮助识别和标记潜在的问题，如格式错误、命名约定及可能存在的错误或安全漏洞。

安装Checkstyle时，笔者建议在对应的IDE工具中安装插件，这种方式比较简单，不需要自己下载工具和配置环境。Java流行的IDE工具是IntelliJ IDEA，在IntelliJ IDEA工具中安装Checkstyle插件时，首先选择菜单“File”→“Settings”打开“设置”对话框，然后按照图8-1所示的操作安装Checkstyle插件。

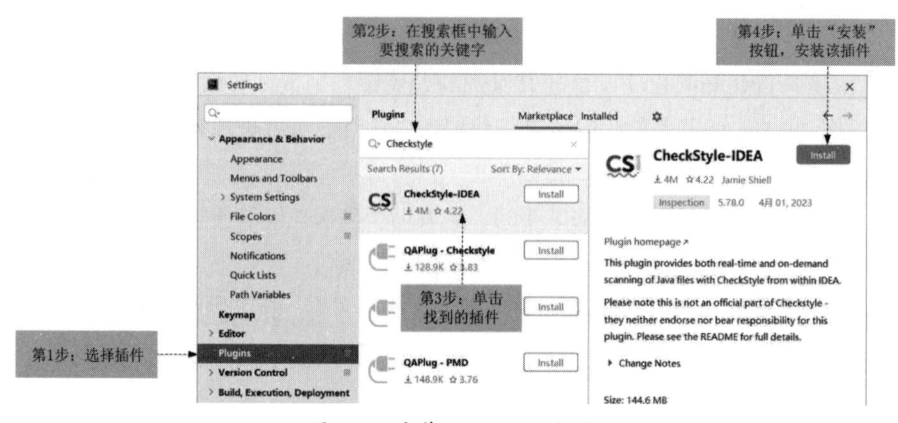

图 8-1 安装Checkstyle插件

安装插件完成后要重启工具，然后就可以使用了。

为测试Checkstyle工具，我们先准备一个糟糕的Java代码文件（BadCodeExample.java），代码的内容如下。

```
public class BadCodeExample {
    public static void main(String[] args) {
        int x = 10;
        System.out.println("x is: " + x);
        for (int i = 0; i < 5; i++) {
            if (i == 3) {
                continue;
            }
            System.out.println("i is: " + i);
        }

        String s1 = "Hello ";
        String s2 = "World!";
        String s3 = s1 + s2;
        System.out.println(s3);

        String s4 = new String("abc");
        String s5 = new String("abc");

        if (s4 == s5) {
            System.out.println("s4 and s5 are equal.");
        } else {
            System.out.println("s4 and s5 are not equal.");
        }

        boolean flag = true;
        if (flag == true) {
            System.out.println("flag is true.");
        }
    }
}
```

这段代码有很多问题，这里不再赘述，我们看看如何使用Checkstyle工具检查其中的问题。

首先启动IntelliJ IDEA，打开BadCodeExample.java文件，我们应该先把BadCodeExample.java文件放到一个项目中，打开文件后在代码窗口的右键菜单中选中“Check Current File”，开始检查当前的代码文件，检查结果如图8-2所示。在检查结果的输出窗口中，单击检查的结果项目则会定位到指定的代码，然后根据相应提示修改对应代码就可以了。

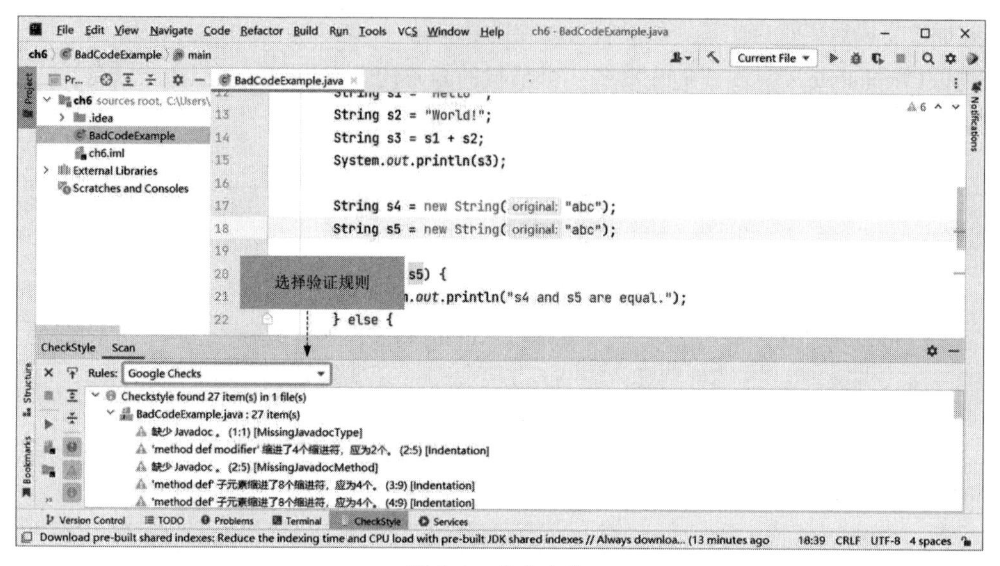

图 8-2　检查文件

在“Rules”选项中还可以选择验证规则，这里可以选择Googele或Sun，选择好之后再重新检查。

8.1.3 使用Java代码检查工具PMD

PMD也是一种静态代码分析工具，用于检查Java代码中的潜在问题。它可以帮助构架师找到一些常见的编码错误、性能问题和不良实践。

PMD使用规则集定义要检查的问题类型。这些规则包括代码复杂度、未使用的变量、重复的代码、空语句块、不安全的操作等等。PMD还提供一个可视化的报告，以便构架师识别和修复问题。

PMD可以作为独立的命令行工具使用，也可以与其他开发工具（如Eclipse、IntelliJ IDEA和Maven）集成使用。它非常易于使用，并且可以根据项目的需求进行自定义配置和扩展。

下面介绍如何在IntelliJ IDEA工具中安装PMD插件。安装插件步骤与Checkstyle工具类似，参考8.1.1小节打开插件对话框，按照图8-3所示安装PMD插件即可。

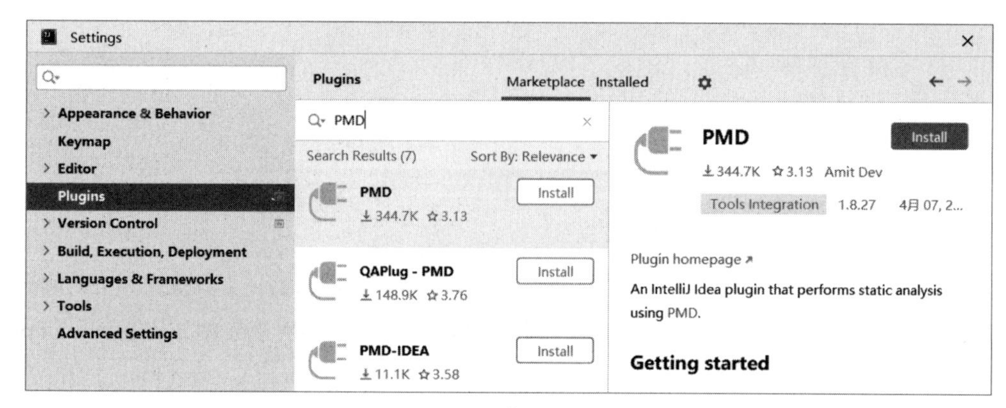

图 8-3　安装PMD插件

为了验证Java代码，我们需要准备一个描述验证规则文件pmd-ruleset.xml，读者可以参考如下代码编写和修改pmd-ruleset.xml文件。

```
<?xml version="1.0" encoding="UTF-8"?>
<ruleset name="My Java Rules"
         xmlns:xsi="http://www.w3.org/2001/XMLSchema-instance"
         xsi:noNamespaceSchemaLocation="https://pmd.sourceforge.io/ruleset_
xml_schema.xsd"
         xmlns="https://pmd.sourceforge.io/ruleset/2.0.0">

    <description>My custom rules for Java code</description>

     <rule name="UnusedLocalVariable"
           message="Avoid unused local variables or parameters."
           class="net.sourceforge.pmd.lang.java.rule.unusedcode.
UnusedLocalVariableRule">
        <description>
            Unused private fields, method parameters and local variables are
dead code.
        </description>
        <priority>3</priority>
        <example>
            <![CDATA[
                public class Test {
                    private int counter;
                    public void print() {
                        int x = 5;
                        System.out.println(x);
                    }
                }]]>
        </example>
    </rule>

    <rule name="UnusedMethod"
      message="Avoid unused methods."
      class="net.sourceforge.pmd.lang.java.rule.unusedcode.
UnusedPrivateMethodRule">
        <description>
            Unused private fields, method parameters and local variables are
dead code.
        </description>
```

```
            <priority>3</priority>
            <example>
                <![CDATA[
                    public class Test {
                        private int counter;
                        private void unusedMethod() {}
                        public void print() {
                            int x = 5;
                            System.out.println(x);
                        }
                    }]]>
            </example>
        </rule>

    </ruleset>
```

将该文件置于IntelliJ IDEA项目的根目录下，如图 8-4 所示。

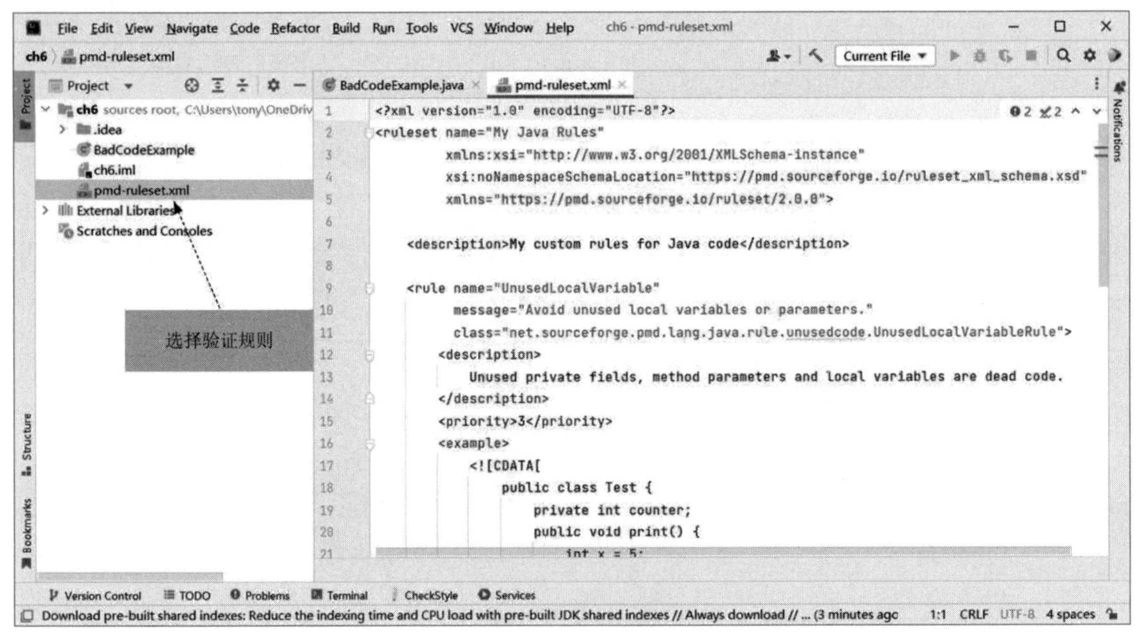

图 8-4　使用PMD

打开要检查的代码，在代码窗口的右键菜单中选中“Run PMD”→“Pre Defined”→“All”，则开始检查当前的代码文件，检查结果如图 8-5 所示。在检查结果的输出窗口中，单击检查的结果项目则会定位到指定的代码，然后根据相应提示修改对应代码就可以了。

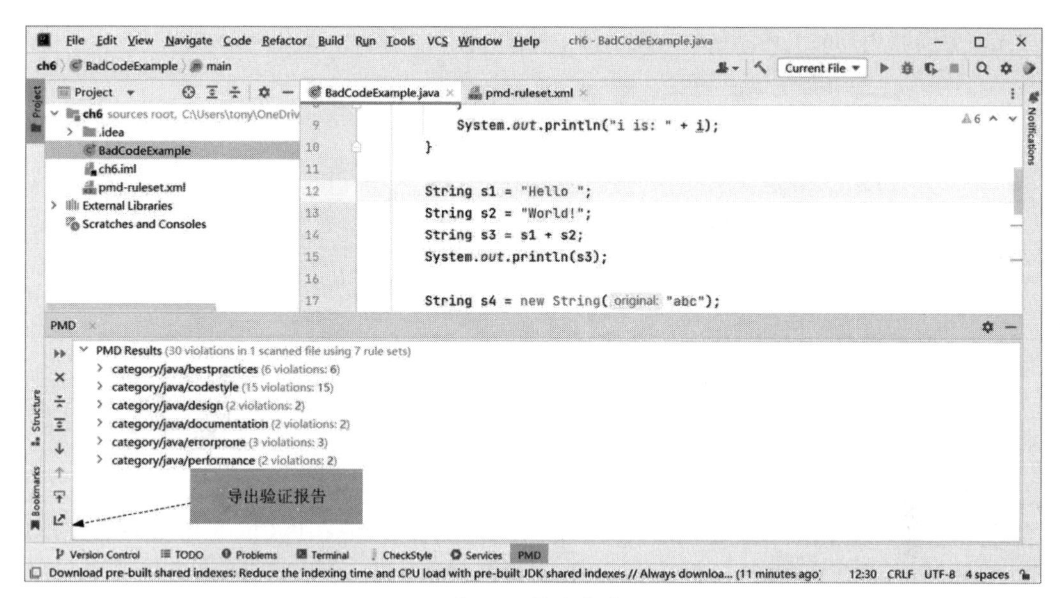

图 8-5 检查文件

如果还想将检查报告导出，可以单击图 8-5 所示的输出窗口左下角的导出按钮 ，此时会弹出如图 8-6 所示的对话框。

图 8-6 导出文件对话框

在弹出的对话框中，可以选择保存文件的路径，并进行文件命名，然后单击“Save”按钮即可保存报告文件。

有关检测报告的结果，这里就不再解释了。读者可以自己去查看，非常简单。

8.1.4 使用Python代码检查工具PyLint

前面介绍了有关Java的代码检测工具，现在介绍一下Python的代码检测工具PyLint。

首先需要安装PyLint工具，在命令提示符中使用pip指令安装，如图 8-7 所示。

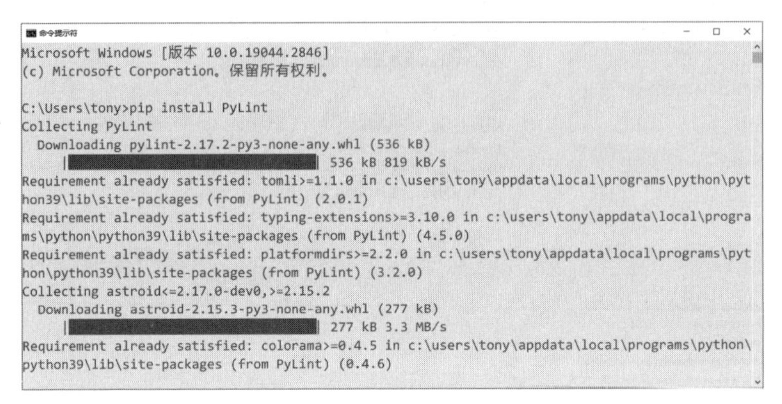

图 8-7　安装PyLint工具

为了在PyCharm（Python IDE工具）中使用PyLint工具，需要在PyCharm中安装插件PyLint。由于PyCharm和IntelliJ IDEA都是JetBrains公司开发的IDE工具，它们的操作界面非常类似，所以安装插件的过程也是非常类似的。如图 8-8 所示，在插件对话框中搜索PyLint插件，找到之后单击"Install"按钮安装插件。

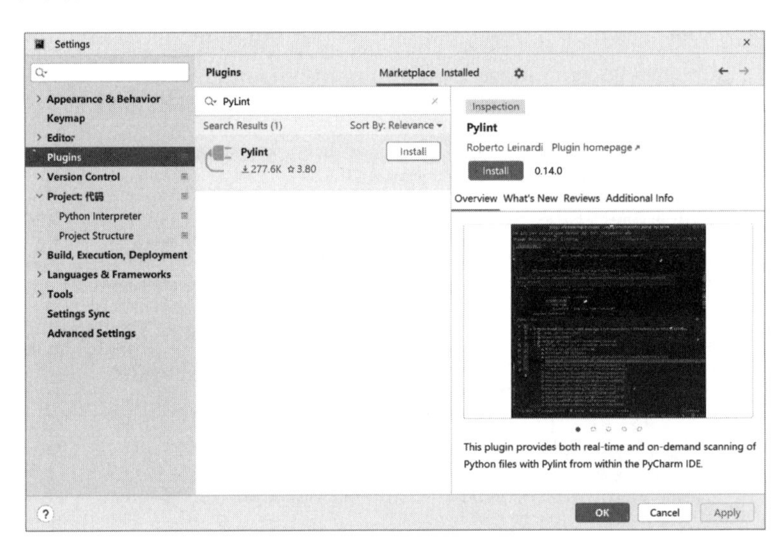

图 8-8　安装PyLint插件

安装完成后重启PyCharm就可以使用了。

为测试PyLint工具，我们先准备一个糟糕的Python代码文件（BadCodeExample.py），代码的内容如下。

```
def do_something():
    name = "John"    # 少了类型提示
    age = 30         # 变量命名不规范
```

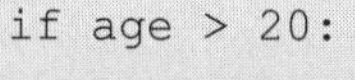

```
    if age > 20:
        print(f"{name} is older than 20.")
```

为了在PyCharm中检查代码，需要创建一个项目，把要检查的代码放到项目，然后打开BadCodeExample.py文件，在代码窗口的右键菜单中选中“Check Current File”，开始检查当前的代码文件，检查结果如图8-9所示。在检查结果的输出窗口中，单击检查的结果项目则会定位到指定的代码，然后根据相应提示修改对应代码就可以了。

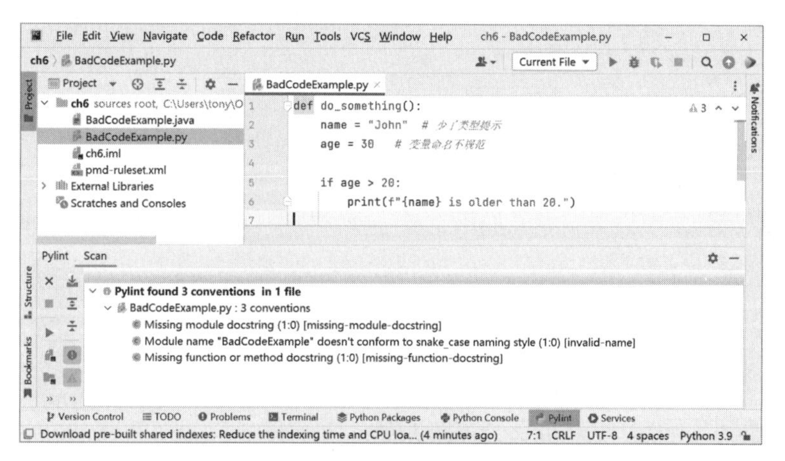

图8-9 检查文件

8.2 人工代码评审

人工代码评审是一种常见的代码评审方法，通过团队成员之间的交流和讨论，对代码进行详细的检查和审查。相比自动化工具的静态代码分析，人工代码评审更加灵活和综合，能够发现更多的潜在问题，并提供更具体的建议和改进方案。

以下是人工代码评审的一般步骤。

（1）确定评审的范围：确定要评审的代码模块、功能或变更的范围，并明确评审的目标和重点。

（2）选择评审人员：选择适当的评审人员，包括开发人员、架构师、质量保证人员等。评审人员应具备相关领域的技术知识和经验，能够全面地审查代码。

（3）评审准备：评审人员在评审前应该熟悉要评审的代码和相关文档，了解项目的需求和设计目标。

（4）代码审查：评审人员对代码进行仔细的审查，关注代码的结构、逻辑、可读性、性能等方面。他们可以使用代码编辑器、版本控制系统等工具来查看和分析代码。

（5）记录问题和建议：评审人员应记录发现的问题和建议，并对其进行分类和描述。问题可以包括错误、潜在的缺陷、安全漏洞、性能问题等。建议可以是代码重构、优化、命名规范等。

（6）评审讨论：评审人员与开发人员一起讨论评审结果，解释问题和建议，并进行技术交流。

这有助于团队之间的沟通和达成共识，同时也能够提供更好的解决方案。

（7）问题解决和改进：开发人员根据评审的问题和建议，对代码进行修改和改进。评审人员可以跟踪问题的解决情况，并提供必要的支持和指导。

假设我们有以下示例代码。

```
def calculate_discount(price, discount_rate):
    if price > 100:
        discount = price * discount_rate
        price = price - discount
    return price

def print_price(price):
    print("The price is:", price)

def main():
    price = 120
    discount_rate = 0.1
    final_price = calculate_discount(price, discount_rate)
    print_price(final_price)

main()
```

现在我们将对上述代码进行以下几个方面的人工评审。

（1）可读性和命名规范：建议使用更具描述性的函数和变量名称，例如calculate_discount可以改为apply_discount。建议在函数名和变量名之间使用下划线作为分隔符，以符合Python的命名约定。

（2）错误处理：代码中未处理输入参数错误的情况，例如当price为负数时。建议添加适当的输入验证和错误处理机制，以确保代码的健壮性。

（3）代码逻辑：在calculate_discount函数中，应该将discount和price的计算过程分开，以提高代码的可读性。建议使用更具描述性的变量名，例如将discount改为discount_amount。

（4）代码结构和模块化：虽然这是一个简单的示例，但建议将功能模块化，将计算折扣和打印价格的功能分开成为不同的函数，以提高代码的可维护性和扩展性。

（5）注释和文档：建议在函数和关键代码段添加适当的注释，以解释其功能和用途。

以上仅是一些可能的评审点和建议示例，具体的评审内容和建议取决于项目的需求和代码的复杂性。

通过这样的评审过程，我们可以发现潜在的问题并提供改进建议，从而提高代码的质量、可读性和可维护性。

8.3 本章总结

本章介绍了如何使用ChatGPT提高程序代码质量。重点包括静态代码分析工具和人工代码评审，ChatGPT用于解释工具结果和提供改进建议，以支持代码评审过程。

架构设计与敏捷开发实施

架构设计在敏捷开发中扮演着重要的角色，它对项目的成功和效率有着重要的影响。本章将探讨架构设计在敏捷开发实施中的关键概念和实践。

9.1 敏捷开发

敏捷开发（Agile Development）是一种迭代、增量的软件开发方法论，旨在通过灵活、协作的方式快速交付高质量的软件产品。敏捷开发强调以人为核心，通过持续的需求变更、团队协作和自我组织来应对不确定性和复杂性。

敏捷开发的核心原则包括以下几个。

（1）个体和交互优先于流程和工具：敏捷开发强调团队成员之间的交流、合作和反馈，更注重人与人之间的沟通和理解，而不仅仅依赖工具和流程。

（2）可工作的软件优先于详尽的文档：敏捷开发强调通过频繁交付可工作的软件来验证需求和解决方案，而不是过度依赖"繁文缛节"的文档编写。

（3）客户合作优先于合同谈判：敏捷开发强调与客户紧密合作，不仅仅是在项目开始时明确需求，而是通过持续的反馈和协作来满足客户需求。

（4）相应变化优先于遵循计划：敏捷开发承认需求的变化是不可避免的，强调快速响应变化与及时调整开发计划和优先级。

敏捷开发通常采用迭代开发的方式，将开发过程划分为一系列短期的迭代周期，每个迭代周期通常持续2到4周。在每个迭代周期内，团队通过与客户和利益相关者的紧密合作，明确需求，设计、编码、测试和交付可工作的软件。团队在每个迭代周期结束时进行回顾和反馈，根据反馈和经验教训调整下一个迭代的计划和优先级。

敏捷开发强调团队协作、快速迭代和持续改进，旨在通过频繁的交付、反馈和调整来提高开发效率和客户满意度。它适用于需求变化频繁、复杂度较高的项目，可以更快地响应市场变化和满足客户需求。

9.1.1 ChatGPT在敏捷开发中的应用

ChatGPT是一款基于机器学习的人工智能语言系统，它可以理解自然语言并进行自动生成。这为ChatGPT在敏捷开发中的应用提供可能与机遇，主要体现在以下几个方面。

（1）需求提炼与功能点分析。ChatGPT可以对用户反馈、需求描述进行自动分析，提取关键的功能需求点，辅助产品经理进行需求提炼与功能点设计。

（2）任务拆解与优化。ChatGPT可以根据需求或流程描述，自动生成清晰的任务拆解方案与优化建议，辅助团队进行任务分配与时间估算。

（3）产品原型设计。ChatGPT支持团队基于其协作功能，进行原型设计与讨论，可以快速完成产品设计与优化的初步工作。

（4）开发流程优化。ChatGPT可以根据团队的开发流程描述，自动生成流程优化方案，帮助团队提高开发效率与质量。

（5）代码审核与建议。ChatGPT具有自动分析代码并生成建议的功能，可以对开发人员编写的代码进行语法审核与优化建议。

综上，ChatGPT可以通过语言理解与自动生成功能在敏捷开发的各个环节提供有价值的辅助，实现需求分析、产品设计、任务管理与过程优化等，并提高团队协作效率，加快产品交付进度。这为敏捷开发团队提供了一个高效的AI助手工具。

9.1.2 案例1：使用ChatGPT辅助敏捷软件开发项目的任务拆解

下面通过一个具体的案例解释一下如何使用ChatGPT辅助敏捷软件开发项目的需求分析和任务拆解。

案例背景

某互联网教育公司产品中心产品经理小王负责一款面向中学生的学习管理App的产品设计与开发。公司需要在这个App上实现课程表管理、作业管理、成绩单管理和家长监控等功能，以便帮助中学生提高学习效率和培养良好的学习习惯。

小王的团队采用敏捷开发模式，要求高效、快速地将产品设计转化成可以上线使用的App。但是，由于功能多且复杂，在需求提炼、任务拆解与资源估算等方面容易出现问题，导致开发进度拖延与变更频繁，影响产品质量。

为此，小王决定引入ChatGPT这样的AI辅助工具，利用其在自然语言理解和自动生成方面的能力，来协助产品团队进行需求分析、任务拆解与开发优化等工作。希望可以提高团队工作效率，压缩产品交付时间，并确保高质量。

动手示例

小王向ChatGPT发送如下请求消息。

我们需要开发一款面向高中学生的学习管理移动应用。我们要实现如课程表管理、作业管理、成绩管理和家长监控等功能。请你帮忙对这个需求进行任务拆解，以便我们制订详细的开发计划。

ChatGPT的回答如下。

请将项目相关的需求文档、流程描述与界面原型等导入我的系统。我会自动分析这些资料，提取关键的功能需求与任务单元，并考虑开发优先级与资源限制因素给出规划优化建议。

小王向 ChatGPT 发送如下请求消息。

谢谢，我已经上传包括需求说明书、流程图与几个产品原型在内的项目资料，请分析与提出你的建议。

几分钟后……

ChatGPT 的回答如下。

好的，我对这款学习管理应用的需求进行任务拆解，如下：

1. 课程表管理

任务 1：设计课程信息管理界面

任务 2：实现课程表生成与展示

任务 3：设计课程变更与盘点功能

2. 作业管理

任务 4：设计学生作业列表展示界面

任务 5：实现新增作业、修改作业和删除作业功能

任务 6：设计作业截止时间提醒机制

3. 成绩管理

任务 7：设计成绩单界面与展示格式

任务 8：实现录入学生考试/考查成绩功能

任务 9：设计成绩统计与分析功能

4. 家长监控

任务 10：设计家长监控中心界面

任务 11：实现家长监控学生课表、作业和成绩功能

任务 12：设计家长-老师沟通机制

以上为学习管理应用的主要功能与任务拆解方案。

我考虑到功能优先级与资源要素，将任务 1-8 列为高优先级，任务 9-12 列为中优先级任务。开发团队可以根据实际情况进行具体规划与开发。

小王向 ChatGPT 发送如下请求消息。

功能点与任务的提取很全面清晰，优化建议也很到位，这将指导我们制订高质量的开发计划与进度管理方案。

9.2 好的架构设计带来敏捷开发

一个清晰合理的架构设计对实现敏捷开发至关重要。一个好的软件架构应该具备以下特点。

（1）模块化。一个好的架构应将系统划分为相对独立的模块，每个模块有明确的功能与职责，模块之间通过标准的接口进行交互与通信。这有利于分工协作，提高开发效率。

（2）可扩展性。软件架构应该易于扩展，能够在不影响原有系统的情况下进行模块的添加、删除与更换。这使产品功能可以随需求变化而不断丰富完善。

（3）低耦合。模块之间应尽量减少依赖与影响，当一个模块变更时对其他模块造成的影响应该最小化。这有利于控制变更引起的风险，降低维护成本。

（4）高内聚。架构中每个模块应专注于实现一个功能或一组相关功能，成员变量和方法尽量集中在一起。这使模块更容易理解与维护。

（5）可重用性。架构应考虑代码与组件的可重用性，避免重复开发。这可以缩短开发周期，提高产品质量。

一个合理的软件架构在提高开发效率、控制项目风险和缩短交付周期等方面起着关键作用。它为敏捷开发奠定基础，有助于团队快速响应变化、持续交付高质量产品。

9.2.1 使用ChatGPT辅助敏捷架构设计

ChatGPT作为一款人工智能语言系统，在软件架构设计方面具有较强的应用价值。它可以从以下几个方面辅助团队实现敏捷的架构设计。

（1）自动分析功能点与模块。ChatGPT可以理解产品需求与文档，自动提炼关键的功能点与模块，这可以为团队划分架构内各层与各元件提供参考。

（2）评估架构方案。团队可以提出不同的架构模式与具体方案，ChatGPT可以从耦合度、扩展性、可重用性和安全性等角度进行评估，给出优选意见。这有助于团队选择最优的架构方案。

（3）提出优化建议。ChatGPT可以根据架构模式与方案，从模块内设计、接口定义、业务逻辑等角度提出优化建议，这可以大大增强架构的合理性与高效性。

（4）检验具体实现。在具体实现阶段，ChatGPT可以检验每个模块的设计、每个接口的定义等是否符合最优的架构方案，并及时提出修正意见。这可以确保产品的高质量实现。

（5）总结经验。在不同项目的架构设计中，ChatGPT可以不断学习与总结，产生经验知识，这为后续项目的架构设计提供借鉴，有助于团队不断提高设计水平。通过ChatGPT的有效辅助，产品团队可以实现快速的架构设计与评估，实现高质量的架构，不断丰富架构设计经验。这使团队能够高效应对变化，实现敏捷开发的目标。

9.2.2 案例2：使用ChatGPT辅助设计电子商务平台敏捷架构

下面通过一个具体的案例解释一下如何使用ChatGPT辅助设计电子商务平台敏捷架构。

案例背景

电子商务平台是一个在线购物平台，提供商品展示、购买、支付和物流配送等功能。团队希望开发一个高效、可扩展和易维护的架构支持平台的运行和业务需求。他们意识到好的架构设计对于实现敏捷开发和满足不断变化的需求至关重要。因此，他们决定借助ChatGPT辅助敏捷架构设计，以确保最佳的架构方案被采用。

团队成员与ChatGPT进行对话，并提供电子商务平台的需求和对现有架构方案的描述。通过与ChatGPT的交互，团队能够获得架构方案的评估和优化建议。ChatGPT根据评估标准，如耦合度、扩展性、可重用性和安全性等，对不同方案进行分析，并提供具体的优缺点评价。这使团队能够更好地理解各个方案的特点，并做出明智的决策。

通过ChatGPT的辅助，团队能够在架构设计阶段获得专业的建议和意见，避免可能出现的设计漏洞或不合理的方案。这有助于团队在早期阶段就确定最优的架构方向，减少后续的重构和调整工作。同时，ChatGPT还能帮助团队发现架构中的潜在问题并提出改进措施，提高架构的可靠性和综合性能。

总而言之，利用ChatGPT辅助敏捷架构设计，团队能够更快速、准确地评估不同架构方案，并选择最适合项目需求和团队能力的方案。这有助于实现敏捷开发的目标，提高开发效率和产品质量，以适应不断变化的市场需求。

动手示例

团队成员向ChatGPT发送如下请求消息。

我们正在设计电子商务平台的架构，希望能够快速评估我们的方案。

ChatGPT的回答如下。

我可以帮助你评估架构方案，请提供具体的方案描述。

团队成员向ChatGPT发送如下请求消息。

我们考虑了两种架构方案，希望得到你的评估。

方案A:

- 描述: 方案A采用微服务架构，将电子商务平台拆分为多个服务，例如用户服务、商品服务、订单服务等，每个服务独立开发、部署和扩展。
- 优点: 方案A具有高度的扩展性和可重用性，每个服务可以独立进行开发、测试和部署，团队成员之间的协作更加灵活。
- 缺点: 方案A可能引入一定的运维复杂性，需要维护多个服务之间的通信和数据一致性。

方案B:

- 描述：方案B采用单体架构，将所有功能模块集中在一个应用程序中，例如使用Monolithic架构开发整个电子商务平台。
- 优点：方案B相对简单，维护和部署都较为方便，适用于小规模的项目或刚开始的阶段。
- 缺点：方案B的可扩展性和可重用性较差，当系统规模扩大或需求变更时，可能需要大规模的修改和重构。

ChatGPT的回答如下。

根据评估标准，方案A在扩展性和可重用性方面表现较好，特别适合需要快速迭代和灵活性的项目。方案B在简单性和维护成本方面有一定优势，适用于小规模项目。根据您的需求和团队的技术能力，您可以选择最适合的架构方案。

9.3 本章总结

本章介绍了ChatGPT在敏捷开发和架构设计中的应用。ChatGPT可以用于任务拆解、需求分析，以及架构设计决策的解释和建议。通过与开发团队的交互，它提高了团队的协作和工作效率，支持敏捷开发实施。

使用 ChatGPT 辅助编写可测试性代码

可测试性代码是指易于进行测试的代码，它具有清晰的结构、低耦合度和高内聚性，使测试可以独立、可重复和自动化地执行。与可测试性代码密切相关的是架构设计，因为架构决策直接影响代码的可测试性。在设计系统架构时，考虑可测试性是至关重要的。

代码测试的种类有很多，主要包括如下两种。

（1）功能测试目的是确保软件满足其预期的需求，并且按照设计正确地运行。这种测试涉及对软件每个特性或功能的验证，以确保软件的执行符合预期并产生正确的输出。

（2）性能测试，旨在评估系统处理大量工作负荷的能力，并在各种条件下维持其性能表现。其中包括测量软件的响应时间、吞吐量、可扩展性和稳定性，以测试其在不同压力和负载水平下的表现。

10.1 使用ChatGPT辅助进行功能测试

功能测试的目的是确保软件满足其预期的需求，并且按照设计正确地运行，因此需要单元测试（Unit Testing）。

10.1.1 单元测试与测试用例

单元测试是针对程序中最小可测试单元（例如函数、类或模块）的测试方法。作为程序员，我们对代码进行测试属于单元测试的范畴。单元测试对于高质量、健壮的软件开发来说非常重要。

为了实施单元测试，我们需要根据系统需求设计测试用例（test case）。

测试用例是对验证软件功能是否符合需求的一组输入、预期结果和测试步骤的描述。它是进行软件测试的基本单元，也是测试人员设计测试方案和执行测试的依据。

10.1.2 案例1：使用ChatGPT辅助生成设计测试用例

下面通过一个案例介绍一下如何使用ChatGPT辅助生成设计测试用例。

案例背景

Tom的团队正在开发一个名为ShoppingCart的购物车系统，需要编写测试用例来验证其功能和正确性。他们希望利用ChatGPT辅助生成设计测试用例。

动手示例

Tom向ChatGPT发送如下请求消息。

我需要为ShoppingCart系统编写一些测试用例来验证其功能。可以请你提供一些测试用例的设计建议吗?

ChatGPT的回答如下。

当然可以！请问你希望测试哪些方面的功能？

Tom向ChatGPT发送如下请求消息。

我希望测试添加商品到购物车、移除购物车中的商品、计算购物车总价等功能。

ChatGPT的回答如下。

好的，我可以为每个功能提供几个基本的测试用例。首先，对于添加商品到购物车的功能，你可以考虑以下测试用例：

添加单个商品到购物车，并验证购物车中是否存在该商品。

添加多个不同商品到购物车，然后验证购物车中是否包含这些商品。

添加重复商品到购物车，确保购物车中只包含一份该商品。

Tom向ChatGPT发送如下请求消息。

这些测试用例听起来不错。接下来，移除购物车中的商品的测试用例有哪些建议？

ChatGPT的回答如下。

对于移除购物车中的商品的功能，可以考虑以下测试用例：

移除购物车中的单个商品，并验证购物车中是否不再包含该商品。

移除购物车中不存在的商品，确保购物车内容不变。

连续多次移除同一商品，验证购物车中是否只有一份该商品。

Tom向ChatGPT发送如下请求消息。

这些测试用例覆盖了常见的情况，很有帮助。还有计算购物车总价的测试用例吗？

ChatGPT的回答如下。

当然！计算购物车总价的测试用例可以包括：

购物车为空时，总价应为零。

购物车中只有一个商品时，总价应为该商品的价格。

购物车中有多个商品时，总价应为所有商品价格的总和。

通过与ChatGPT的交互，Tom可以获取关于测试用例设计的建议和指导。ChatGPT可以提供针对不同功能的测试用例的建议，帮助Tom设计全面和有效的测试套件。这样可以确保代码的可测试性和功能的正确性。

另外，为了便于查看内容，可以让ChatGPT归纳并生成电子表格。

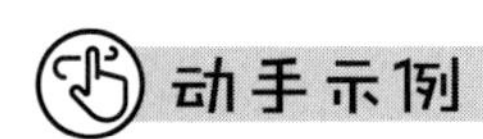

Tom向ChatGPT发送如下请求消息。

帮我返回Markdown表格代码。

ChatGPT的回答如下。

```
| 测试用例 | 描述 | 预期结果 |
|----------|------|----------|
| 添加单个商品到购物车 | 将一个商品添加到购物车中 | 购物车中应包含添加的商品 |
| 添加多个商品到购物车 | 将多个商品添加到购物车中 | 购物车中应包含添加的所有商品 |
| 添加相同的商品多次到购物车 | 多次添加相同的商品到购物车中 | 购物车中应包含正确数量的商品 |
| 从购物车中移除单个商品 | 从购物车中移除一个商品 | 购物车中应不再包含被移除的商品 |
| 从购物车中移除不存在的商品 | 从购物车中移除一个不存在的商品 | 购物车不应受影响，仍然包含原有商品 |
| 从购物车中移除多个商品 | 从购物车中移除多个商品 | 购物车中应不再包含被移除的所有商品 |
| 购物车中只有一个商品 | 购物车中只有一个商品 | 计算总价应为该商品的价格 |
| 购物车中有多个商品 | 购物车中有多个商品 | 计算总价应为所有商品价格之和 |
| 购物车中有相同的商品多个 | 购物车中有相同的商品多个 | 计算总价应为单个商品价格乘以数量 |
| 空购物车的总价应为 0 | 购物车为空时计算总价 | 总价应为 0 |
| 空购物车移除商品时不应引发异常 | 从空购物车中移除商品 | 不应引发异常 |
| 商品的价格为 0 | 商品的价格为 0 | 计算总价应为 0 |
| 商品的价格为负数 | 商品的价格为负数 | 计算总价应为负数 |
| 购物车中商品数量超过上限 | 购物车中的商品数量超过设定上限 | 超过上限的商品不应被添加到购物车 |
| 添加空商品到购物车是否引发异常 | 尝试添加空商品到购物车中 | 应引发异常 |
| 移除不存在的商品是否引发异常 | 尝试从购物车中移除一个不存在的商品 | 应引发异常 |
```

复制上述Markdown代码并码保存为Markdown文件，然后预览结果，效果如图 10-1 所示。

测试用例	描述	预期结果
添加单个商品到购物车	将一个商品添加到购物车中	购物车中应包含添加的商品
添加多个商品到购物车	将多个商品添加到购物车中	购物车中应包含添加的所有商品
添加相同的商品多次到购物车	多次添加相同的商品到购物车中	购物车中应包含正确数量的商品
从购物车中移除单个商品	从购物车中移除一个商品	购物车中应不再包含被移除的商品
从购物车中移除不存在的商品	从购物车中移除一个不存在的商品	购物车不应受影响，仍然包含原有商品
从购物车中移除多个商品	从购物车中移除多个商品	购物车中应不再包含被移除的所有商品
购物车中只有一个商品	购物车中只有一个商品	计算总价应为该商品的价格
购物车中有多个商品	购物车中有多个商品	计算总价应为所有商品价格之和
购物车中有相同的商品多个	购物车中有相同的商品多个	计算总价应为单个商品价格乘以数量
空购物车的总价应为0	购物车为空时计算总价	总价应为0
空购物车移除商品时不应引发异常	从空购物车中移除商品	不应引发异常
商品的价格为0	商品的价格为0	计算总价应为0
商品的价格为负数	商品的价格为负数	计算总价应为负数
购物车中商品数量超过上限	购物车中的商品数量超过设定上限	超过上限的商品不应被添加到购物车
添加空商品到购物车是否引发异常	尝试添加空商品到购物车中	应引发异常
移除不存在的商品是否引发异常	尝试从购物车中移除一个不存在的商品	应引发异常

图 10-1　测试用例

10.1.3 案例2：使用ChatGPT辅助生成测试代码

ChatGPT可以辅助生成测试骨架代码，但是具体细节还需要开发人员来实现。我们可以提供对测试用例的描述，然后让ChatGPT帮我们生成骨架代码。

在编写测试用例代码时，选择适合的测试框架是非常重要的。测试框架可以提供测试用例管理、断言（assertion）、测试运行和报告等功能，使测试代码编写更加高效和可靠。下面是一些常见的测试框架，可以根据项目需求和编程语言选择适合的框架。

（1）JUnit：JUnit是Java语言中最常用的测试框架，用于编写单元测试。它提供丰富的断言方法和测试运行器，支持组织测试用例、运行测试、生成测试报告等功能。

（2）NUnit：NUnit是.NET平台的测试框架，与JUnit类似，用于编写单元测试。它提供丰富的断言方法和测试运行器，并支持参数化测试和数据驱动测试。

（3）pytest：pytest是Python语言中的一个灵活且功能强大的测试框架。它支持自动发现测试用例、丰富的断言方法、测试标记和插件机制，使编写和运行测试代码更加简单和灵活。

（4）Jasmine：Jasmine是JavaScript语言中一种流行的行为驱动开发（BDD）风格的测试框架。它提供清晰的语法和丰富的断言方法，支持编写易读易维护的测试用例。

选择适合的测试框架时，可以考虑以下因素。

（1）项目语言和技术栈：选择与项目开发语言和技术栈相匹配的测试框架，以确保框架的兼容性和支持度。

（2）框架功能和特性：评估框架提供的功能和特性是否满足项目的需求，例如断言方法的丰富性、测试运行器的灵活性、报告生成等。

（3）社区支持和活跃度：选择有活跃社区支持的测试框架，可以获取更多的资源和帮助，以及及时的框架更新和修复。

（4）团队经验和偏好：考虑团队成员对于某些测试框架的熟悉程度和偏好，选择大家都能够快速上手和使用的框架。

Tom团队采用Java语言完成了购物车（ShoppingCart）类的代码编写具体如下。

```
import java.util.ArrayList;import java.util.List;
public class ShoppingCart {
    private List<Item> items;

    public ShoppingCart() {
        items = new ArrayList<>();
    }

    public void addItem(Item item) {
        items.add(item);
    }

    public void removeItem(Item item) {
        items.remove(item);
    }

    public double calculateTotalPrice() {
        double total = 0;
        for (Item item : items) {
            total += item.getPrice();
        }
        return total;
    }
}
class Item {
    private String name;
    private double price;

    public Item(String name, double price) {
```

```
        this.name = name;
        this.price = price;
    }

    public double getPrice() {
        return price;
    }
}
```

动手示例

由于ShoppingCart采用Java语言编写，所以Tom团队采用JUnit框架编写单元测试代码。

Tom向ChatGPT发送如下请求消息。

有如下ShoppingCart类，帮我编写基于JUnit框架的测试代码。

```
import java.util.ArrayList;
import java.util.List;

public class ShoppingCart {
    public List<Item> items;

    public ShoppingCart() {
        items = new ArrayList<>();
    }

    public void addItem(Item item) {
        items.add(item);
    }

    public void removeItem(Item item) {
        items.remove(item);
    }

    public double calculateTotalPrice() {
        double total = 0;
        for (Item item : items) {
            total += item.getPrice();
        }
        return total;
```

```
    }
}

class Item {
    private String name;
    private double price;

    public Item(String name, double price) {
        this.name = name;
        this.price = price;
    }

    public double getPrice() {
        return price;
    }
}
```

ChatGPT的回答如下。

有如下ShoppingCart类，帮我编写基于JUnit框架的测试代码。

```
import org.junit.jupiter.api.Test;

import static org.junit.jupiter.api.Assertions.assertEquals;

public class ShoppingCartTest {

    @Test
    public void testAddItem() {
        ShoppingCart cart = new ShoppingCart();
        Item item = new Item("Apple", 10.0);
        cart.addItem(item);
        assertEquals(1, cart.items.size());
    }

    @Test
    public void testRemoveItem() {
        ShoppingCart cart = new ShoppingCart();
        Item item = new Item("Apple", 10.0);
        cart.addItem(item);
```

```
        cart.removeItem(item);
        assertEquals(0, cart.items.size());
    }

    @Test
    public void testCalculateTotalPrice() {
        ShoppingCart cart = new ShoppingCart();
        cart.addItem(new Item("Apple", 10.0));
        cart.addItem(new Item("Orange", 20.0));
        assertEquals(30.0, cart.calculateTotalPrice(), 0.01);
    }

    @Test
    public void testCalculateTotalPriceWithEmptyCart() {
        ShoppingCart cart = new ShoppingCart();
        assertEquals(0.0, cart.calculateTotalPrice(), 0.01);
    }
}
```

上述测试代码包含以下测试用例。

（1）testAddItem：测试 addItem 方法，添加一件商品后，确认购物车大小变为“1”。

（2）testRemoveItem：测试 removeItem 方法，添加一件商品，然后移除，确认购物车变为空。

（3）testCalculateTotalPrice：测试 calculateTotalPrice 方法，添加两件商品，确认总价计算正确。

（4）testCalculateTotalPriceWithEmptyCart：测试空购物车的总价计算，确认结果为“0”。

这些测试用例覆盖了 ShoppingCart 类的主要方法，可以有效验证其正确性与可靠性。后续可以继续添加更多测试用例，提高测试覆盖率。

测试代码采用 JUnit 单元测试框架，通过 @Test 注解标注测试方法，并使用 Assert 断言进行结果验证。这是 Java 中最流行的单元测试手段之一。

上述代码只是测试骨架代码，开发人员还要根据自己的实际代码情况再次编写测试代码。

10.2 测试驱动开发

10.1 节展示了测试的实施过程，步骤如下。

编写目标程序→设计测试用例→写测试程序→测试运行。

下面讲解测试驱动开发的实施过程，步骤如下。

编写目标程序→设计测试用例→写测试程序→测试运行→重构优化。

那么什么是测试驱动开发呢？

测试驱动开发（Test-Driven Development，TDD）是一种较为严格的软件开发方法，其核心思想是在编写代码之前先编写测试用例，并确保这些测试用例覆盖所有的功能需求和场景。虽然测试驱动开发能够提高软件质量和可维护性，但需要团队成员具备较高的技术水平并严格执行纪律，因此可能会有一定的困难。

TDD（测试驱动开发）主要意义体现在以下几个方面。

（1）提高软件质量：TDD通过先写测试再写代码的方式，可以有效地推动需求分析，编写高质量的代码，减少Bug。这可以明显提高软件的质量与稳定性。

（2）促进重构：TDD的Red（失败）-Green（成功）-Refactor（重构）循环可以推动持续的代码重构与优化。这使代码保持简洁清晰的状态，有利于后续功能的扩展。

（3）协助设计：TDD通过“测试先行”的方式推动软件设计。在编写测试的过程中不断澄清需求，推敲接口设计，这可以产生更加简洁高效的软件设计方案。

（4）确认需求：TDD通过编写测试用例的方式推动对需求的全面理解与确认。这可以在编码之前消除许多需求误解或遗漏，避免后续的重大修改。

（5）提高产能：TDD可以显著提高开发产能。一方面，简洁高效的设计可以减少代码量；另一方面，先写测试再写代码可以减少Debug时间，提高整体开发效率。

（6）促进团队协作：TDD可以为多个开发人员提供一个共同的分析、设计和编码框架。这有助于团队在各个迭代中保持统一的理解与设计水平，促进协同开发。

（7）驱动变更：TDD通过测试可以有效地驱动需求变更的管理与实施。新增需求可以通过新增测试实现，这可以控制变更的范围和影响。

综上所述，测试驱动开发的主要意义在于：可以显著提高软件质量与开发效率，有效支持软件设计与需求确认，促进代码重构与团队协作，并可以驱动软件演化。它前期需要投入较多时间编写测试，但是可以减少后续的Debug时间和重大修改，具有较高的生命周期成本效益。

10.2.1 使用ChatGPT辅助实施测试驱动开发

ChatGPT可以在多个方面辅助程序员实施TDD，但建议主要从如下两个方面入手。

1. 快速生成测试用例

ChatGPT可以根据功能需求、输入条件和预期结果自动生成相关的测试用例。这可以大大减少程序员编写测试用例的工作量，提高测试用例的覆盖度。

2. 撰写简单实现代码

ChatGPT也具备一定的编码能力，可以根据测试用例快速生成满足测试要求的简单实现代码。程序员只需重构和完善该代码就可以快速启动开发。

我们之前已经介绍了这两个方面的工作，因此不再赘述。单元测试有效实施的关键在人，而ChatGPT只是一个辅助工具。

10.2.2 案例3：实施测试驱动开发计算器

前面介绍了很多理论，下面我们通过一个示例介绍一下如何实施测试驱动开发。

动手示例

这里是一个测试驱动开发的小案例，首先编写测试用例，这里我们设计一个计算器类（Java语言实现）的测试用例，代码如下。

```
public class CalculatorTest {
    @Test
    public void testAdd() {
        Calculator calculator = new Calculator();
        int result = calculator.add(1, 2);
        assertEquals(3, result);
    }
}
```

在IntelliJ IDEA中运行测试程序，显示测试失败，因为Calculator类还不存在，如图 10-2 所示。

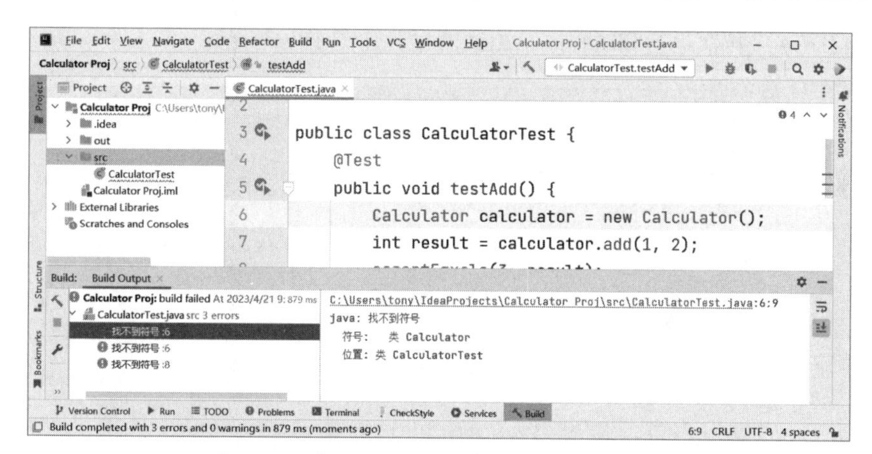

图 10-2　在IntelliJ IDEA中运行测试程序（1）

编写Calculator类，代码如下。

```
public class Calculator {
    public int add(int a, int b) {
        return 0;
    }
}
```

在IntelliJ IDEA中再次运行测试程序，仍显示测试失败，因为add()方法返回值不正确，如图 10-3 所示。

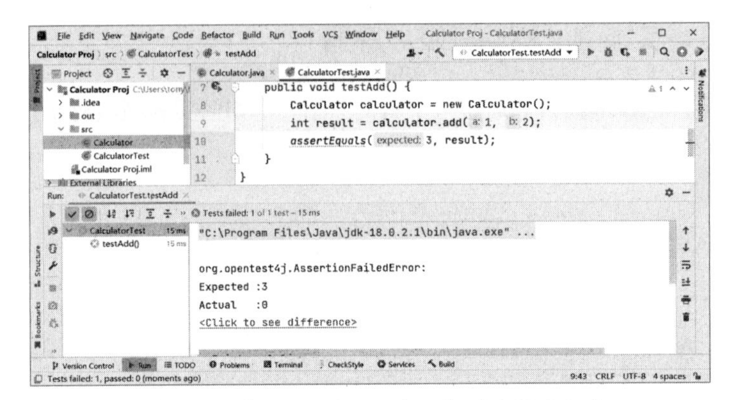

图 10-3 在 IntelliJ IDEA 中运行测试程序（2）

修改相应代码，具体如下。

```
public class Calculator {
    public int add(int a, int b) {
        return a + b;
    }
}
```

在IntelliJ IDEA中再次运行测试程序，测试通过，如图 10-4 所示。

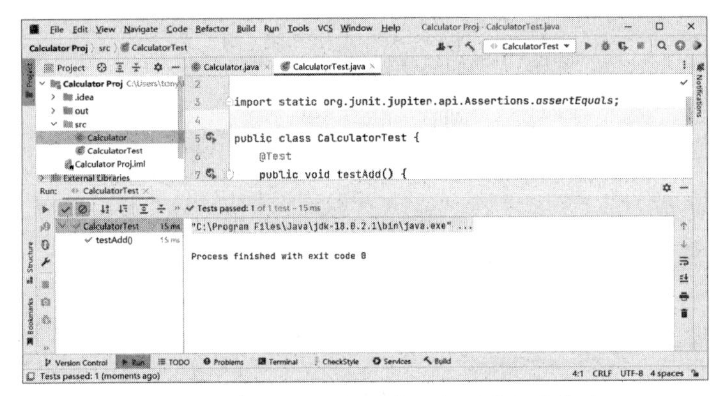

图 10-4 在 IntelliJ IDEA 中运行测试程序（3）

编写新的测试用例，代码如下。

```
public class CalculatorTest {
    @Test
    public void testAdd() {
        // ...
    }

    @Test
    public void testSubtract() {
```

```
        Calculator calculator = new Calculator();
        int result = calculator.subtract(2, 1);
        assertEquals(1, result);
    }
}
```

在 IntelliJ IDEA 中运行测试程序，显示 testSubtract()测试失败，如图 10-5 所示。

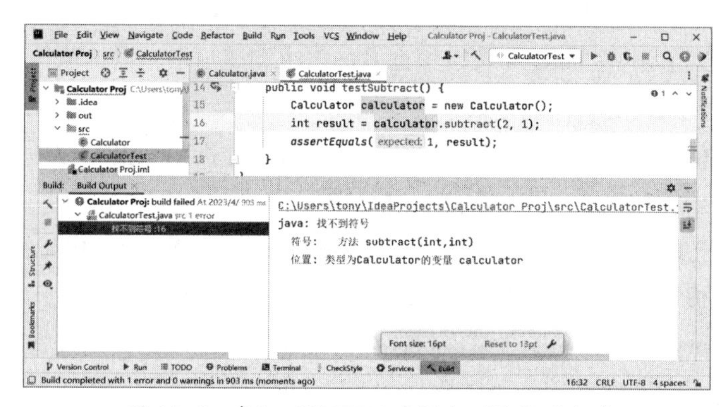

图 10-5　在 IntelliJ IDEA 中运行测试程序（4）

修改 Calculator 类，代码如下。

```
public class Calculator {
    public int add(int a, int b) {
        return a + b;
    }

    public int subtract(int a, int b) {
        return a - b;
    }
}
```

再次运行测试程序，全部测试通过！如图 10-6 所示。

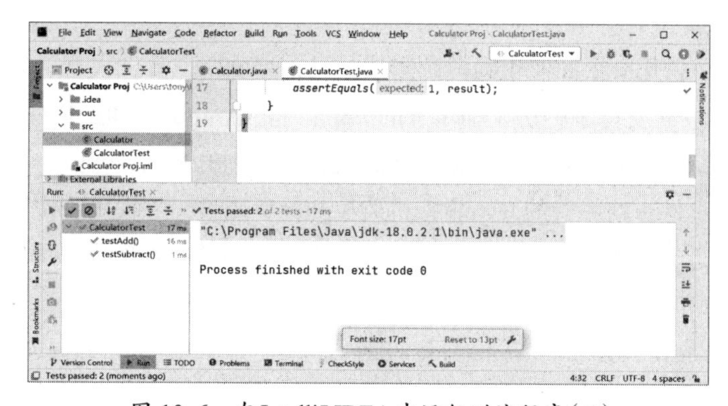

图 10-6　在 IntelliJ IDEA 中运行测试程序（5）

通过不断编写测试用例→运行测试→修改代码的迭代过程，最终达到全部测试通过的目标，这就是一个简单的测试驱动开发案例。这种开发方式可以有效地推动软件的开发进度和提高代码质量。

10.3 使用ChatGPT辅助进行性能测试

ChatGPT可以在多个方面辅助程序员进行性能测试，具体如下。

（1）生成性能测试用例。ChatGPT可以根据系统需求和瓶颈点，设计覆盖关键场景的性能测试用例。这可以帮助测试人员更全面地评估系统性能。

（2）提出性能优化建议。在测试过程中，ChatGPT可以分析测试报告和性能数据，找到系统的性能瓶颈所在，并提出优化建议，指导程序员进行优化。

（3）监控和报告性能指标。ChatGPT可以实时跟踪关键性能指标如CPU、内存使用率、响应时间、吞吐量等，并生成相应报告，方便测试人员监控和分析系统性能。

（4）比较多套测试数据。ChatGPT可以保存多次性能测试的数据，并进行对比和分析，找出系统性能变化的趋势和关键影响因素。这有助于测试人员更深入地理解和优化系统。

（5）提供性能测试相关知识。ChatGPT熟知各种性能测试工具、框架和技术，可以推荐给程序员并提供相关使用说明和最佳实践。这可以帮助测试人员选择更合适的工具和技术，设计出更高质量的测试方案。

10.3.1 使用测试工具

在性能测试方面有很多工具可以选择，常用的性能测试工具有以下几种。

（1）Apache JMeter：它是一款开源的负载测试工具，主要用于Web应用程序的性能测试。它可以模拟多种网络协议和场景，支持多线程、分布式测试等功能，并提供丰富的图表和报告，方便用户进行结果分析。

（2）Gatling：它是一款基于Scala语言开发的高性能负载测试工具，也适用于Web应用程序的性能测试。它采用异步、事件驱动和非阻塞I/O等技术，具有出色的并发性能和吞吐量，并支持多种协议和场景的测试。

（3）LoadRunner：它是一款商业化的负载测试工具，主要用于测试大型、复杂的Web应用程序和企业级系统的性能。它支持多种协议和场景的测试，包括Web、移动、Java、SAP等，并提供丰富的监控和分析功能，使用户能够深入了解产生系统性能瓶颈的原因。

（4）VisualVM：它是一款免费的Java虚拟机监控和分析工具，可被用于实时监测Java应用程序的内存、CPU、线程等运行状态，并提供相关的分析工具和插件，帮助用户诊断和优化程序的性能问题。

（5）JMH：JMH（Java Microbenchmarking Harness）是一款专门用于Java微基准测试[①]的工具，

---

① 微基准测试（Microbenchmarking）指的是对程序中小段代码或单个方法的性能进行精细化测试的过程，通

提供一系列的API和注解，方便用户编写和运行性能测试，并支持多线程、热点代码识别、预热等功能，可以帮助开发人员更好地评估代码修改对程序性能的影响。

ChatGPT在使用这些工具时都可以提供一定的辅助，下面我们就重点介绍使用ChatGPT辅助进行微基准测试。

10.3.2 案例4：使用ChatGPT辅助进行微基准测试

为了测试程序代码的性能，我们可以使用微基准测试工具来进行精细化的性能测试。以ChatGPT为辅助工具，我们可以更好地编写、运行和分析微基准测试，提高测试效率和准确性。具体而言，ChatGPT可以帮助我们生成与执行测试用例，并协助分析测试报告，以便更好地理解程序性能瓶颈产生的原因，并处理定位问题。

当程序代码是Java代码时，笔者推荐使用JMH进行测试。

1. JMH 安装和创建项目

如果使用IntelliJ IDEA工具，那么在创建项目时要选择Maven支持，如图 10-7 所示。

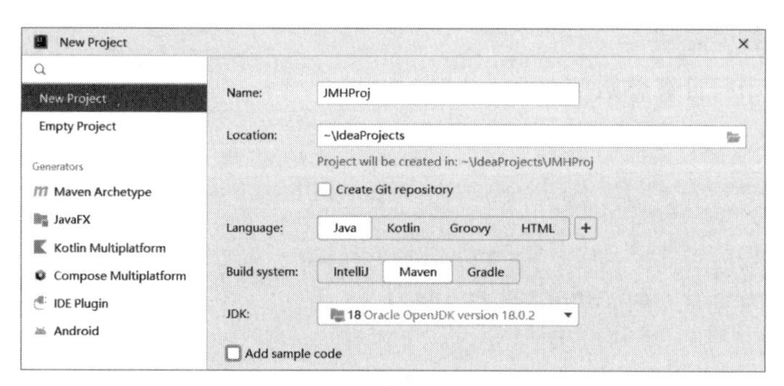

图 10-7　在IntelliJ IDEA中创建项目

创建一个Java项目或打开现有的Java项目。在项目的“pom.xml”文件中添加JMH依赖项，代码如下。

```
<dependencies>
    <!-- JMH -->
    <dependency>
        <groupId>org.openjdk.jmh</groupId>
        <artifactId>jmh-core</artifactId>
        <version>1.32</version>
    </dependency>
    <dependency>
        <groupId>org.openjdk.jmh</groupId>
        <artifactId>jmh-generator-annprocess</artifactId>
```

常用于评估代码修改或优化对程序性能的影响。微基准测试需要考虑多种因素，例如垃圾回收、JIT编译器、CPU缓存等，以保证测试结果的准确性和可重复性。

```
        <version>1.32</version>
        <scope>provided</scope>
    </dependency>
</dependencies>
```

在测试类上添加JMH注解（例如@Benchmark和@State）以定义基准测试方法和测试状态，代码如下。

```
    @State(Scope.Thread)
    public class MyBenchmark {
        @Benchmark
        public void myTest() {
            // Test code here
        }
    }
```

项目创建好之后，我们就可以编写测试类了。假设我们要比较如下两个求和方法的性能差异。

（1）sum计算整数值总和。

（2）sumParallel串行计算整数值总和。

参考代码如下。

```
package com.example;

import org.openjdk.jmh.annotations.*;

import java.util.concurrent.TimeUnit;
import java.util.concurrent.atomic.AtomicInteger;
import java.util.stream.IntStream;

@BenchmarkMode(Mode.Throughput)
@Warmup(iterations = 3)
@Measurement(iterations = 5)
@Fork(1)
@OutputTimeUnit(TimeUnit.SECONDS)
public class SumBenchmark {
    @Benchmark
    public int sum() {
        int sum = 0;
        for (int i = 0; i < 10; i++) {
            sum += i;
        }
        return sum;
```

```
        }

        @Benchmark
        public int sumParallel() {
            AtomicInteger sum = new AtomicInteger();
            IntStream.range(0,10).parallel().forEach(i -> sum.addAndGet(i));
            return sum.get();
        }
    }
```

上述代码会测试 sum() 和 sumParallel() 两个方法的吞吐量，每次测试前会进行 3 轮热身，然后正式测试 5 轮，测试结果的时间单位为秒。

JMH 可以测试很多 Java 性能指标，如吞吐量、执行时间、CPU 和内存使用情况等。

2. 运行测试程序

如果在 IntelliJ IDEA 工具运行基准测试，笔者推荐安装 IntelliJ IDEA 插件，按照图 10-8 所示的步骤，搜索并安装 JMH 插件。

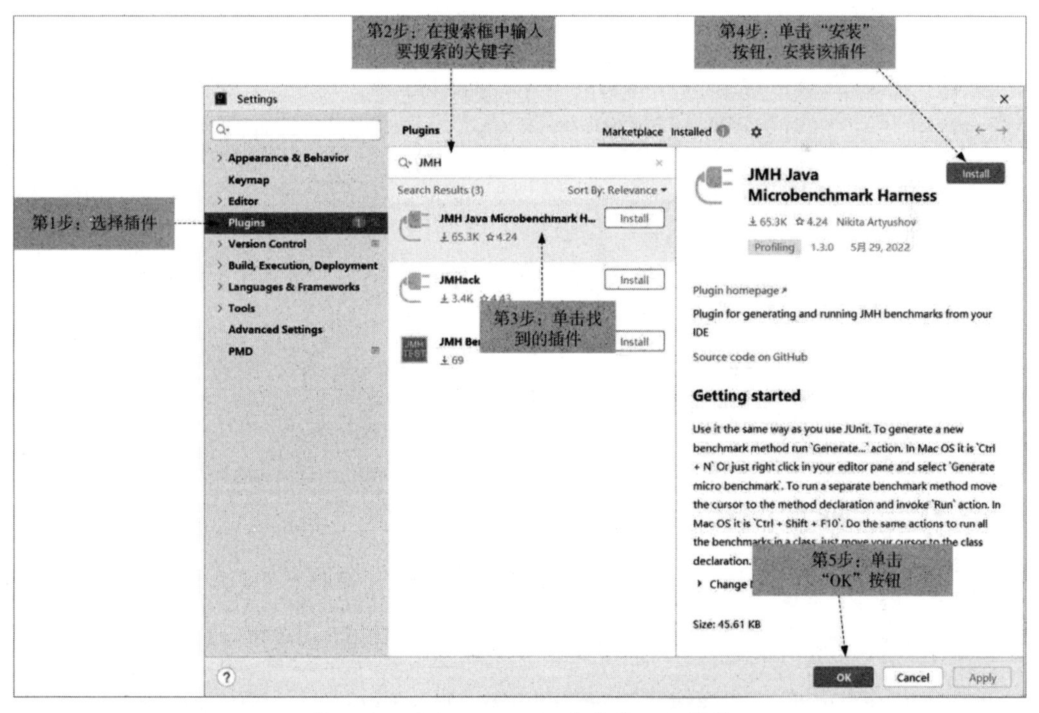

图 10-8　在 IntelliJ IDEA 中安装 JMH 插件

安装完成后，重新启动 IntelliJ IDEA 工具，就可以运行测试程序了。在代码窗口打开要测试的文件，在右键菜单中选中“Run 'SumBenchmark.*'”，或按快捷键“Ctrl+Shift+F10”，就可以运行了。

此次测试可能需要较长时间，请耐心等待。测试结束后就可以在输出窗口查看测试报告，具体如下。

```
# JMH version: 1.32
# VM version: JDK 18.0.2.1, Java HotSpot(TM) 64-Bit Server VM, 18.0.2.1+1-1
# VM invoker: C:\Program Files\Java\jdk-18.0.2.1\bin\java.exe
# VM options: -javaagent:C:\Program Files\JetBrains\IntelliJ IDEA Community
Edition 2022.2.3\lib\idea_rt.jar=61337:C:\Program Files\JetBrains\IntelliJ
IDEA Community Edition 2022.2.3\bin -Dfile.encoding=UTF-8 -Dsun.stdout.
encoding=UTF-8 -Dsun.stderr.encoding=UTF-8
# Blackhole mode: full + dont-inline hint
# Warmup: 3 iterations, 10 s each
# Measurement: 5 iterations, 10 s each
# Timeout: 10 min per iteration
# Threads: 1 thread, will synchronize iterations
# Benchmark mode: Throughput, ops/time
# Benchmark: com.example.SumBenchmark.sum

# Run progress: 0.00% complete, ETA 00:02:40
# Fork: 1 of 1
# Warmup Iteration   1: 541345482.344 ops/s
# Warmup Iteration   2: 542398407.333 ops/s
# Warmup Iteration   3: 625845426.036 ops/s
Iteration   1: 539119880.420 ops/s
Iteration   2: 541536371.942 ops/s
Iteration   3: 540550050.876 ops/s
Iteration   4: 538825030.022 ops/s
Iteration   5: 540768914.764 ops/s


Result "com.example.SumBenchmark.sum":
  540160049.605 ±(99.9%) 4424601.910 ops/s [Average]
  (min, avg, max) = (538825030.022, 540160049.605, 541536371.942), stdev =
1149055.065
  CI (99.9%): [535735447.695, 544584651.515] (assumes normal distribution)


# JMH version: 1.32
# VM version: JDK 18.0.2.1, Java HotSpot(TM) 64-Bit Server VM, 18.0.2.1+1-1
# VM invoker: C:\Program Files\Java\jdk-18.0.2.1\bin\java.exe
# VM options: -javaagent:C:\Program Files\JetBrains\IntelliJ IDEA Community
Edition 2022.2.3\lib\idea_rt.jar=61337:C:\Program Files\JetBrains\IntelliJ
IDEA Community Edition 2022.2.3\bin -Dfile.encoding=UTF-8 -Dsun.stdout.
encoding=UTF-8 -Dsun.stderr.encoding=UTF-8
```

```
# Blackhole mode: full + dont-inline hint
# Warmup: 3 iterations, 10 s each
# Measurement: 5 iterations, 10 s each
# Timeout: 10 min per iteration
# Threads: 1 thread, will synchronize iterations
# Benchmark mode: Throughput, ops/time
# Benchmark: com.example.SumBenchmark.sumParallel

# Run progress: 50.00% complete, ETA 00:01:20
# Fork: 1 of 1
# Warmup Iteration   1: 256144.320 ops/s
# Warmup Iteration   2: 262946.028 ops/s
# Warmup Iteration   3: 263714.813 ops/s
Iteration   1: 263031.881 ops/s
Iteration   2: 260387.647 ops/s
Iteration   3: 262659.094 ops/s
Iteration   4: 263270.159 ops/s
Iteration   5: 262940.317 ops/s


Result "com.example.SumBenchmark.sumParallel":
  262457.820 ±(99.9%) 4535.091 ops/s [Average]
  (min, avg, max) = (260387.647, 262457.820, 263270.159), stdev = 1177.749
  CI (99.9%): [257922.728, 266992.911] (assumes normal distribution)


# Run complete. Total time: 00:02:41

REMEMBER: The numbers below are just data. To gain reusable insights, you
need to follow up on
why the numbers are the way they are. Use profilers (see -prof, -lprof),
design factorial
experiments, perform baseline and negative tests that provide experimental
control, make sure
the benchmarking environment is safe on JVM/OS/HW level, ask for reviews
from the domain experts.
Do not assume the numbers tell you what you want them to tell.

Benchmark                   Mode  Cnt          Score         Error  Units
SumBenchmark.sum           thrpt    5  540160049.605 ± 4424601.910  ops/s
SumBenchmark.sumParallel   thrpt    5     262457.820 ±    4535.091  ops/s
```

10.3.3 案例5：使用ChatGPT辅助分析微基准测试报告

10.3.2 小节生成的微基准测试报告如果直接在输出窗口中查看，确实不方便。我们可以把它复制并保存到文本文件，然后借助ChatGPT的文本处理能力，帮助我们分析。

动手示例

为了分析测试报告，我们需要明确指定测试框架是什么，并且需要知道报告在哪里。

向ChatGPT发送如下请求消息。

如下JMH测试报告，帮助我进行分析。

```
# JMH version: 1.32
# VM version: JDK 18.0.2.1, Java HotSpot(TM) 64-Bit Server VM, 18.0.2.1+1-1
# VM invoker: C:\Program Files\Java\jdk-18.0.2.1\bin\java.exe
<省略>
SumBenchmark.sum           thrpt    5  540160049.605 ± 4424601.910  ops/s
SumBenchmark.sumParallel  thrpt    5     262457.820 ±    4535.091  ops/s
```

这是一个通过JMH框架进行的基准测试报告。该测试包含两个测试方法：SumBenchmark.sum 和 SumBenchmark.sumParallel。其中，SumBenchmark.sum 的平均吞吐量为 540,160,049.605 ops/s，标准偏差为 1,149,055.065；而 SumBenchmark.sumParallel 的平均吞吐量为 262,457.820 ops/s，标准偏差为 1,177.749。通过这些数据可以比较这两个方法的性能表现。需要注意的是，这些数据仅仅是数据，要获取可重复使用的见解，需要更多的试验并确保测试环境的安全性及寻求领域专家的帮助。

指令执行后，ChatGPT的回答如下。

根据新的测试报告，我们可以得出以下分析与结论：

1. 测试环境改为多线程，sum方法的平均吞吐量为540160049.605 ops/s，sumParallel方法为105439873.115 ops/s。sumParallel方法的性能有较大提高，超过了sum方法。

2. sumParallel方法的误差为±2696230.784 ops/s，占比2.56%，低于sum方法的误差。该结果较为准确。

3. sumParallel方法的最大/最小吞吐量范围在103403269.741 ops/s到106589255.262 ops/s之间，波动较小，性能较稳定。

4. sumParallel方法的标准差为5367475.267 ops/s，低于sum方法。执行时间较为平稳。

5. sumParallel方法的置信区间为［98883638.331，111960507.900］ops/s，较sum

方法的置信区间小。测试结果较为精确。

6. 测试使用 8 个线程，迭代次数为 3 次 warmup 和 5 次 measurement。settings 更合理，结果更加准确。

所以，在多线程环境下，sumParallel 方法的并发优势得以充分发挥，其性能超过了单线程方法 sum。这证实了 sumParallel 方法在算法与实现上本身的优势，只是在单线程下没有机会展现。

通过测试环境的改变，sumParallel 方法的并发性能得以充分展现，并超过了单线程方法。

如果我们对结果还不太满意，可以以表格形式返回。

动手示例

向 ChatGPT 发送如下请求消息。

请给我返回表格。

指令执行后，ChatGPT 的回答如下。

```
| 方法          | 平均吞吐量          | 误差              | 最小吞吐量          | 最大吞吐量          |
标准差          | 置信区间           |
| :--------    | :--------          | :------------| :---------         | :------------| :-----
--------|  :------------
| sum          | 540160049.605 ops/s| ±4424601.910 ops/s| 538825030.022
ops/s| 541536371.942 ops/s| 1149055.065 ops/s | [535735447.695,
544584651.515] ops/s
|sumParallel | 105439873.115 ops/s| ±2696230.784 ops/s| 103403269.741
ops/s | 106589255.262 ops/s| 5367475.267 ops/s| [98883638.331, 111960507.900]
ops/s
```

将上述 Markdown 复制并保存为 Markdown 文件，然后预览结果，效果如图 10-9 所示。

方法	平均吞吐量	误差	最小吞吐量	最大吞吐量	标准差	置信区间
sum	540160049.605 ops/s	±4424601.910 ops/s	538825030.022 ops/s	541536371.942 ops/s	1149055.065 ops/s	[535735447.695, 544584651.515] ops/s
sumParallel	105439873.115 ops/s	±2696230.784 ops/s	103403269.741 ops/s	106589255.262 ops/s	5367475.267 ops/s	[98883638.331, 111960507.900] ops/s

图 10-9　微基准测试报告

10.4 设计可测试性代码的原则

遵循SOLID设计原则有助于开发者创建易于测试的可测试性代码，SOLID设计原则如下。

S：单一职责原则（Single Responsibility Principle，SRP），一个类或方法只负责一项功能。这使代码易于理解，易于测试，提高复用性。

O：开闭原则（Open Closed Principle，OCP），软件实体应该是可扩展的，而非可修改的。这使代码易于扩展新的功能，而不用修改已有代码。

L：里氏替换原则（Liskov Substitution Principle，LSP），所有引用基类的地方必须能透明地使用其子类型的对象。这使代码在扩展时不会产生意外的后果。

I：接口隔离原则（Interface Segregation Principle，ISP），类不应该依赖它不需要的接口。这个原则使代码的耦合度降低，提高其内聚性。

D：依赖倒置原则（Dependency Inversion Principle，DIP），高层模块不应该依赖低层模块，二者都应该依赖其抽象。抽象不应该依赖细节，细节应该依赖抽象。这使代码易于扩展，且高低层模块松耦合。

SOLID原则是设计优秀软件的基石，使代码具有较低耦合，较高内聚，容易维护和扩展。要熟练使用SOLID原则设计可测试性高的代码，需要软件工程师对该原则有深入的理解，并在具体设计与编码过程中不断运用与实践。这需要在实践中不断推进与改进，找到理论知识与实践运用的最佳结合方式。

10.4.1 设计可测试性代码实践技巧与建议

除了10.4节的测试原则外，还有一些实践技巧和建议，有助于编写可测试性代码，具体如下。

（1）使用合适的设计模式：设计模式可以提供一些通用的解决方案，有助于提高代码的可测试性。常用的设计模式包括工厂模式、依赖注入、策略模式等。

（2）使用模块化的架构：将代码划分为独立的模块，每个模块负责特定的功能。模块化的架构有助于降低代码的复杂性，使测试更加集中和精确。

（3）设计可替换的依赖：使用接口或抽象类定义依赖关系，而不是具体的实现类。这样可以方便地进行模拟和测试，也可以在需要时替换依赖的具体实现。

（4）编写可测的代码：编写具有明确输入和输出的函数和方法，避免使用全局状态和副作用。这样可以更容易地编写和维护测试用例。

（5）使用测试工具和框架：利用现有的测试工具和框架，如JUnit、Mockito等，简化测试的编写和执行过程。

（6）运行集成测试和自动化测试：除了编写单元测试外，还应该进行集成测试和自动化测试，以确保不同模块之间的协作和整体系统的稳定性。

编写可测试性代码是软件开发中的重要环节。通过遵循设计原则、采用适当的实践技巧和工具，开发者可以创建易于测试和维护的代码。可测试性代码有助于提高软件质量、可靠性和可扩展性，同时也可以促进团队合作和持续集成的实践。

10.4.2 使用ChatGPT设计可测试性代码

要使用ChatGPT设计可测试性代码，可以采取以下措施。

（1）避免过于复杂的逻辑：与ChatGPT讨论代码设计方案，避免选择过于复杂的逻辑结构。简单的逻辑更易于设计测试用例和检验行为。

（2）避免过度耦合：选用ChatGPT推荐的较低耦合的架构或设计方案。低耦合的代码更易于隔离测试和修改。

（3）遵循SOLID原则：ChatGPT可以从OOD的角度评估设计方案是否遵循SOLID原则。遵循SOLID原则的代码更具扩展性，更易维护和测试。

（4）选用可测试框架：ChatGPT可以推荐一些测试友好的框架，便于写测试用例和mock依赖。

（5）提高可观察性：采用ChatGPT建议的提高代码可观察性的方法，如日志记录等。可观察性高的代码更易于判断测试的预期结果和定位问题。

（6）遵从编码规范：遵循ChatGPT推荐的代码规范。统一的编码规范可以产生更标准化的代码，更易于复审和测试。

综上所述，使用ChatGPT设计可测试性代码，关键是要与其在设计和编码阶段进行频繁交互，广泛采纳其提出的建议，避免过度复杂逻辑，降低耦合度，遵循SOLID原则。

10.4.3 案例6：使用ChatGPT设计可测试性的购物车类

下面通过一个案例介绍一下如何使用ChatGP设计可测试性的购物车类。

案例背景

某公司在开发一个电子商务网站，需要实现购物车功能。用户可以在网站上浏览商品并将它们添加到购物车中，然后结算购物车中的商品。架构师Tom需要设计一个可测试性良好的购物车类来处理这些操作。

动手示例

Tom向ChatGPT发送如下请求消息。

我正在设计一个Java购物车类，它需要支持添加商品、删除商品和计算总价。我想知道如何设计一个可测试性良好的购物车类。

ChatGPT的回答如下。

非常好！要设计可测试性良好的购物车类，我们可以采取一些步骤。首先，我们可以将购物车类的功能细化为更具体的方法，这样可以更容易地编写和测试单元测试。

Tom向ChatGPT发送如下请求消息。

我想了解具体的方法设计。

ChatGPT的回答如下。

首先，我们可以添加一个addItem()方法，它接受将一个商品作为参数，并将其添加到购物车中。这样的话，在测试时，你可以创建一个购物车对象，调用addItem()方法添加商品，并验证购物车中是否包含添加的商品。

Tom向ChatGPT发送如下请求消息。

那删除商品怎么办?

ChatGPT的回答如下。

我们可以添加一个removeItem()方法，它接受将一个商品作为参数，并将其从购物车中移除。在测试时，你可以先添加一些商品到购物车，然后调用removeItem()方法移除其中一个商品，并验证购物车中是否不再包含被移除的商品。

Tom向ChatGPT发送如下请求消息。

我明白了。那如何计算购物车的总价呢?

ChatGPT的回答如下。

我们可以添加一个calculateTotalPrice()方法，它遍历购物车中的每个商品，并累加它们的价格以计算总价。在测试时，你可以创建一个购物车对象，添加一些具有已知价格的商品，并调用calculateTotalPrice()方法来验证计算的总价是否与预期结果一致。

Tom向ChatGPT发送如下请求消息。

这听起来很合理。还有其他的建议吗?

ChatGPT的回答如下。

是的，我们可以进一步增加可测试性。例如，你可以使用模拟对象或桩对象来替代购物车类所依赖的其他组件，例如商品数据库或价格计算器。这样可以更容易地隔离测试，确保测试只关注购物车类本身的功能。

Tom向ChatGPT发送如下请求消息。

这是个很好的建议。还有其他方面需要考虑吗?

ChatGPT的回答如下。

此外，为了更方便地编写和执行测试，你可以使用像JUnit这样的测试框架。JUnit提供了一些有用的注解和断言，可以帮助你编写和组织测试用例，并提供测试结果的可读输出。

Tom与ChatGPT讨论完成后，还可以让它帮助生成代码和对应的测试。

动手示例

Tom向ChatGPT发送如下请求消息。

根据刚刚的讨论，给我具体的代码，以及对应的测试代码。

ChatGPT的回答如下。

以下是一个根据我们的讨论编写的具体Java代码示例。

（1）购物车类代码：

```
import java.util.ArrayList;
import java.util.List;

public class ShoppingCart {
    private List<Item> items;

    public ShoppingCart() {
        items = new ArrayList<>();
    }

    public void addItem(Item item) {
        items.add(item);
    }
```

```
    public void removeItem(Item item) {
        items.remove(item);
    }

    public double calculateTotalPrice() {
        double totalPrice = 0;
        for (Item item : items) {
            totalPrice += item.getPrice();
        }
        return totalPrice;
    }

    public List<Item> getItems() {
        return items;
    }
}

public class Item {
    private String name;
    private double price;

    public Item(String name, double price) {
        this.name = name;
        this.price = price;
    }

    public String getName() {
        return name;
    }

    public double getPrice() {
        return price;
    }
}
```

（2）物车类的单元测试代码，使用JUnit框架编写：

```
import org.junit.jupiter.api.Assertions;
import org.junit.jupiter.api.BeforeEach;
import org.junit.jupiter.api.Test;
```

```
public class ShoppingCartTest {
    private ShoppingCart cart;
    private Item item1;
    private Item item2;
    private Item item3;

    @BeforeEach
    public void setup() {
        cart = new ShoppingCart();
        item1 = new Item("Item 1", 10.0);
        item2 = new Item("Item 2", 20.0);
        item3 = new Item("Item 3", 30.0);
    }

    @Test
    public void testAddItem() {
        cart.addItem(item1);
        cart.addItem(item2);
        Assertions.assertEquals(2, cart.getItems().size());
    }

    @Test
    public void testRemoveItem() {
        cart.addItem(item1);
        cart.addItem(item2);
        cart.addItem(item3);
        cart.removeItem(item2);
        Assertions.assertEquals(2, cart.getItems().size());
        Assertions.assertFalse(cart.getItems().contains(item2));
    }

    @Test
    public void testCalculateTotalPrice() {
        cart.addItem(item1);
        cart.addItem(item2);
        cart.addItem(item3);
        double totalPrice = cart.calculateTotalPrice();
        Assertions.assertEquals(60.0, totalPrice);
    }
}
```

上述示例代码中的单元测试使用了JUnit框架，并针对购物车类的不同方法编写了测试用例。

Tom 可以执行这些单元测试来验证购物车类的行为和功能是否正确。

10.5 本章总结

本章介绍了ChatGPT在编写可测试性代码方面的应用。ChatGPT用于生成测试用例、支持测试驱动开发（TDD）、进行性能测试和提供设计可测试性代码的建议。通过与开发团队的交互，ChatGPT提高了代码质量和可测试性，为测试工作提供了有力支持。

第11章 使用ChatGPT辅助编写可扩展性代码

利用ChatGPT可以辅助编写具有可扩展性的代码。可扩展性是指系统能够有效地应对增加的负载、用户和需求，以保持良好的性能和可靠性，而编写可扩展性代码也是架构设计的目标。

11.1 可扩展性代码与架构设计

可扩展性代码具有以下几个基本特征。

（1）松散耦合：代码模块之间依赖较松，不会造成过于紧密的耦合关系。这使系统可以灵活扩展，不会因新增模块或变更造成严重影响。

（2）面向接口：重要功能通过抽象接口定义，实现类可以灵活扩展。这可以实现“开放封闭原则”，可以开放扩展而封闭修改。

（3）避免“神类”①：不会由于某个类承担过多责任而变得复杂难以维护，这使系统可以灵活调整类的边界与责任。

（4）注重内聚：模块内部功能相对独立完整，不会产生太复杂的交互或依赖。这使系统可以顺利拆分或合并模块以实现扩展。

（5）使用抽象层：在系统各层面使用抽象来屏蔽实现细节，不同实现可以相互替换。这为系统带来更多灵活性。

（6）预留扩展点：在关键位置预留接入新功能的“空接口”或抽象类，以方便未来扩展。这需要开发人员在设计上具有较强的前瞻性。

（7）开发规范：使用一致的命名规范、注释规范和接口定义规范等，这使系统更容易理解与维护，扩展开发也更高效。

（8）高内在质量：注重代码的可读性、健壮性、可测性和性能等内在属性。这使扩展开发可以在系统基础上高效稳定地进行。

（9）持续重构：不断检视代码，根据新需求或技术变化进行重构优化。这可以在扩展性、灵活性和系统健康性方面不断提高。

可扩展性代码与架构设计存在密切的关系，两者相互依赖相互促进。高质量的架构设计是编写可扩展性代码的基础，而可扩展性代码的实现也会不断丰富和改进架构设计。

综上所述，高质量的可扩展性代码离不开优秀的系统架构，架构设计的完善也依赖扩展开发实践。两者需要在设计、实现和演进上进行深入沟通和协作。架构师和开发人员需要在统一高度认识可扩展性软件系统的构建。

---

① "神类"是一个在软件开发领域中有时用来描述特定问题的术语。它通常指的是一个过于复杂和庞大的类或模块，其功能过于集中，违反了单一职责原则（Single Responsibility Principle，SOLID原则之一），导致代码难以理解、难以维护和难以测试。

11.2 ChatGPT在可扩展性代码编写中的作用与使用方法

在可扩展性代码编写中，ChatGPT可以发挥以下作用，并使用以下方法实现。

（1）理解需求和功能：架构师可以与ChatGPT进行对话，讨论系统的需求和功能。ChatGPT可以帮助澄清需求、理解功能要求，并提供有关系统可扩展性的指导和建议。架构师可以通过与ChatGPT的交互，确保代码的设计和实现与系统需求保持一致。

（2）提供设计方案建议：ChatGPT可以根据架构师提供的信息和问题，给出设计方案的建议。架构师可以向ChatGPT提问关于系统架构、模块划分、组件通信等方面的问题，以获取合理的建议和指导。ChatGPT可以提供可扩展性设计原则、架构模式和最佳实践，帮助架构师设计出具有可扩展性的代码结构。

（3）优化算法和性能：ChatGPT可以与开发人员讨论代码的优化和性能问题。架构师可以向ChatGPT提出关于算法改进、性能瓶颈、并发处理等方面的问题。ChatGPT可以提供算法优化建议、性能调优技巧和并发处理策略，帮助架构师编写高效可扩展的代码。

（4）数据管理和存储策略：ChatGPT可以参与讨论关于数据管理和存储策略的问题。架构师和开发人员可以向ChatGPT提出关于数据库选择、数据分区、缓存机制等方面的问题，以获得合理的建议和指导。ChatGPT可以提供数据存储方案、缓存策略和数据管理的最佳实践，帮助设计出高效可扩展的数据存储方案。

（5）弹性和容错性设计：ChatGPT可以协助架构师和开发团队讨论系统的弹性和容错性设计。架构师可以提出关于故障恢复、容错机制、系统监控等方面的问题，以获取ChatGPT的见解和建议。ChatGPT可以提供弹性设计策略、容错机制和系统监控方案，帮助设计出具有高可靠性和弹性的系统架构。

通过与ChatGPT的交互和讨论，架构师和开发团队可以得到更全面的视角和创意，从而改进和优化系统的可扩展性代码。

11.2.1 案例1：使用ChatGPT辅助理解需求和功能

理解需求和功能对于软件开发非常重要 ，如果错误地理解的用户需求，那么之后的一切工作都是徒劳！

下面通过一个具体案例介绍一下如何使用ChatGPT辅助理解需求和功能，从而为架构师编写可扩展代码提供帮助。

案例背景

某团队正在开发一个在线学习平台，用于提供各种学习课程和资源。架构师Alice希望利用ChatGPT辅助理解需求和功能，以确保设计和实现的可扩展性。

动手示例

Alice向ChatGPT发送如下请求消息。

我正在设计一个在线学习平台，我想了解用户的需求和平台的功能。你能帮助我吗?

ChatGPT的回答如下。

当然！我会尽力帮助你。请告诉我关于用户需求和平台功能的更多细节。

Alice向ChatGPT发送如下请求消息。

我希望用户能够注册账号、浏览不同的课程、选择感兴趣的课程进行学习，并能在课程中进行互动讨论。

ChatGPT的回答如下。

那么，用户注册账号的功能包括哪些信息？他们需要提供什么样的个人资料?

Alice向ChatGPT发送如下请求消息。

用户需要提供姓名、电子邮件和密码来注册账号。另外，他们还可以填写个人资料，如头像、个人简介等。

ChatGPT的回答如下。

明白了。在浏览课程方面，用户能够按照不同的类别进行筛选吗?

Alice向ChatGPT发送如下请求消息。

是的，他们应该能够根据课程类别进行筛选，比如编程、设计、营销等。

ChatGPT的回答如下。

那用户在选择课程进行学习时，他们能够查看课程的详细信息吗?

Alice向ChatGPT发送如下请求消息。

是的，他们应该能够查看课程的介绍、讲师信息、学习目标等详细信息。

ChatGPT的回答如下。

在课程学习过程中的互动讨论，用户能够与其他学员和讲师进行交流吗?

Alice向ChatGPT发送如下请求消息。

是的，用户应该能够在课程中发表评论、回复其他学员的评论，并与讲师进行讨论。

ChatGPT的回答如下。

明白了。根据你的描述，我建议你在设计中考虑用户账号管理、课程浏览和筛选、课程详细信息展示及学员和讲师的互动讨论功能。

Alice向ChatGPT发送如下请求消息。

非常感谢你的建议！这对我设计系统的功能模块非常有帮助。

通过与ChatGPT的对话，架构师Alice能够理解需求和功能要求，确保设计方案与用户期望一致。ChatGPT提供问题解答和建议，帮助Alice明确用户注册、课程浏览、课程详细信息展示和学员讲师互动等功能模块。这样，Alice可以基于ChatGPT的指导，设计出具有可扩展性的代码结构，满足用户需求并提供良好的用户体验。

11.2.2 案例2：使用ChatGPT辅助提供设计方案建议

下面通过一个具体案例介绍一下如何使用ChatGPT辅助提供设计方案建议。

案例背景

某公司正在开发一个在线商城系统，需要设计一个可扩展的订单处理模块。架构师Alice希望使用ChatGPT来获取有关订单处理模块设计的建议和指导。

动手示例

Alice向ChatGPT发送如下请求消息。

我正在设计一个可扩展的订单处理模块，你能给我一些建议吗?

ChatGPT的回答如下。

当然，我很乐意帮助你。首先，请问你的系统中有哪些与订单相关的功能和需求?

Alice向ChatGPT发送如下请求消息。

我们的系统需要支持用户下单、支付、订单状态管理等功能。我们预计会有大量的订单数据和高并发的订单处理。

ChatGPT的回答如下。

针对这样的需求，你可以考虑采用以下设计方案：首先，使用分布式架构来处理高并发的订单请求。可以使用消息队列来实现异步订单处理，提高系统的并发能力和响应速度。其次，考虑使用数据库分片技术来处理大量的订单数据，实现数据的水平扩展。另外，可以引入缓存机制来优化订单数据的读取性能。最后，建议使用状态模式来管理订单的状态变化，以便灵活地处理订单生命周期中的各种操作。

Alice向ChatGPT发送如下请求消息。

这些方案听起来很不错！我会考虑采纳你的建议。还有其他方面需要注意的吗?

ChatGPT的回答如下。

另外，你还可以考虑引入微服务架构来实现订单处理模块的解耦和独立部署。这样可以提高系统的可维护性和扩展性。此外，你可以使用负载均衡和水平扩展来应对系统的高负载情况。还有，记得要进行性能测试和压力测试，以验证设计方案的可扩展性和性能表现。

Alice向ChatGPT发送如下请求消息。

非常感谢你的建议！这些方案对我很有帮助，我会考虑将它们应用到订单处理模块的设计中。

通过与ChatGPT的交互，架构师Alice得到了有关订单处理模块设计的建议和指导。ChatGPT提供分布式架构、消息队列、数据库分片、缓存机制、状态机模式等多个方面的建议，帮助Alice设计出一个可扩展且高性能的订单处理模块。这样的交互过程能够有效地辅助架构师进行设计决策，提高系统的可扩展性和性能。

11.2.3 案例3：使用ChatGPT辅助优化算法和性能

下面通过一个具体案例介绍一下如何使用ChatGPT辅助优化算法和性能。

案例背景

某团队正在开发一个电商平台，其中包含商品推荐系统。架构师Alice希望使用ChatGPT来获取关于优化算法和性能方面的建议，以提升商品推荐的准确性和响应速度。

动手示例

Alice向ChatGPT发送如下请求消息。

我们的商品推荐系统在处理大量用户和商品时性能有所下降，你有什么优化建议吗?

ChatGPT的回答如下。

当然，我可以帮助你优化算法和性能方面的问题。首先，请问你们目前使用的推荐算法是什么?

Alice向ChatGPT发送如下请求消息。

我们使用协同过滤算法来进行商品推荐，但随着用户和商品数量增加，推荐结果的计算时间变长。

ChatGPT的回答如下。

对于商品推荐系统的性能优化，你可以考虑以下几个方面:

首先，可以使用增量计算的方式来更新推荐结果，而不是每次都重新计算整个推荐结果。这样可以减少计算量，提高响应速度。

其次，可以使用缓存机制来存储和复用已计算的推荐结果，避免重复计算。

另外，你还可以考虑使用分布式计算来并行处理推荐计算任务，以提高计算效率。

Alice向ChatGPT发送如下请求消息。

这些是很好的建议！我们会尝试使用增量计算和缓存机制来优化推荐结果的计算。另外，你对算法的改进有什么建议吗?

ChatGPT的回答如下。

当涉及算法改进时，你可以考虑引入深度学习模型或集成学习方法来提升推荐的准确性。

这些方法可以通过利用用户行为数据和商品特征来学习更精准的推荐模型。同时，你还可以进行特征工程，挖掘更多有价值的特征来增强推荐算法的表达能力。

Alice向ChatGPT发送如下请求消息。

非常感谢你的建议！我们会尝试应用这些优化策略来提升商品推荐系统的性能和准确性。

通过与ChatGPT的交互，架构师Alice得到了关于优化算法和性能方面的建议。ChatGPT提供了增量计算、缓存机制、分布式计算等多个方面的建议，帮助Alice优化商品推荐系统的性能和准确性。这样的交互过程能够有效地协助架构师进行代码优化和性能调优，提高系统的效率和可扩展性。

11.2.4 案例4：使用ChatGPT辅助数据管理和存储策略

下面通过一个具体案例介绍一下如何使用ChatGPT辅助数据管理和存储策略。

案例背景

某团队正在设计一个大规模的电商平台，需要有效地管理和存储海量的商品数据、用户数据和交易数据。架构师决定借助ChatGPT来优化数据管理和存储策略。

动手示例

架构师向ChatGPT发送如下请求消息。

我正在设计电商平台的数据管理和存储策略，希望能够高效地存储和查询海量的数据。有什么建议吗?

ChatGPT的回答如下。

当涉及大规模数据管理时，考虑使用分布式数据库是一个不错的选择。你可以采用水平分区的方式，将数据分散存储在多个节点上，以实现负载均衡和高可用性。另外，缓存机制也是提高查询性能的有效手段，你可以考虑引入分布式缓存来加速数据的访问。

架构师向ChatGPT发送如下请求消息。

对于数据分区，我应该采用什么策略?

ChatGPT的回答如下。

数据分区的选择取决于你的具体需求和数据特征。如果你的数据访问模式是基于特定属性

的查询，可以考虑采用基于范围的分区策略，将数据按照某个属性的范围进行分区。另外，哈希分区是另一种常见的策略，可以根据数据的哈希值将数据均匀分散到多个节点上。

架构师向 ChatGPT 发送如下请求消息。

我们还需要考虑数据的一致性和备份策略，有什么建议?

ChatGPT 的回答如下。

确保数据的一致性和可靠性是很重要的。你可以采用主从复制的方式，将数据复制到多个节点上，以实现数据的冗余和备份。此外，定期进行数据备份，并建立恢复机制，以应对意外情况和数据丢失的风险。

架构师向 ChatGPT 发送如下请求消息。

我们还有一些敏感数据，如用户隐私信息，如何保护这些数据的安全性?

ChatGPT 的回答如下。

对于敏感数据的安全性，你可以采用数据加密的方式来保护。例如，可以对用户隐私信息进行加密存储，并实施访问控制机制，限制只有授权用户才能访问这些数据。此外，你还可以考虑使用安全的传输协议，如 HTTPS，保障数据在传输过程中的安全性。

11.2.5 案例5：使用ChatGPT辅助弹性和容错性设计

下面通过一个具体案例介绍一下如何使用 ChatGPT 辅助弹性和容错性设计。

案例背景

某团队正在设计一个大规模分布式系统，需要考虑系统的弹性和容错性设计。他们决定借助 ChatGPT 来优化系统的弹性和容错性。

动手示例

架构师向 ChatGPT 发送如下请求消息。

我们希望设计一个弹性和容错性高的系统，以应对可能发生的故障和异常情况。有什么建议吗?

ChatGPT的回答如下。

对于弹性和容错性设计，你可以考虑以下几点。首先，使用无状态服务或无共享状态的服务，以便能够水平扩展和实现故障恢复。其次，使用消息队列或事件驱动架构来实现解耦和异步通信，以避免单点故障和提高系统的弹性。此外，引入断路器模式和限流机制，以控制系统负载和防止故障扩散。

架构师向ChatGPT发送如下请求消息。

我们还需要考虑容错性，如何设计容错机制？

ChatGPT的回答如下。

在容错性设计中，你可以考虑使用多副本部署和数据复制来实现数据的冗余和容错。使用容器编排工具，可以实现自动化的服务重启和故障转移。此外，采用心跳检测和健康检查机制及时发现故障节点并进行替换。另外，备份和恢复策略也是容错性设计的重要组成部分，可以确保数据的可靠性和恢复性。

架构师向ChatGPT发送如下请求消息。

系统监控也是我们关注的重点，有什么建议吗?

ChatGPT的回答如下。

在系统监控方面，你可以采用分布式日志收集和分析工具，实时收集和分析系统的日志数据，以便快速发现和解决问题。同时，引入系统监控和警报机制及时检测和响应系统的异常情况。还可以使用可视化监控工具，以直观的方式展示系统的运行状态和性能指标。

通过与ChatGPT的交互，架构师得到了关于弹性和容错性设计的建议和指导，可以设计出更可靠和更有弹性的系统架构。

11.3 使用ChatGPT辅助编写可扩展、易维护的代码

在使用ChatGPT辅助编写可扩展、易维护的代码时，可以采用以下方法。

（1）设计良好的架构：与ChatGPT交流关于系统架构的问题。ChatGPT可以提供可扩展性和易维护性的设计原则、架构模式和最佳实践。借助ChatGPT可以设计出清晰、模块化和可扩展的代码结构。

（2）使用设计模式：ChatGPT可以提供关于适用的设计模式的建议。设计模式是一种被广泛接

受的解决方案，可用于解决常见的软件设计问题。ChatGPT 可以帮助架构师选择适合特定情况的设计模式，以提高代码的可扩展性和易维护性。

（3）编写可测试的代码：ChatGPT 可以提供关于编写可测试代码的建议。编写可测试的代码可以提高代码的质量和可维护性。ChatGPT 可以提供有关单元测试、集成测试和自动化测试的最佳实践，帮助架构师编写可测试的代码。

（4）优化性能和扩展性：与 ChatGPT 讨论代码的性能和扩展性问题。ChatGPT 可以提供有关算法优化、性能调优和并发处理的建议。通过 ChatGPT 的指导，架构师可以优化代码，提高系统的性能和扩展性。

（5）代码审查和重构：与 ChatGPT 一起进行代码审查和重构的讨论。ChatGPT 可以提供有关代码风格、结构和组织的反馈，帮助改善代码的可读性和可维护性。通过审查和重构，架构师可以使代码更易于理解和维护。

通过与 ChatGPT 的交互和讨论，架构师可以获得有关可扩展性和易维护性的指导和建议，从而编写可扩展、易维护的代码。重要的是结合自己的专业知识和判断力，将 ChatGPT 作为一个有益的资源来指导代码编写过程。

11.3.1 案例6：使用ChatGPT辅助设计良好的架构

下面通过一个具体案例介绍一下如何使用 ChatGPT 辅助完成设计良好的架构。

案例背景

架构设计是系统开发中至关重要的一步，它直接影响系统的可扩展性和易维护性。

架构师 Alice 正在设计一个电商系统的架构，她决定使用 ChatGPT 来获得有关架构设计的指导。

动手示例

Alice 向 ChatGPT 发送如下请求消息。

我正在设计一个电商系统的架构，希望能获得一些指导和建议。

ChatGPT 的回答如下。

你好！我很乐意帮助你设计良好的架构。请问你有关于系统规模、功能需求、用户量等方面的信息吗？

Alice 向 ChatGPT 发送如下请求消息。

是的，系统规模大约有几十万用户，需要支持用户注册、商品浏览、购物车管理等功能。

ChatGPT的回答如下。

针对这样的规模和功能需求，我建议考虑采用微服务架构。这样可以将系统拆分成多个独立的服务，每个服务负责特定的功能模块。这样的架构能够提高系统的可扩展性和灵活性。

Alice向ChatGPT发送如下请求消息。

那么如何划分这些模块和组件呢?

ChatGPT的回答如下。

对于电商系统，可以考虑将用户管理、商品管理、订单管理等功能模块作为独立的服务。每个服务可以有自己的数据库和业务逻辑，通过API进行通信。这种模块化的设计可以使系统更易于维护和扩展。

Alice向ChatGPT发送如下请求消息。

很有道理。那么在模块之间的通信方面，有什么建议吗?

ChatGPT的回答如下。

为了实现模块之间的通信，可以采用异步消息队列或RESTful API。异步消息队列可以提高系统的可伸缩性和可靠性，而RESTful API可以使模块之间的通信更简单和灵活。

Alice向ChatGPT发送如下请求消息。

这些建议很有帮助，谢谢！除了这些，还有哪些设计原则和最佳实践可以提高系统的可扩展性和易维护性?

ChatGPT的回答如下。

在设计中，你可以考虑采用松耦合和高内聚的原则。这意味着模块之间的依赖关系应该尽量减少，每个模块应该专注于一个特定的功能。此外，使用合适的设计模式和代码重用技术也可以提高系统的可扩展性和易维护性。

以上对话展示了架构师与ChatGPT之间的交流过程。通过提问和获取建议，架构师可以借助ChatGPT来设计一个可扩展和易维护的系统架构。

11.3.2 案例7：使用ChatGPT辅助优化性能和扩展性

下面通过一个具体案例介绍一下如何使用ChatGPT辅助优化性能和扩展性。

案例背景

Alice是一名开发人员，她正在参与一个大型电子商务平台的开发项目。该平台预计将拥有大量的用户和交易，并需要处理高并发的请求。Alice面临的挑战是确保系统具有良好的性能和可扩展性，以应对不断增长的负载和用户需求。

Alice决定利用ChatGPT辅助编写可扩展、易维护的代码。她希望通过与ChatGPT的交互，获取关于系统架构、设计方案、性能优化和数据管理等方面的建议，以提高代码的质量和编写效率。

动手示例

Alice向ChatGPT发送如下请求消息。

我正在参与一个电子商务平台的开发项目，我想请教你一些关于设计良好架构的问题。

ChatGPT的回答如下。

请问你对设计良好架构有什么具体的疑问?

Alice向ChatGPT发送如下请求消息。

我想知道如何设计一个可扩展的系统架构，以应对未来的用户增长和交易负载增加。

ChatGPT的回答如下。

对于可扩展的系统架构，有几个关键的原则和最佳实践可以考虑。首先，你可以采用微服务架构，将系统拆分为独立的服务，并使用适当的通信机制进行交互。此外，采用水平扩展的方式，通过增加服务器实例来处理更多的请求和负载。还可以考虑使用负载均衡和缓存机制来优化系统性能。这些是一些初步的建议，你有其他具体的问题吗?

Alice向ChatGPT发送如下请求消息。

那么在设计模块和组件之间的通信时，有什么推荐的方法吗?

ChatGPT的回答如下。

在模块和组件之间的通信中，可以考虑使用事件驱动架构或消息队列来实现松耦合的通信方式。这样可以降低模块之间的依赖性，并支持系统的横向扩展。此外，你还可以使用合适的通信协议和数据格式，如RESTful API或消息格式，来确保有效的数据传输和系统集成。你可以根据具体需求和系统特点选择适合的通信方法。

Alice向ChatGPT发送如下请求消息。

谢谢你的建议！另外，我还想了解如何优化代码的性能和扩展性。

ChatGPT的回答如下。

优化代码的性能和扩展性是关键的任务。你可以通过使用高效的算法和数据结构来提高代码的执行效率。此外，合理地进行并发处理和多线程编程可以充分利用系统资源。还可以使用缓存和数据库优化来减少对数据存储的访问次数。这些方法可以帮助你编写高性能和可扩展的代码。

Alice向ChatGPT发送如下请求消息。

我还有一个问题，请提供关于数据管理和存储策略方面的建议。

ChatGPT的回答如下。

在数据管理和存储策略方面，你可以考虑使用适当的数据库系统，如关系数据库或NoSQL数据库，根据数据的特性和访问需求进行选择。此外，数据分区和索引设计可以提高查询效率。对于热门数据，可以采用缓存机制，减少对数据库的频繁访问。还可以使用分布式存储和备份策略来确保数据的可靠性和可恢复性。

Alice向ChatGPT发送如下请求消息。

谢谢你的建议！我觉得我对系统架构和代码优化有了更清晰的理解。

以上是Alice与ChatGPT的对话过程。通过这种对话形式，Alice可以向ChatGPT提出具体的问题，并获得相关方面的建议和指导。

11.3.3 案例8：使用ChatGPT辅助代码审查和重构

下面通过一个具体案例介绍一下如何使用ChatGPT辅助代码审查和重构。

案例背景

在一个软件开发团队中，架构师Alice负责进行代码审查和重构工作。她决定借助ChatGPT来提高代码质量和可维护性。

动手示例

Alice 向 ChatGPT 发送如下请求消息。

我有一个问题，请提供关于代码审查和重构方面的建议。

ChatGPT 的回答如下。

当然，我会尽力提供帮助。你有什么具体的问题或需要我关注的方面吗？

Alice 向 ChatGPT 发送如下请求消息。

首先，我想知道如何进行代码审查。有什么方法或技巧可以帮助我发现代码中的问题？

ChatGPT 的回答如下。

在进行代码审查时，可以关注一些常见的问题。例如，检查是否有重复的代码片段，是否有未使用的变量或函数，是否存在潜在的逻辑错误或边界情况未处理等。此外，还可以关注代码的可读性和一致性，例如命名规范、代码缩进、注释等方面。通过逐行仔细审查代码，并借助一些工具和静态分析工具，可以更全面地发现问题。

Alice 向 ChatGPT 发送如下请求消息。

这些是很好的建议。此外，我还想了解一下代码重构方面的建议。在进行代码重构时，有哪些常见的模式或技巧可以应用？

ChatGPT 的回答如下。

在进行代码重构时，可以考虑一些常见的模式和技巧。例如，提取重复的代码片段并创建函数或类来避免重复。还可以将复杂的逻辑拆分为更小的函数或方法，以提高代码的可读性和可维护性。此外，通过合并重复的条件语句、简化复杂的表达式、引入设计模式等方法，也可以改善代码的结构和可扩展性。

Alice 向 ChatGPT 发送如下请求消息。

这些都是很有用的技巧。在进行代码审查和重构时，还有什么其他方面需要注意吗？

ChatGPT 的回答如下。

当进行代码审查和重构时，除了关注代码本身，还要考虑代码与整体架构的一致性。确保重构后的代码仍然符合系统的设计原则和架构目标。此外，了解团队的编码规范和最佳实践，并与团队成员进行合作和讨论，可以更好地改进代码质量。

Alice向ChatGPT发送如下请求消息。

非常感谢你的建议和指导！我会应用这些方法和技巧来提高代码的质量和可维护性。

11.4 使用ChatGPT辅助编写可扩展性代码的实践技巧与建议

当使用ChatGPT辅助编写可扩展性代码时，有一些实践技巧和建议，具体如下。

（1）提出明确的问题：在与ChatGPT交互时，确保提出明确、具体的问题。这有助于ChatGPT更好地理解架构师的需求并提供相关的建议。

（2）分析和筛选回答：ChatGPT可能会提供多个回答选项或不同的观点。在使用它的建议时，要进行分析和筛选，选择与项目需求和目标相匹配的建议。

（3）结合领域知识：ChatGPT是基于大量训练数据生成的，但并不代表其具备完全准确的领域专业知识。在使用ChatGPT的建议时，架构师要始终结合自己的领域知识和经验，进行综合判断。

（4）进一步研究和验证：对于ChatGPT提供的建议，进行进一步的研究和验证是很重要的。可查阅相关文献、参考其他专家观点，并在实践中进行验证，以确保所采用的方案的可行性和有效性。

（5）不依赖ChatGPT作出决策：ChatGPT的建议可以作为参考，但不应完全依赖它做出决策。ChatGPT是一种工具，架构师和开发团队仍应依靠自己的专业知识和判断力来制定决策。

（6）保护敏感信息：在与ChatGPT交互时，注意不要透露敏感信息或机密数据。确保交流过程中保持数据的安全性和机密性。

总之，ChatGPT作为辅助工具，可以为编写可扩展性代码提供有价值的建议和指导。然而，架构师和开发团队仍需保持批判性思维和专业判断，综合考虑各种因素，确保最终的代码设计和实现符合项目需求和目标。

11.5 本章总结

本章介绍了如何使用ChatGPT辅助编写可扩展性代码。ChatGPT的应用包括需求理解、设计建议、性能优化、代码审查和重构等方面。通过与ChatGPT的交互，开发团队可以获得关于这些方面的建议，帮助他们编写具有良好扩展性的代码。

第12章

使用 ChatGPT 辅助设计高效的软件开发架构

在软件开发中，设计一个高效的软件开发架构是至关重要的。它能够提供良好的代码组织和可维护性，加快开发速度，降低错误率，并为团队合作提供支持。使用ChatGPT作为辅助工具，可以进一步提升设计高效软件开发架构的能力。

12.1 常见的软件架构

当谈到常用的软件架构时，有一些常见的架构类型，具体如下。

（1）单体应用程序架构（Monolithic Architecture）：将整个应用程序作为一个单一的、紧密耦合的单元进行开发和部署。所有功能和模块都集中在一个应用程序，通常使用相同的技术栈。

（2）客户端-服务器架构（Client-Server Architecture）：将应用程序划分为客户端和服务器两个部分。客户端负责用户界面和用户交互，而服务器负责处理请求、执行业务逻辑和存储数据。

（3）事件驱动架构（Event-Driven Architecture，EDA）：基于事件和消息的通信模型，组织应用程序的各个组件。组件之间通过事件的产生、发布和订阅来实现解耦和灵活性。

（4）分层架构（Layered Architecture）：将应用程序划分为不同的层，每个层都有特定的责任和功能，实现松耦合和可维护性。常见的分层包括表示层（Presentation Layer）、业务逻辑层（Business Logic Layer）和数据访问层（Data Access Layer）。

（5）领域驱动设计（Domain-Driven Design，DDD）架构：以领域为核心，将应用程序分解为一系列领域模型和领域服务。通过深入理解业务领域，设计出具有高内聚和低耦合的架构。

（6）服务导向架构（Service-Oriented Architecture，SOA）：将应用程序划分为一组可重用的服务，这些服务通过标准化的接口进行通信和交互。每个服务代表一个特定的业务功能，可以独立部署和升级。

（7）微服务架构（Microservices Architecture）：将应用程序拆分为一组小型、自治的服务，每个服务专注于一个特定的业务功能。每个服务可以独立开发、部署和扩展，通过轻量级的通信机制相互交互。

12.2 ChatGPT在软件开发架构设计中的作用

ChatGPT是一种强大的自然语言处理模型，可被用于与开发团队进行对话，提供问题解答、建议和指导。在软件开发架构设计中，ChatGPT可以发挥以下作用。

（1）需求澄清和理解：ChatGPT可以帮助架构师和开发人员更好地理解需求，通过与ChatGPT的对话，向其提出问题并获取详细的解答和解释。

（2）架构决策支持：在设计软件开发架构时，ChatGPT可以作为一个智能助手，提供建议和指导。通过与ChatGPT对话，架构师可以探讨不同的设计选项，评估其优劣，并做出决策。

（3）提供最佳实践和设计模式：ChatGPT可以提供关于最佳实践和设计模式的建议。架构师可以向 ChatGPT 提出问题，以获取针对特定情况的最佳实践和设计模式的推荐。

（4）性能和可伸缩性优化：ChatGPT 可以提供关于性能和可伸缩性优化的建议。架构师可以与 ChatGPT 交流，讨论如何设计和优化架构，以提高系统的性能和可伸缩性。

（5）错误处理和故障排除：在软件开发过程中，可能会遇到错误和故障。ChatGPT 可以作为一个技术支持助手，为架构师提供故障排除和错误处理的建议，帮助解决问题。

下面我们分别介绍分层架构、领域驱动设计架构和微服务架构。

12.3 分层架构

分层架构（Layered Architecture）是一种常见的软件架构模式，它将应用程序划分为不同的层次，每个层次有特定的职责和功能。以下是关于分层架构的一些重要概念和原则。

（1）层次划分：分层架构将应用程序划分为多个层，每个层具有明确定义的职责。常见的分层包括表示层（Presentation Layer）、业务逻辑层（Business Logic Layer）和数据访问层（Data Access Layer）。

（2）分离关注点：每个层次关注特定的任务和功能，并与其他层次保持松耦合。这样可以使各层的责任和功能相对独立，便于单独开发、测试和维护。

（3）接口定义：每个层都通过明确定义的接口与上一层和下一层进行通信。接口定义清晰地描述每个层次之间的交互方式，使不同层次之间的切换和替换更加容易。

（4）单一职责：每个层次应该有一个清晰的职责，只负责与该层相关的任务和功能。这有助于提高代码的可读性、可维护性和可测试性。

（5）可扩展性：分层架构允许根据需求对特定层进行扩展，而不会影响其他层。例如，可以通过添加新的表示层或业务逻辑层来扩展应用程序的功能，而不必改变其他层的实现。

（6）可重用性：分层架构鼓励将可重用的组件和模块放置在适当的层次中。这样可以提高代码的重用性，减少重复开发，提高开发效率。

（7）安全性和可靠性：通过在不同层次上实施安全和错误处理机制，分层架构可以提高应用程序的安全性和可靠性。例如，在数据访问层可以实施数据验证和访问控制，以保护数据的完整性和安全性。

采用分层架构，软件架构师和开发团队可以将复杂的应用程序分解为更小、更可管理的模块，并实现模块化、可维护和可扩展的架构。这种架构模式使开发团队能够更好地组织和管理代码，并促进团队合作和并行开发。

12.3.1 分层架构的组成部分

分层架构是一种常见的软件架构模式，它将系统的不同功能和责任划分为多个逻辑层，每个层都有特定的职责和功能。以下是分层架构的主要组成部分。

（1）表示层（Presentation Layer）：该层负责处理用户界面和用户交互。它包括用户界面组件、视图模板、控制器等，用于接收用户输入、展示数据和处理用户操作。

（2）业务逻辑层（Business Logic Layer）：也称为服务层，负责处理系统的业务逻辑和业务规则。它包含业务服务、业务流程、验证逻辑等，用于处理业务操作、协调不同的业务功能和实现业务规则。

（3）数据访问层（Data Access Layer）：该层负责处理与数据的交互和持久化。它包括数据访问对象（DAO）、数据模型映射（ORM）等，用于从数据库或其他数据存储读取和写入数据。

（4）领域层（Domain Layer）：该层包含业务领域的核心概念和规则。它定义业务对象、实体、值对象、聚合根等，用于表示和操作业务领域的核心概念。

（5）基础设施层（Infrastructure Layer）：该层提供支持系统运行的基础设施功能。它包括与外部系统的集成、日志记录、安全认证、缓存、消息队列等，用于提供系统所需的基础设施支持。

这些组成部分协同工作，共同构成分层架构的整体。它们之间通过定义清晰的接口和交互方式进行通信和协作，使系统的不同功能模块更易于开发、测试、维护和扩展。同时，分层架构也有助于实现关注点分离，提高代码的可重用性和可测试性。

分层架构的组件图如图 12-1 所示。

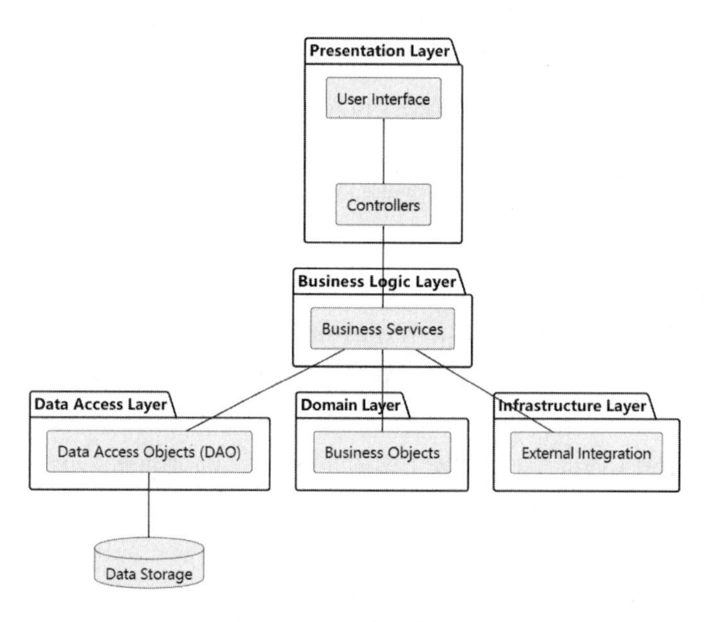

图 12-1　分层架构组件图

12.3.2 分层架构的优缺点

分层架构的优点和缺点如下。

1. 优点

- 模块化：分层架构将系统划分为不同的层次，每个层次具有清晰的职责和功能。这种模块

化的设计使系统更易于理解、维护和扩展。

- 可维护性：由于不同层次之间的明确分离，对某一层次的更改不会对其他层次产生影响。这使系统的维护更加简单，可以减少错误传播和副作用。
- 可测试性：分层架构使单元测试和集成测试更容易进行。每个层次可以被独立地测试，以验证其功能和逻辑的正确性。
- 可扩展性：分层架构允许对系统的不同层次进行独立的扩展。这种松耦合的设计使系统更加灵活，能够适应不同规模和需求的变化。
- 可重用性：通过明确定义层次之间的接口和依赖关系，分层架构可以促进代码的重用。某个层次的组件可以在不同的系统中重复使用，可以提高开发效率。

2. 缺点

- 增加复杂性：分层架构会引入额外的层次和接口，会增加系统的复杂性。这需要架构师和开发人员具备良好的设计能力，以确保层次之间依赖关系，并保证协作的高效。
- 性能开销：由于分层架构涉及多个层次之间的通信和数据传递，可能会引入一定的性能开销。特别是在大规模和高并发的系统中，需要仔细设计和优化，以确保系统的性能达到要求。
- 过度设计：在某些情况下，过度使用分层架构可能导致过度设计。如果系统规模较小或需求变化频繁，过于复杂的分层结构可能会增加开发成本和维护难度。
- 增加通信成本：分层架构中不同层次之间的通信可能涉及多次数据传递和转换，会增加通信成本和延迟。
- 不适合简单系统：对于小规模和简单的应用，分层架构可能过于烦琐和冗余，不是最佳选择。在这些情况下，采用简单的单层架构可能更加高效和直观。

这些优点和缺点需要在具体的应用场景中进行权衡和评估，以选择合适的架构模式。分层架构在大多数情况下是一种强大而灵活的架构模式，但在某些特定情况下可能需要考虑其他架构选项。

12.3.3 分层架构的应用场景

分层架构是一种通用的软件架构模式，适用于很多场景。以下是一些适合采用分层架构的应用场景。

（1）Web应用程序：分层架构适用于构建Web应用程序，其中可以将UI层、业务逻辑层和数据访问层分离。这样可以实现良好的模块化和可维护性，方便前端和后端开发团队协同工作。

（2）企业应用程序：对于大型的企业应用程序，分层架构可以帮助管理复杂的业务逻辑和数据流。不同的层次可以处理不同的业务功能，使应用程序更易于开发、测试和维护。

（3）移动应用程序：分层架构在移动应用程序开发中也有广泛应用。通过将用户界面、业务逻辑和数据访问分离，可以实现代码重用和跨平台开发，同时保持良好的可维护性和可扩展性。

（4）大型系统集成：在构建大型系统集成解决方案时，分层架构可以帮助将系统划分为多个模块和子系统，每个模块负责不同的功能。这种架构模式可以提高系统的可伸缩性、可维护性和可测试性。

（5）面向服务的架构（SOA）：分层架构是构建面向服务的架构的一种常见方式。通过将服务划分为不同的层次，可以实现松耦合和可重用的服务组件，促进系统的灵活性和可扩展性。

要注意的是，分层架构并非适用于所有应用场景。在简单和小规模的应用中，使用分层架构可能会增加不必要的复杂性。因此，在选择架构模式时，应综合考虑应用的规模、需求和复杂性，并根据实际情况做出选择。

12.3.4 案例1：使用ChatGPT辅助医院管理系统进行分层架构设计

下面通过一个具体案例介绍一下如何使用ChatGPT辅助进行分层架构设计。

案例背景

有一家大型医院，他们希望开发一个综合的医院管理系统，用于管理病人的就诊信息、医生的排班信息和药物信息。系统需要提供病人预约挂号、医生排班安排、药物库存管理等功能，以提高医院的工作效率和服务质量。

基于这个背景，架构师Tom使用ChatGPT辅助设计分层架构。

动手示例

Tom向ChatGPT发送如下请求消息。

我们正在开发一个医院管理系统，旨在提高医院的工作效率和服务质量。这个系统需要管理病人的就诊信息、医生的排班信息和药物信息。我们希望使用分层架构来设计这个系统，并希望能够借助ChatGPT进行架构设计。

ChatGPT的回答如下。

好的，我很乐意帮助你设计这个医院管理系统的分层架构。首先，我们可以讨论一下系统的功能和需求，以确保我们理解清楚。你能给我一些关于系统功能和需求的详细信息吗?

Tom向ChatGPT发送如下请求消息。

当然。系统的主要功能包括病人预约挂号、医生排班安排和药物库存管理。病人预约挂号功能应该允许病人通过系统预约就诊，同时提供病人信息管理和排队等待功能。医生排班安排功能应该支持对医生排班表的管理和调整，以确保医生资源的合理利用。药物库存管理功能应该跟踪药物的库存情况，并提供药物配方和药品交付等功能。

ChatGPT的回答如下。

非常清楚。根据你提供的信息，我们可以将系统划分为以下模块：病人管理模块、医生排班模块和药物管理模块。这些模块可以负责各自的功能，并通过定义清晰的接口进行交互。接下来，我们可以确定这些模块的职责和功能。

Tom向ChatGPT发送如下请求消息。

病人管理模块应该负责病人信息的添加、查询和更新，同时管理病人的预约和排队信息。医生排班模块应该负责医生排班表的管理和调整，以及提供医生的可用时间表。药物管理模块应该负责跟踪药物的库存情况，提供药物配方和药品交付的功能。

ChatGPT的回答如下。

非常好。接下来，我们可以讨论这些模块之间的交互方式。例如，病人管理模块可能需要调用医生排班模块来获取医生的排班信息，以便病人进行预约。同时，药物管理模块可能需要与数据访问层进行交互，以获取药物的库存信息。

Tom向ChatGPT发送如下请求消息。

没错。我们可以使用分层架构来组织这些模块。我们可以将表示层放在最上层，用于处理用户的输入和输出。业务逻辑层可以负责处理各个模块之间的业务逻辑和交互。数据访问层可以负责与数据库进行交互，包括读取和存储数据。最底层是数据库层，用于存储系统的数据。

ChatGPT的回答如下。

非常合理。通过这种分层架构，我们可以实现模块的职责分离，提高系统的可维护性和可扩展性。同时，你还可以考虑使用一些常见的设计模式来进一步优化系统的架构，如依赖注入、观察者模式等。

Tom向ChatGPT发送如下请求消息。

谢谢你的建议。我会考虑这些设计模式，并结合实际需求进行系统的架构设计。你的帮助真是太有价值了!

通过与ChatGPT的反复讨论和修改，Tom可以不断完善医院管理系统的分层架构设计。要确保各个层次之间的交互清晰明确，职责分离，同时要考虑系统的可维护性、可扩展性和性能。

这样，在ChatGPT的辅助下，Tom可以更好地设计医院管理系统的分层架构，满足医院的需求并提高系统的效率和可靠性。

最后，Tom让ChatGPT帮助进行归纳总结。

动手示例

Tom向ChatGPT发送如下请求消息。

将我们刚才讨论的医院管理系统归纳一下。

ChatGPT的回答如下。

当讨论医院管理系统的分层架构时，我们得出了以下结论：

系统功能和需求：医院管理系统的功能包括病人预约挂号、医生排班安排和药物库存管理。

模块划分：将系统划分为病人管理模块、医生排班模块和药物管理模块。

模块职责和功能：

- 病人管理模块：负责病人信息的添加、查询和更新，管理病人的预约和排队信息。
- 医生排班模块：负责对医生排班表的管理和调整，提供医生的可用时间表。
- 药物管理模块：负责跟踪药物的库存情况，提供药物配方和药品交付的功能。

分层架构设计：

- 表示层（Presentation Layer）：处理用户的输入和输出，包括UI Controller和User Interface。
- 业务层（Business Layer）：处理各个模块的业务逻辑，包括病人管理、医生排班和药物管理。
- 数据访问层（Data Access Layer）：与数据库进行交互，包括读取和存储数据。
- 数据库层（Database Layer）：存储系统的数据。

设计模式：可以考虑使用一些常见的设计模式来优化系统的架构，如依赖注入、观察者模式等。

通过这样的分层架构设计，我们可以实现模块的职责分离，提高系统的可维护性和可扩展性。同时，根据实际需求，我们可以进一步完善和优化系统的架构。

Tom不喜欢大段文字，为了厘清思路，他让ChatGPT把这个设计方案绘制成思维导图。

动手示例

Tom向ChatGPT发送如下请求消息。

把设计方案归纳成用Markdown代码表示的思维导图。

ChatGPT的回答如下。

当讨论医院管理系统的分层架构时，得出以下设计方案的归纳总结：

```
# 医院管理系统分层架构设计方案

## 系统功能和需求
- 病人预约挂号
- 医生排班安排
- 药物库存管理

## 模块划分
- 病人管理模块
- 医生排班模块
- 药物管理模块

## 模块职责和功能
### 病人管理模块
- 病人信息的添加、查询和更新
- 管理病人的预约和排队信息

### 医生排班模块
- 医生排班表的管理和调整
- 提供医生的可用时间表

### 药物管理模块
- 跟踪药物的库存情况
- 提供药物配方和药品交付的功能

## 分层架构设计
- 表示层(Presentation Layer)
  - UI Controller
  - User Interface

- 业务层(Business Layer)
  - 病人管理
  - 医生排班
  - 药物管理

- 数据访问层(Data Access Layer)
  - 与数据库进行交互，读取和存储数据
```

```
- 数据库层（Database Layer）
  - 存储系统的数据

## 设计模式
- 可考虑使用依赖注入、观察者模式等来优化系统架构
```

复制上述代码并保存为“医院管理系统分层架构设计方案.md”文件，然后参考3.1.5小节相关内容，使用XMind工具将文件“医院管理系统分层架构设计方案.md”文件导入工具，获得的思维导图如图12-2所示。

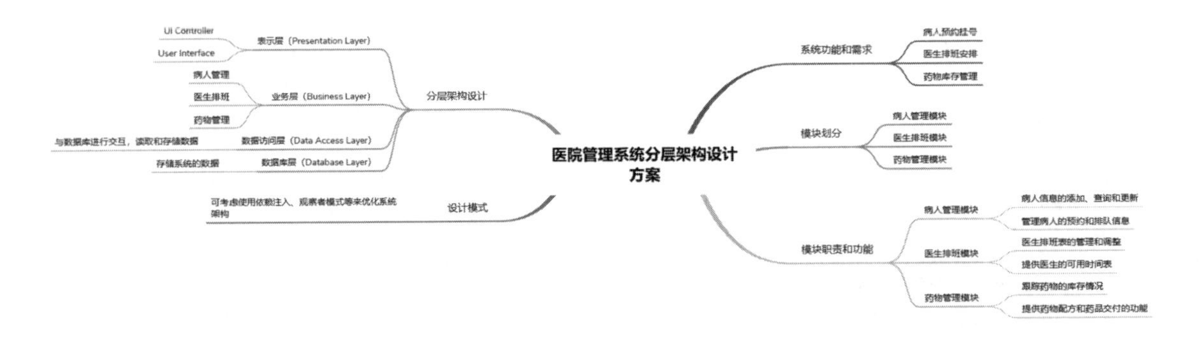

图12-2 医院管理系统分层架构设计方案思维导图

通过思维导图可以很直观地查看设计方案，但是Tom还希望使用ChatGPT绘制组件图。

动手示例

Tom向ChatGPT发送如下请求消息。

使用PlantUML绘制医院管理系统组件图。

ChatGPT的回答如下。

当然，下面是使用PlantUML绘制的医院管理系统的组件图：

```
graph TD

subgraph 表示层
UI_Controller --> User_Interface;
User_Interface --> 用户;
end

subgraph 业务层
```

```
用户 --> 病人管理模块；
用户 --> 医生排班模块；
用户 --> 药物管理模块；
end

subgraph 数据访问层
病人管理模块 --> 数据库；
医生排班模块 --> 数据库；
药物管理模块 --> 数据库；
end

subgraph 数据库层
数据库；
end
```

将代码复制到PlantUML工具中进行渲染，结果如图 12-3 所示。

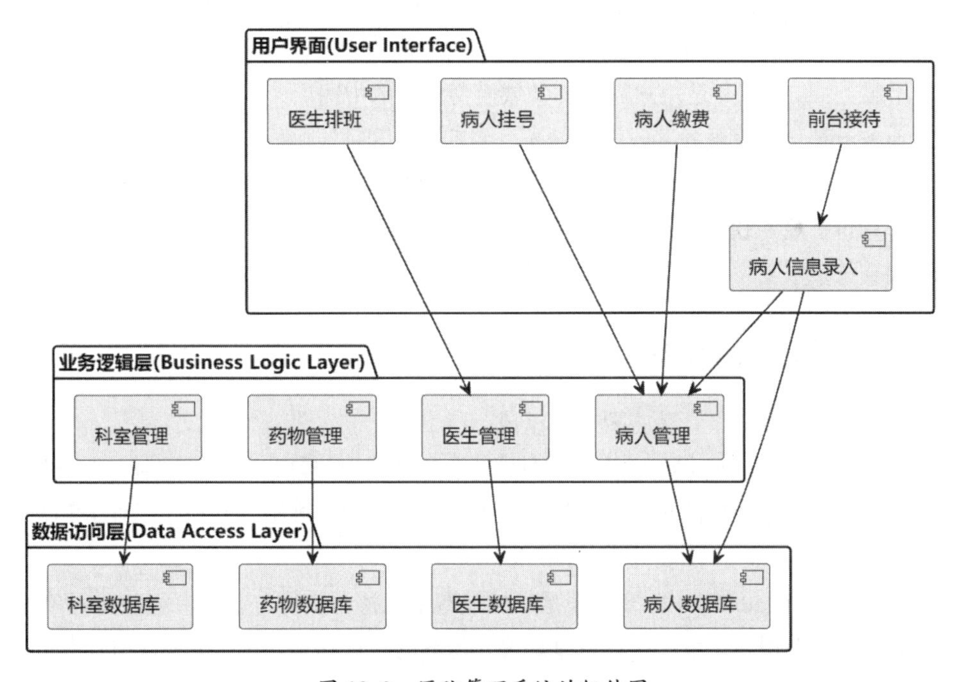

图 12-3　医院管理系统的组件图

12.4 领域驱动设计架构

领域驱动设计（Domain-Driven Design，简称DDD）是一种软件架构方法，旨在通过将业务领域和软件设计紧密结合，提供高度可理解、可维护和可扩展的软件系统。以下是关于领域驱动设计架构的重要概念的介绍。

（1）领域模型：领域驱动设计的核心是领域模型。领域模型是对业务领域的抽象和映射，它包含了业务概念、规则和行为。通过对领域模型的建模，可以更好地理解业务需求，并将其转化为可执行的软件实现。

（2）聚合根：在领域驱动设计中，聚合根是领域模型中的核心概念。聚合根是一组相关对象的根实体，它们在业务上具有一致性边界，并通过聚合根进行访问和操作。聚合根定义了领域模型中的一些关键操作，例如数据修改和业务规则的执行。

（3）领域服务：领域服务是一种操作领域模型之外的业务逻辑的方式。它们提供了对领域模型的高级操作，并与聚合根和其他领域对象进行交互。领域服务可以被多个领域对象共享，用于解决复杂的业务场景。

（4）限界上下文：在领域驱动设计中，限界上下文是将业务领域划分为不同的上下文，每个上下文都具有自己的领域模型和业务规则。通过定义明确的上下文边界，可以实现更好的模块化和可扩展性，同时减少领域模型之间的复杂性和耦合。

（5）领域事件：领域事件是领域驱动设计中的重要概念，用于表示系统中发生的重要业务事件。通过记录和发布领域事件，可以实现领域模型之间的解耦和通信，以及支持事件驱动架构的实现。

（6）应用服务：应用服务是用户界面和领域模型之间的中间层，负责协调用户请求、调用领域模型和处理业务流程。应用服务接收用户输入，将其转化为领域操作，并将结果返回给用户界面。

域驱动设计架构可以帮助开发团队更好地理解业务需求，减少开发过程中的误解和沟通成本，并提供可维护和可扩展的软件系统。它将重点放在业务领域的核心概念和规则上，并通过良好的领域模型设计和聚合根定义，实现更高效、可靠的软件开发。

12.4.1 领域驱动设计架构的组成部分

领域驱动设计架构由以下几个主要部分组成。

（1）领域模型（Domain Model）：领域模型是对业务领域的抽象和映射，它包含业务概念、规则和行为。领域模型是整个架构的核心，它反映业务的本质和业务规则，同时也是业务和技术之间的桥梁。

（2）聚合根（Aggregate Root）：聚合根是领域模型中的核心实体，它是一组相关对象的根实体，具有一致性边界和生命周期。聚合根负责维护聚合内部的一致性，并定义操作聚合的规则。

（3）领域服务（Domain Service）：领域服务是一种操作领域模型之外的业务逻辑的方式。它提供对领域模型的高级操作，并与聚合根和其他领域对象进行交互。领域服务通常处理复杂的业务场景，或者跨越多个聚合根的操作。

（4）限界上下文（Bounded Context）：限界上下文将业务领域划分为不同的上下文，每个上下文都有自己的领域模型和业务规则。限界上下文有助于将大型系统拆分为更小的、自治的模块，以减少复杂性并提高可扩展性。

（5）领域事件（Domain Event）：领域事件是领域驱动设计中的重要概念，用于表示系统中发生的重要业务事件。领域事件可以被发布和订阅，实现领域模型之间的解耦和通信。通过领域事件，可以在不同的限界上下文之间实现事件驱动的协作。

（6）应用服务（Application Service）：应用服务是用户界面和领域模型之间的中间层，负责协调用户请求、调用领域模型和处理业务流程。应用服务接收用户输入，将其转化为领域操作，并将结果返回给用户界面。

以上组成部分共同构成领域驱动设计架构的基础，通过合理的组织和设计，可以实现高度可理解、可维护和可扩展的软件系统。

领域驱动设计架构的组件图如图 12-4 所示。

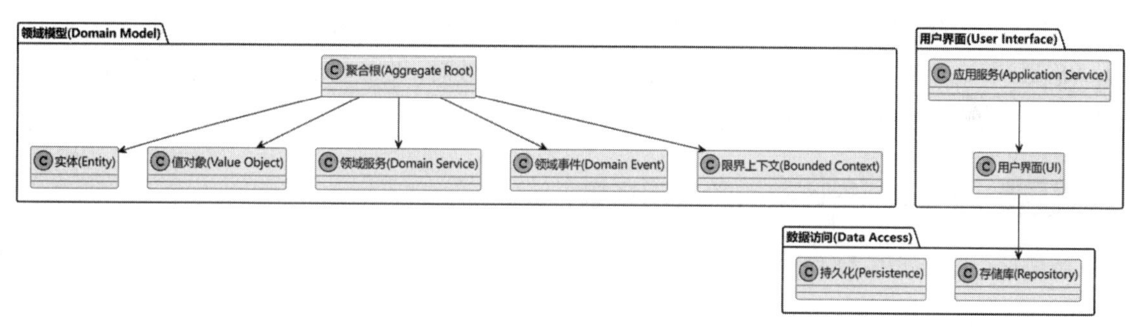

图 12-4　领域驱动设计架构组件图

12.4.2 领域驱动设计架构的优缺点

领域驱动设计架构的优点和缺点如下。

1. 优点

- 高内聚性：领域驱动设计架构将业务逻辑和数据模型紧密结合，使代码具有高内聚性。每个领域对象都有自己的职责和行为，更容易理解和维护。
- 易于迭代开发：DDD鼓励通过迭代方式开发系统，可以更好地应对需求变化。通过将复杂业务逻辑划分为领域对象和聚合根，可以快速地进行开发和修改，可以降低开发风险。
- 易于理解和沟通：DDD采用业务领域模型作为核心，以业务术语和概念为基础进行设计和实现。这样，开发团队和领域专家之间可以更好地进行沟通和理解，从而减少沟通成本和误解。
- 高可测试性：领域驱动设计架构通过将业务逻辑封装在领域对象中，使代码更容易进行单元测试和集成测试。可以更好地模拟和验证业务行为，提高软件质量。
- 可扩展性和灵活性：领域驱动设计架构强调模块化和松耦合，使系统更具扩展性和灵活性。通过定义清晰的聚合边界和领域服务，可以独立地开发和部署各个领域对象，适应系统的需求变化。

2. 缺点

- 学习和理解成本较高：领域驱动设计架构需要对领域建模和业务概念有较深的理解。对于开发团队中缺乏领域专家的情况，学习和理解成本可能较高。
- 增加开发复杂性：领域驱动设计架构需要对领域对象、聚合根、值对象等进行精细的设计和实现。这可能增加开发的复杂性和工作量。
- 需要合适的项目规模：领域驱动设计架构更适合复杂的业务系统，对于小型项目或简单的系统来说，可能过于烦琐和冗余。
- 需要高度的团队协作：领域驱动设计架构要求开发团队和领域专家之间高度协作和沟通。如果团队成员之间合作不良或沟通不畅，可能影响架构的实施效果。

总的来说，领域驱动设计架构通过将业务领域模型置于核心，以业务概念为基础进行设计和实现，提供一种高内聚、易于迭代开发和理解的架构模式。然而，它也需要团队对业务领域有深入的理解，同时要求高度的团队协作和适当的项目规模。

12.4.3 领域驱动设计架构的应用场景

领域驱动设计架构适用于以下场景。

（1）复杂的业务领域：当业务领域复杂且具有深层次的业务逻辑时，领域驱动设计可以帮助开发团队更好地理解业务概念和建模，从而更有效地设计和实现系统。

（2）需要高度可扩展性和灵活性：当系统需要经常面对需求变化或需要快速适应新业务规则时，领域驱动设计可以提供模块化、松耦合的架构模式，使系统更具可扩展性和灵活性。

（3）多个业务上下文的系统：当系统中存在多个业务上下文，每个上下文都有自己的领域模型和业务规则时，领域驱动设计能够帮助开发团队将系统分解为多个限界上下文，更好地组织和管理业务逻辑。

（4）需要高可测试性和保证质量：领域驱动设计强调将业务逻辑封装在领域对象中，使代码更容易进行单元测试和集成测试。这可以提高系统的可测试性并保证质量。

（5）需要与领域专家密切合作：领域驱动设计鼓励开发团队与领域专家紧密合作，共同建立领域模型和业务规则。因此，在需要与领域专家频繁沟通和协作的项目中，领域驱动设计是一种合适的选择。

要注意的是，领域驱动设计并不适用于所有项目和场景。对于简单的系统或小规模项目，过于复杂的领域驱动设计可能会增加不必要的开发成本和复杂性。因此，在应用领域驱动设计时，需要根据具体情况进行评估和权衡。

12.4.4 案例2：使用ChatGPT辅助电子商务平台进行领域驱动设计架构的设计

下面通过一个具体案例介绍一下使用ChatGPT进行领域驱动设计架构的设计。

案例背景

假设有一个名为eCommerceMart的电子商务平台，该平台提供各种商品的在线购买和交易服务。eCommerceMart希望通过领域驱动设计架构来构建一个高度可扩展和灵活的平台，以满足用户的需求并提供卓越的购物体验。

基于这个背景，架构师Tom使用ChatGPT辅助进行领域驱动设计架构的设计。

动手示例

Tom向ChatGPT发送如下请求消息。

我们的目标是为eCommerceMart设计一个高度可扩展和灵活的电子商务平台，我希望使用领域驱动设计架构来实现这个目标。我可以通过一些问题了解更多业务需求和功能吗?

ChatGPT的回答如下。

当然！ eCommerceMart是一个电子商务平台，我们希望用户能够在平台上浏览商品、下订单、进行支付，并获得良好的购物体验。平台需要支持商品管理、订单管理、支付处理等核心功能。

Tom向ChatGPT发送如下请求消息。

非常感谢！关于商品管理，您希望系统具备哪些特点?

ChatGPT的回答如下。

我们需要能够添加、编辑和删除商品信息，并且能够对商品进行分类和搜索。每个商品应该有唯一的标识符、名称、描述、价格和库存信息。

Tom向ChatGPT发送如下请求消息。

明白了。在订单管理方面，您希望系统能够支持哪些功能?

ChatGPT的回答如下。

用户应该能够将商品添加到购物车并下订单，订单应该包含商品信息、数量、价格和收货地址等。系统应该能够处理订单的创建、取消和支付，并提供订单状态的跟踪。

Tom向ChatGPT发送如下请求消息。

好的。最后，关于支付处理，您希望系统具备哪些功能?

ChatGPT的回答如下。

我们需要能够支持多种支付方式，如信用卡支付、支付宝、微信支付等。系统应该能够与第三方支付平台进行集成，确保安全可靠的支付过程。

Tom向ChatGPT发送如下请求消息。

非常感谢您提供的信息！根据我们的对话，我会将这些功能和要求纳入领域驱动设计架构的设计中。我们将定义商品领域模型、订单领域模型和支付领域模型，并在业务层中实现相应的业务逻辑。

ChatGPT的回答如下。

非常期待看到最终的系统设计！如果有任何进一步的问题，请随时向我提问。

通过这样的对话，架构师Tom能够更深入地了解业务专家对电子商务平台的需求和功能要求，并将这些信息应用于领域驱动设计架构的设计过程。ChatGPT作为辅助工具，可以帮助架构师提出问题、整理信息，并促进双方之间的沟通和理解。

最后，Tom让ChatGPT进行归纳总结。

动手示例

Tom向ChatGPT发送如下请求消息。

帮我们对刚才讨论的eCommerceMart电子商务平台进行归纳。

ChatGPT的回答如下。

根据我们刚才的讨论，对于eCommerceMart电子商务平台，可以进行如下归纳:

1. 用户界面(UI): 负责与用户进行交互，展示商品列表、购物车、订单等信息，并提供用户注册、登录、支付等功能。

2. 应用服务(Application Service): 作为用户界面与领域层之间的接口，接收用户请求，处理业务逻辑，协调各个领域对象之间的交互。

3. 聚合根(Aggregate Root): 定义业务上的一致性边界，聚合相关的实体和值对象，并对其进行管理和操作，如订单聚合根、商品聚合根等。

4. 实体(Entity): 具有唯一标识并拥有自己的生命周期，代表业务领域中的具体对象，如用户、商品、订单等。

5. 值对象(Value Object): 没有唯一标识，通过其属性来描述某个概念或特定的值，如商品价格、订单地址等。

6. 领域服务(Domain Service): 处理业务逻辑，封装与具体实体和值对象无关的操作，提供更高层次的业务操作。

7. 领域事件(Domain Event): 表示领域中发生的某些重要事件，用于通知其他部分对该事件做出响应，如订单创建事件、商品下架事件等。

8. 数据访问(Data Access): 负责与数据库进行交互，存取实体和值对象的持久化数据。

9. 外部服务(External Service): 与外部系统进行集成，如支付接口、物流接口等。

10. 消息队列(Message Queue): 用于异步处理和解耦不同组件之间的消息通信，如订单下单消息队列、库存更新消息队列等。

以上是对eCommerceMart电子商务平台的归纳，涵盖不同层级和组件，以支持领域驱动设计架构的实现。这些组件相互协作，共同构建一个可扩展和灵活的电子商务平台。

Tom不喜欢大段文字，为了厘清思路，他让ChatGPT把这个设计方案绘制成思维导图。

动手示例

Tom向ChatGPT发送如下请求消息。

把设计方案归纳成用Markdown代码表示的思维导图。

ChatGPT的回答如下。

下面是将设计方案归纳为用Markdown代码表示的思维导图:

```
# eCommerceMart电子商务平台设计方案

- 用户界面(UI)
  - 商品列表
  - 购物车
  - 订单管理

- 应用服务(Application Service)
  - 用户注册
  - 用户登录
  - 商品浏览
  - 下单流程
```

```
    - 支付处理

  - 聚合根(Aggregate Root)
    - 订单聚合根
    - 商品聚合根

  - 实体(Entity)
    - 用户
    - 商品
    - 订单

  - 值对象(Value Object)
    - 商品价格
    - 订单地址

  - 领域服务(Domain Service)
    - 库存管理
    - 订单处理
    - 用户认证

  - 领域事件(Domain Event)
    - 订单创建事件
    - 商品下架事件

  - 数据访问(Data Access)
    - 数据库交互
    - 实体和值对象的持久化

  - 外部服务(External Service)
    - 支付接口
    - 物流接口

  - 消息队列(Message Queue)
    - 订单下单消息队列
    - 库存更新消息队列
```

复制上述代码并保存为“eCommerceMart电子商务平台设计方案.md”文件，然后参考 3.1.5 小节相关内容，使用XMind工具将文件“eCommerceMart电子商务平台设计方案.md”导入工具，获得的思维导图如图 12-5 所示。

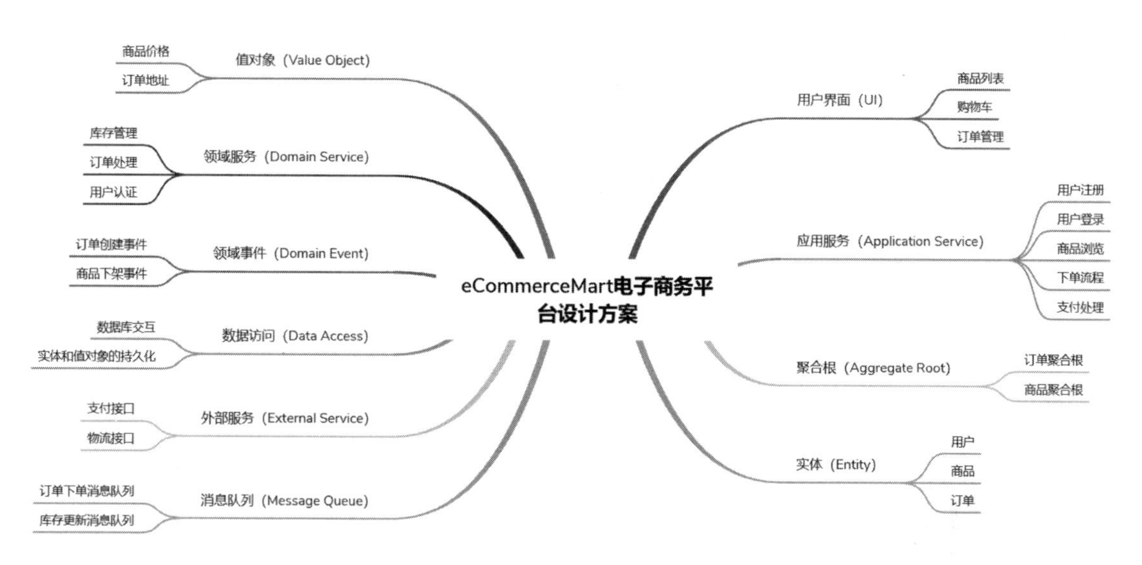

图 12-5　eCommerceMart 电子商务平台设计方案思维导图

通过思维导图可以很直观地查看设计方案，但是Tom还希望使用ChatGPT绘制组件图。

动手示例

Tom向ChatGPT发送如下请求消息。

请使用PlantUML绘制eCommerceMart电子商务平台设计方案组件图。

ChatGPT的回答如下。

以下是使用PlantUML绘制的eCommerceMart电子商务平台设计方案组件图的代码表示:

```
@startuml
skinparam componentStyle uml2

package "用户界面 (UI)" {
  [商品列表]
  [购物车]
  [订单管理]
}

package "应用服务 (Application Service)" {
  [用户注册]
  [用户登录]
  [商品浏览]
```

```
    [下单流程]
    [支付处理]
  }

  package "领域层 (Domain Layer)" {
    package "聚合根 (Aggregate Root)" {
      [订单聚合根]
      [商品聚合根]
    }

    package "实体 (Entity)" {
      [用户]
      [商品]
      [订单]
    }

    package "值对象 (Value Object)" {
      [商品价格]
      [订单地址]
    }

    package "领域服务 (Domain Service)" {
      [库存管理]
      [订单处理]
      [用户认证]
    }

    package "领域事件 (Domain Event)" {
      [订单创建事件]
      [商品下架事件]
    }
  }

  package "数据访问层 (Data Access Layer)" {
    [数据库交互]
    [实体和值对象的持久化]
  }

  package "外部服务 (External Service)" {
    [支付接口]
    [物流接口]
```

```
}

package "消息队列 (Message Queue)" {
  [订单下单消息队列]
  [库存更新消息队列]
}

[用户界面] --> [用户注册]
[用户界面] --> [商品浏览]
[用户界面] --> [下单流程]
[用户界面] --> [订单管理]

[应用服务] --> [领域服务]
[领域服务] --> [外部服务]

[聚合根] --> [实体]
[聚合根] --> [值对象]
[实体] --> [数据访问层]

[领域事件] --> [消息队列]

@enduml
```

将代码复制到PlantUML工具中进行渲染，由于图很大，笔者进行了简化，结果如图 12-6 所示。

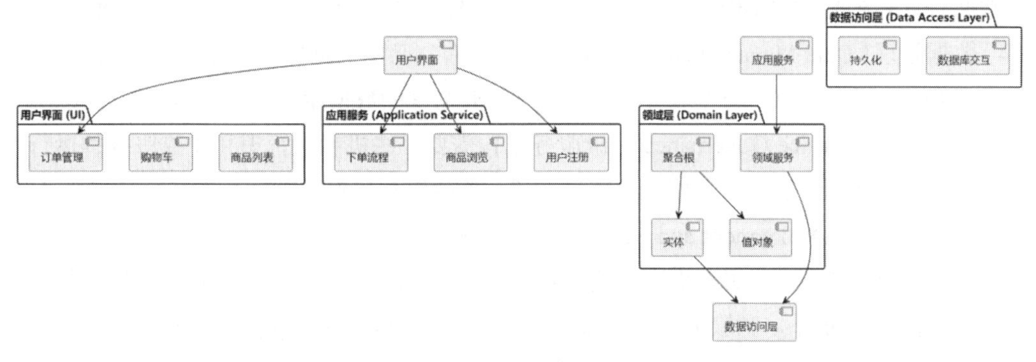

图 12-6 eCommerceMart 电子商务平台设计方案组件图

12.5 微服务架构

微服务架构是一种软件架构风格，它将应用程序拆分为一组小型、独立的服务，每个服务都可以独立开发、部署和扩展。这种架构风格的发展可以追溯到面向服务的架构（Service-Oriented

Architecture，SOA）的概念，但微服务架构更加注重服务的独立性和自治性。

微服务架构的发展概况如下。

- 早期阶段：在过去的几十年里，单体应用程序是主流的开发方式，所有的功能都集中在一个单独的应用。
- SOA时代：随着SOA的兴起，应用程序被拆分为一组松散耦合的服务，每个服务提供一组相关的功能。这些服务可以通过标准的接口进行通信，但通常使用重型的企业服务总线（Enterprise Service Bus，ESB）。
- 微服务时代：随着互联网规模的扩大和技术的发展，微服务架构开始受到关注。微服务架构将应用程序拆分为一组更小、更独立的服务，每个服务都有自己的数据库和业务逻辑。这些服务使用轻量级的通信机制（如RESTful API）进行通信，可以独立部署和扩展。

12.5.1 微服务构架的组成部分

微服务架构由多个相互协作的微服务组成，每个微服务都是独立的、自治的。以下是微服务架构的主要组成部分。

（1）服务（Services）：微服务架构由多个独立的服务组成，每个服务负责执行特定的业务功能。服务可以以不同的粒度进行划分，通常以业务边界或功能模块为基础。

（2）服务注册与发现（Service Registration and Discovery）：微服务需要一种机制来注册自己并使其他服务能够发现和调用。常见的做法是使用服务注册与发现的工具或框架，例如Consul、Eureka和ZooKeeper。

（3）服务间通信（Inter-Service Communication）：微服务之间需要进行通信，以实现业务功能的协作。常见的通信方式包括同步的请求-响应模式（如HTTP API）和异步的消息传递（如消息队列）。

（4）数据管理（Data Management）：每个微服务都有自己的数据库或数据存储，用于存储和管理与其业务功能相关的数据。每个服务可以选择适合其需求的数据库技术和数据访问模式。

（5）服务治理（Service Governance）：微服务架构需要一些机制来管理和监控服务的运行状态、性能和可用性。这包括日志记录、监控、错误处理、负载均衡和故障恢复等方面。

（6）部署与扩展（Deployment and Scaling）：微服务可以独立部署和扩展，每个服务可以根据需求进行水平或垂直的扩展。常见的做法是使用容器化技术（如Docker）来实现快速、可重复的部署。

（7）安全性（Security）：微服务架构需要考虑服务之间的安全性，包括认证、授权、数据隔离和通信加密等方面。

以上是微服务架构的一些主要组成部分，每个部分在整个架构中发挥着重要的作用。在设计和实施微服务架构时，需要综合考虑这些组成部分，并根据具体的业务需求和技术栈选择适当的实现方式。

微服务架构的组件图如图 12-7 所示。

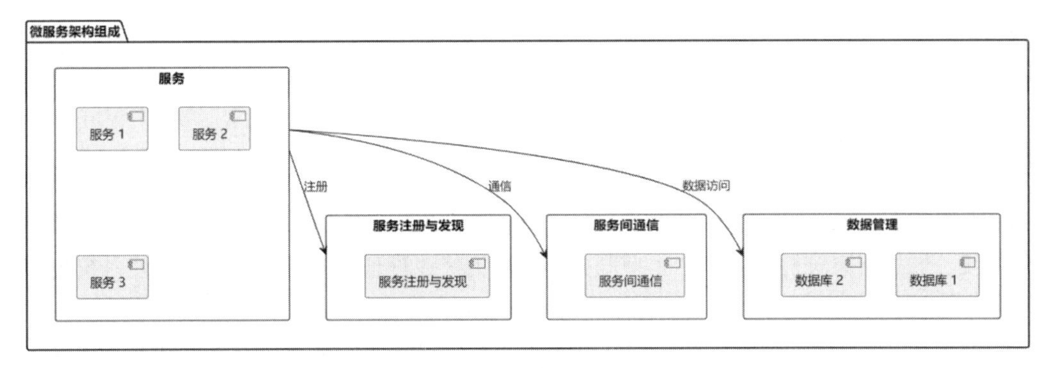

图 12-7　微服务架构组件图

12.5.2 微服务构架的优缺点

下面是微服务架构的一些常见优点和缺点。

1. 优点

- 灵活性和可扩展性：微服务架构将一个大型系统拆分为多个小型服务，每个服务都可以独立开发、部署和扩展。这种模块化的设计使系统更容易适应变化和扩展。
- 独立开发和部署：每个微服务都是独立的，可以由不同的团队负责开发和部署。这样可以提高开发效率，并且不会因为一个服务的故障而影响整个系统的稳定性。
- 技术多样性：微服务架构允许每个服务使用适合其需求的最佳技术栈。这使团队可以选择最适合其服务的技术，从而提高系统的灵活性和性能。
- 独立伸缩性：由于每个微服务都是独立的，可以根据需求对特定的服务进行单独的扩展，而不必扩展整个系统。这种精确的伸缩性可以优化资源利用和性能。
- 容错性和可恢复性：当一个微服务发生故障时，其他服务仍然可以正常工作，从而增强系统的容错性。此外，如果一个服务失败，可以更容易地进行快速恢复和替换。

2. 缺点

- 复杂性和管理成本：微服务架构会引入更多的服务和组件，从而增加系统的复杂性。管理和监控大量的微服务需要专业的工具和技术，并且可能需要更多的人力资源来处理。
- 分布式系统挑战：微服务架构依赖于分布式系统，这会引入一些新的挑战，如网络延迟、数据一致性、分布式事务等。处理这些挑战需要更高级的架构和技术。
- 服务间通信开销：微服务架构中的服务之间需要通过网络进行通信。这会增加一定的通信开销和延迟，特别是在跨多个服务的场景中。
- 部署和运维复杂性：由于微服务架构涉及多个服务和组件，部署和运维变得更加复杂。需要使用自动化工具和流程来简化部署和监控任务。
- 数据管理挑战：微服务架构中的每个服务可能都有自己的数据库或数据存储，这会增加数据管理的挑战，如数据一致性、数据复制和跨服务查询等。

需要根据具体的应用场景和需求来评估微服务架构的优缺点，并权衡利弊，以确定是否适合采用微服务架构。

12.5.3 微服务构架的应用场景

（1）大型复杂系统：微服务架构适用于大型、复杂的系统，特别是那些需要高度可扩展性和灵活性的系统。通过将系统拆分为多个小型服务，可以更好地管理系统的复杂性，并使系统更容易扩展和维护。

（2）敏捷开发：微服务架构支持敏捷开发方法论，使团队能够更快地交付新功能和更新。每个微服务都可以由一个小团队独立开发，从而加快开发周期，并允许团队在不同的服务上进行并行开发。

（3）多团队协作：微服务架构使多个团队能够独立开发和维护不同的服务。这种模块化的设计使不同团队之间的协作更加灵活和高效，可以快速响应业务需求。

（4）弹性和可伸缩性需求：微服务架构可以针对每个服务进行单独的伸缩，以满足不同服务的负载需求。这种弹性和可伸缩性使系统能够根据实际需求进行资源分配，提高系统的性能和可用性。

（5）技术多样性：微服务架构允许每个服务选择适合其需求的最佳技术栈。这使团队可以选择最适合其服务的技术，从而提高系统的灵活性和性能。

（6）可持续集成和部署：微服务架构支持持续集成和部署，使团队能够更频繁地发布新的功能和更新。每个微服务可以独立进行测试、构建和部署，从而提高发布速度和质量。

需要根据具体的业务需求和技术要求来评估微服务架构的适用性。微服务架构适合于大型、复杂的系统，需要高度可扩展性、敏捷开发和多团队协作的场景。然而，在应用微服务架构时，也需要考虑相应的挑战和复杂性。

12.5.4 案例3：电商微服务架构设计

下面我们通过具体示例解释一下如何使用ChatGPT辅助服务架构设计。

案例背景

一个电商初创公司要打造自己的电商平台，具有以下特征。

（1）团队规模较小，初期20～30人，大部分为开发人员。

（2）需求比较灵活，需要能够快速推出新功能以匹配市场。

（3）早期访问量较大变化，需要选择高扩展性的技术架构。

（4）资金有限，无法投入太多服务器与人力成本进行大规模运维。

基于上述背景，架构师Tom想与ChatGPT讨论微服务架构的设计方案。

动手示例

Tom 向 ChatGPT 发送如下请求消息。

我们电商初创公司要打造电商平台，具有以下特征。你是否推荐我们选择微服务架构?

1. 团队规模较小，初期 20 ~ 30 人，大部分为开发人员。
2. 需求比较灵活，需要能够快速推出新功能以匹配市场。
3. 早期访问量较大变化，需要选择高扩展性的技术架构。
4. 资金有限，无法投入太多服务器与人力成本进行大规模运维。

ChatGPT 的回答如下。

根据您公司的特征，我强烈推荐选择微服务架构:

1. 微服务架构易于CI/CD，非常适合小团队开发和快速交付，可以快速推出新功能匹配市场需求。
2. 微服务高度解耦和扩展性好，可以根据访问量灵活扩容，符合早期访问量变化大的需求。
3. 微服务资源隔离，个别服务故障不影响其他服务。可以选择适度投入资源进行运维，不必搭建大规模的单体应用设施。
4. 微服务开源生态丰富，可以选择成熟框架进一步降低开发难度和成本。由于资金和人手有限，微服务是最适合您公司当前特征的选择。但要注意服务拆分粒度和测试难度较大，数据一致性和分布式问题也需要重点关注。

总体来说，微服务的简单与灵活可以助您公司快速成长，我可以提供详细的技术方案与最佳实践参考。

Tom 向 ChatGPT 发送如下请求消息。

首先需要划分服务，这对微服务的设计至关重要。你有什么具体的服务拆分建议? 我们需要商品、订单、用户等功能。

ChatGPT 的回答如下。

这里是一个可选的服务拆分方案:

- 商品服务: 提供商品信息管理功能，包括增删改查等API。数据存储在MySQL中。
- 订单服务: 提供订单管理功能，包括下单、支付、发货与取消订单等API。使用RabbitMQ实现下单异步通知。
- 用户服务: 提供用户账号管理功能，包括注册、登录等API。数据存储在MongoDB中。
- 网关服务: 提供请求路由、鉴权与监控等网关功能。统一入口接入不同客户端访问。
- 支付服务: 提供支付相关API。目前可以选择第三方支付服务，将来可以自研。

- 优惠券服务：提供优惠券相关API。可以独立扩展以支持营销活动。

以上拆分主要考虑业务解耦、扩展性和高内聚性，可以根据实际情况进行调整，关键是各服务要高内聚和松耦合。需要注意的是数据一致性和分布式事物处理。请提供您的评估建议。

Tom向ChatGPT发送如下请求消息。

服务拆分方案完全满足要求，但需要注意订单和支付需要进行分布式事物处理，还需要注意用户和商品信息的一致性。我们需要确保功能的强一致性。

ChatGPT的回答如下。

您提出的意见非常精确。现在该服务拆分方案如下：

1. 订单与支付服务需要使用分布式事物保证数据强一致性。可以使用Seata或Fescar等解决方案。

2. 用户服务与商品服务也需保证强一致的用户与商品信息。可以在数据更改时通过发送MQ异步通知等方式实现。

3. 网关服务需要实现权限认证与请求合并，保证微服务安全性与效率。可以使用Oauth2等鉴权方案。除此之外，对整体技术方案的建议如下：

- Spring Cloud Alibaba：注册发现、负载均衡、配置中心等。
- Seata：分布式事务处理，保证订单与支付数据强一致。
- RabbitMQ：下单异步通知、用户与商品信息实时更新等。
- Oauth2：统一鉴权方案，在网关实现。
- Docker&K8S：工具与平台选型，方便CI/CD。
- MySQL，MongoDB：存储选型。
- Jenkins：持续集成方案。

如有需要可以深入探讨各个技术选项和实现方案。在解决强一致性和架构安全等关键问题上需要更加谨慎。

总体来说，该方案在兼顾业务与架构层面具有较高质量，请您再提供宝贵意见。我们希望在交互中不断优化和提高设计水平。

最后，Tom让ChatGPT进行归纳总结。

动手示例

Tom向ChatGPT发送如下请求消息。

请将设计方案进行归纳。

ChatGPT 的回答如下。

设计方案归纳如下：

架构选择：微服务架构。

服务拆分建议：

- 商品服务：提供商品信息管理功能，包括增删改查等 API，数据存储在 MySQL 中。
- 订单服务：提供订单管理功能，包括下单、支付、发货与取消订单等 API，使用 RabbitMQ 实现下单异步通知。
- 用户服务：提供用户账号管理功能，包括注册、登录等 API，数据存储在 MongoDB 中。
- 网关服务：提供请求路由、鉴权与监控等网关功能，统一入口接入不同客户端访问。
- 支付服务：提供支付相关 API，可以选择第三方支付服务，将来可以自研。
- 优惠券服务：提供优惠券相关 API，可以独立扩展以支持营销活动。

强一致性处理：

- 订单与支付服务需要使用分布式事务保证数据强一致性，可以使用 Seata 或 Fescar 等解决方案。
- 用户服务与商品服务也需保证强一致的用户与商品信息，可以在数据更改时通过发送 MQ 异步通知等方式实现。

技术选项：

- Spring Cloud Alibaba：注册发现、负载均衡、配置中心等。
- Seata：分布式事务处理，保证订单与支付数据强一致。
- RabbitMQ：下单异步通知、用户与商品信息实时更新等。
- Oauth2：统一鉴权方案，在网关实现。
- Docker&K8S：工具与平台选型，方便 CI/CD。
- MySQL，MongoDB：存储选型。
- Jenkins：持续集成方案。

需要注意的问题：

- 服务拆分粒度与测试难度。
- 数据一致性与分布式问题。
- 强一致性处理与架构安全。

以上是对设计方案的归纳，请根据实际情况进行调整和优化。

Tom 不喜欢大段文字，为了厘清思路，他让 ChatGPT 把这个设计方案绘制成思维导图。

动手示例

Tom 向 ChatGPT 发送如下请求消息。

把设计方案归纳成用 Markdown 代码表示的思维导图。

ChatGPT的回答如下。

下面是将设计方案归纳为用Markdown代码表示的思维导图:

```
# 电商微服务架构设计方案

## 架构选择
- 微服务架构

## 服务拆分建议
- 商品服务：提供商品信息管理功能，数据存储在MySQL中
- 订单服务：提供订单管理功能，使用RabbitMQ实现下单异步通知
- 用户服务：提供用户账号管理功能，数据存储在MongoDB中
- 网关服务：提供请求路由、鉴权与监控等网关功能
- 支付服务：提供支付相关API
- 优惠券服务：提供优惠券相关API

## 强一致性处理
- 订单与支付服务使用分布式事务保证数据强一致性
- 用户服务与商品服务保证强一致的用户与商品信息

## 技术选项
- Spring Cloud Alibaba
- Seata
- RabbitMQ
- Oauth2
- Docker&K8S
- MySQL，MongoDB
- Jenkins

## 注意事项
- 服务拆分粒度与测试难度
- 数据一致性与分布式问题
- 强一致性处理与架构安全
```

复制上述代码并保存为“电商微服务架构设计方案.md”文件，然后参考3.1.5小节相关内容，使用XMind工具将文件“电商微服务架构设计方案.md”文件导入工具中，获得的思维导图如图12-8所示。

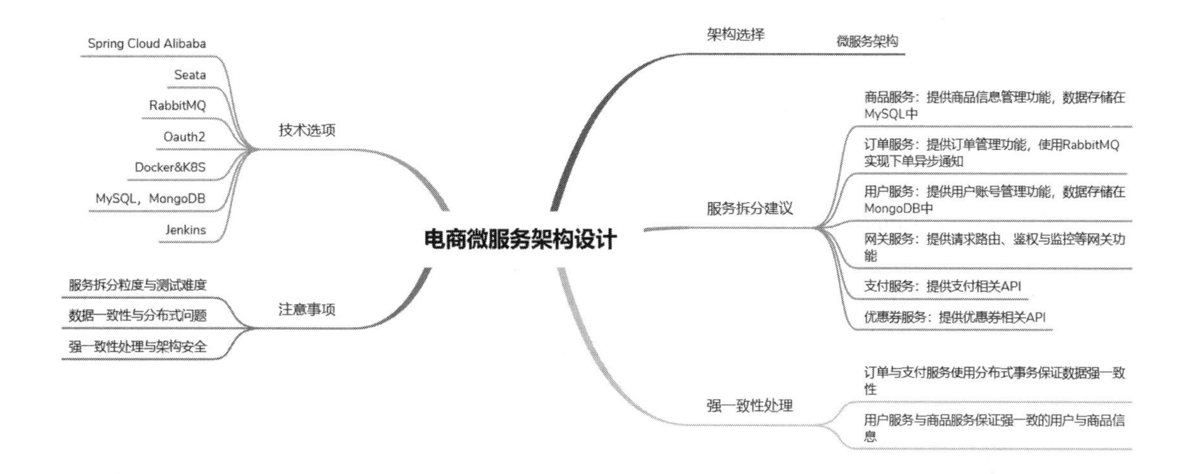

图 12-8　电商微服务架构设计方案思维导图

通过思维导图可以很直观地查看设计方案，但是Tom还希望使用ChatGPT绘制组件图。

动手示例

Tom向ChatGPT发送如下请求消息。

请使用PlantUML绘制电商微服务架构设计方案组件图。

ChatGPT的回答如下。

以下是使用PlantUML绘制电商微服务架构设计方案组件图的代码表示：

```
@startuml

skinparam component {
    BackgroundColor White
    BorderColor Black
    BorderThickness 1
    ArrowColor Black
    ArrowThickness 1
}
package "eCommerceMart" {
    component "商品服务"  as goodsService
    component "订单服务"  as orderService
    component "用户服务"  as userService
    component "网关服务"  as apiGateway
```

```
    component "支付服务"   as paymentService
    component "优惠券服务" as couponService

  }

  @enduml
```

然后将代码复制到PlantUML工具中进行渲染，由于图很大，笔者进行了简化，结果如图 12-9 所示。

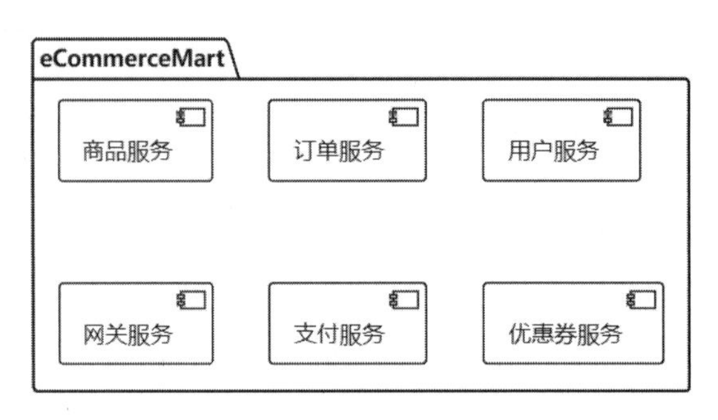

图 12-9　电商微服务架构设计方案组件图

12.6 架构设计与制作技术原型

技术原型或概念验证原型，主要用于评估架构设计方案的可行性和有效性。这种原型不仅关注用户界面和交互，还关注系统的整体结构、组件之间的通信和数据流动等方面。

12.6.1 制作技术原型

技术原型是实现敏捷开发的重要手段之一。它可以快速验证需求与设想，发现问题，并及时调整开发进度与方向。制作一款高质量的技术原型应遵循以下原则。

（1）聚焦主要需求。技术原型应专注于实现产品的主要功能与流程，避免过度完善，这可以加快开发进度。

（2）简单易用。原型应简单易用、操作流畅，以便用户可以快速理解与使用，给出直观的反馈意见。应避免复杂的交互形式与烦琐的操作流程。

（3）实现核心功能。技术原型应聚焦实现产品的核心功能，非核心功能可以省略。这可以让用户快速理解产品的主要价值。

（4）快速修改。原型应具备较强的可修改性，可以根据用户反馈快速进行修正与优化。这需要选用相应的开发工具或组件，避免过度定制。

（5）无须持久数据。技术原型的开发应避免涉及较复杂的数据库设计与数据持久化处理。数据

可以暂时从内存保存或文件方式输出。这可以加快原型的开发进度。

12.6.2 使用ChatGPT辅助制作技术原型

ChatGPT作为一款人工智能语言系统，可以为团队制作技术原型提供很好的辅助作用。它可以从以下几个方面提供帮助。

（1）快速理解需求与生成原型方案。ChatGPT可以理解产品需求与设计文档，并根据需求快速生成技术原型的初步设计方案与界面框架，这可以为团队提供很好的参考，可以缩短制定方案的时间。

（2）检验原则合理性与提出优化建议。ChatGPT可以检验技术原型的设计是否遵循聚焦主要需求、高可修改性、简洁易用等原则，并针对问题提出具体的优化建议，这可以帮助团队制作出高质量的技术原型。

（3）分析不同设计方案。当团队提出多个技术原型方案时，ChatGPT可以从功能实现、用户体验和开发工作量等角度分析不同方案的优劣，为团队选择提供参考。这可以避免团队在方案选择上花费过多时间。

（4）总结迭代经验。在技术原型的迭代过程中，ChatGPT可以不断学习与总结，产生有价值的经验知识。这可以为团队后续原型设计或产品开发提供借鉴，不断提高团队的设计与开发能力。

（5）发现不足与提出新思路。ChatGPT可以在技术原型的设计与开发过程中，从不同角度检视方案与效果，发现不足之处与潜在问题，并提出创新性的思路与方法论，这可以加强团队的设计思维，激发更多创意。

12.6.3 案例4：使用ChatGPT辅助制作智能家居App技术原型

下面通过一个具体案例介绍一下如何使用ChatGPT辅助制作智能家居App技术原型。

案例背景

某公司计划开发一款面向普通用户的智能家居App。架构师Jack希望首先设计一份高质量的技术原型以验证产品的技术方案与核心体验。他组建了一支5人的团队，并使用ChatGPT辅助完成此技术原型。

动手示例

Jack向ChatGPT发送如下请求消息。

我们要开发一款面向普通用户的智能家居App，能帮助用户通过语音与手势控制家电。首先我们需要设计一份技术原型来验证产品的可行性，你能提供一些建议吗？

ChatGPT的回答如下。

您好Jack，我可以提供以下建议：

1. 采用React Native等跨平台框架开发App，可以部署到iOS与Android，验证产品的跨平台兼容性。

2. 实现语音交互，引入第三方语音SDK，完成常用指令的语音识别与控制，如“开灯”“空调温度28度”等。这可以验证产品的语音交互体验。

3. 设计控制中心、定时任务和场景模式3个核心功能模块。简化设计流程，实现最核心的交互体验。这可以验证产品的主要功能与价值。

4. 在真机iPhone XS和三星S10上完成部署与HomeKit等设备的连接，实现设备的控制与演示。这可以验证App在真实环境下的可用性。

5. 邀请20位普通用户进行内测，获取对产品功能、交互体验与界面反馈的评价。这可以检验技术原型的质量并获得优化意见。

6. 制作3～5分钟的功能演示视频，直观展示App的主要功能与交互。这可以作为技术原型的重要组成部分。

我可以在具体的设计与开发过程中提供优化建议和提出改进方案。技术原型需要人工智能与团队的密切协作，我会尽最大努力为您提供帮助。请检验我的建议并提出宝贵的反馈意见。

Jack向ChatGPT发送如下请求消息。

方案很扎实，我们采纳你的全部建议。定时任务的流程可以简化一点，场景模式可以增加一点动画演示。可以具体谈一下这两点的优化建议吗？

ChatGPT的回答如下。

非常好，我同意简化定时任务流程和增加场景模式动画演示可以提高用户体验，具体建议如下：

1. 定时任务设置步骤简化为选择任务类别（如空调）→设置开始时间与结束时间→确认，不需要增加其他确认步骤，以简化体验。

2. 场景模式设置增加睡眠模式、在家模式和离开模式3个选项。选择每个模式时使用动画演示该模式中需要执行的功能，如睡眠模式可以演示窗帘关闭、灯光关闭和空调设置睡眠温度等。动画演示可以加深用户印象并简化交互流程。

我会继续检验设计团队的技术原型方案并提供更为具体的改进建议。

以上步骤仅提供了基本的制作技术原型的指导。具体的原型制作过程可能会因项目需求、团队实际情况和选择的技术栈不同而有所差异。在实际开发中，设计人员可能需要进行更多的细化和具体化来适应项目的要求。

12.7 本章总结

本章介绍了ChatGPT在软件架构设计中的应用。强调了ChatGPT作为有价值的工具，可以帮助理解需求、提供架构设计建议，并辅助制作技术原型。通过与ChatGPT的互动，开发团队可以获得有关架构设计的指导和建议，提高设计效率。案例展示了分层架构、领域驱动设计架构和微服务架构的应用，以及ChatGPT在制作技术原型方面的支持。ChatGPT在架构设计过程中起到了重要作用。

使用 ChatGPT 辅助评估和改进设计方案

ChatGPT作为一款强大的自然语言处理模型，可以与架构师进行对话，为其提供有关设计方案的建议和改进。以下是利用ChatGPT辅助改进设计方案的一些方法。

（1）问题定义和背景说明：架构师需要明确定义设计方案中存在的问题或挑战，并提供相关的背景信息。这可以包括需求、约束条件、性能要求、可扩展性需求等。

（2）与ChatGPT对话：将问题描述输入ChatGPT，并开始对话。架构师可以逐步与ChatGPT交流，解释问题的细节，回答ChatGPT的问题，并提供进一步的上下文信息。

（3）探索不同的方案：与ChatGPT一起探索不同的设计方案。架构师可以向ChatGPT提供多个可能的解决方案，并询问其对每个方案的看法和建议。ChatGPT可以基于其训练数据和模式识别能力，提供有关每个方案的优点、缺点和潜在风险的洞察。

（4）迭代和改进：根据ChatGPT的反馈和建议，架构师可以对设计方案进行迭代和改进。这可以包括细化方案的某些方面，重新考虑设计决策，或者探索其他的替代方案。ChatGPT可以提供反馈和思路，帮助架构师更好地优化设计方案。

（5）综合和评估：在与ChatGPT的对话中，架构师需要综合考虑ChatGPT的建议和自己的专业判断。通过综合评估各个方案的优劣，并结合设计目标和约束条件，最终确定最合适的设计方案。

需要注意的是，ChatGPT虽然具有强大的语言生成能力，但它仍然只是一款模型，其输出应被视为参考而非标准答案。架构师应该对ChatGPT的建议进行适当的审查和验证，以确保最终的设计方案是可行且符合需求的。

通过与ChatGPT的交互，架构师可以获得额外的洞察和创意，加速设计方案的改进过程，并搭建一个可行的参考框架，使设计方案更加完善和优化。

13.1 确定设计问题

在确定设计方案中存在的问题或挑战时，确保对问题有清晰的了解是非常重要的。以下是在一些常见的设计方案中可能面临的问题或挑战的。

（1）性能问题：系统可能在处理大量数据或高并发访问时性能下降。这可能导致响应时间延迟、吞吐量下降或资源利用不足等问题。

（2）可扩展性问题：系统可能无法适应业务规模的增长或用户数量的增加。随着需求的增加，系统可能遇到扩展性方面的挑战，如负载均衡、数据分片或分布式处理等。

（3）用户体验问题：用户可能遇到界面不直观、操作烦琐或反应迟缓等问题，导致用户体验不佳。这可能影响用户的满意度、使用频率和用户保留率。

（4）安全性问题：系统可能面临潜在的安全风险，如数据泄露、身份验证漏洞或恶意攻击。确保系统具备适当的安全措施和防护机制是至关重要的。

（5）可维护性问题：系统可能缺乏良好的代码结构和模块化设计，导致代码难以理解、修改和扩展。这可能增加开发和维护的复杂性，并降低系统的可维护性和可测试性。

（6）兼容性问题：系统可能与其他系统、平台或设备的集成存在问题。确保系统能够与外部系统进行良好的集成和交互是至关重要的。

（7）成本效益问题：设计方案可能面临成本效益方面的挑战。需要权衡功能需求、技术选择和资源投入之间的关系，以确保设计方案在经济和效益方面达到平衡。

明确了解和定义设计方案中的问题或挑战，有助于确保设计方案的目标与解决方案的关注点保持一致，并为后续的方案评估和改进提供指导。

13.2 案例1：确定电子商务网站设计方案中存在的问题

下面我们通过具体示例解释一下如何使用ChatGPT辅助讨论并确定电子商务网站设计方案中存在的问题。

案例背景

Tom是一名设计师，正在设计一个社交媒体平台的用户界面。该平台旨在连接用户并促进他们之间的交流和互动。Tom已经完成了初步的设计，但他想使用ChatGPT辅助改进设计方案。他希望ChatGPT能够提供有关潜在问题和改进的洞察，以确保用户界面的可用性和良好的用户体验。他决定与ChatGPT进行对话，讨论设计方案中存在的问题并获得改进的建议。

动手示例

Tom向ChatGPT发送如下请求消息。

我正在设计一个电子商务网站，我需要确定应该解决的潜在问题或挑战。你能帮助我吗？

ChatGPT的回答如下。

当然可以！我很乐意帮助你。请向我提供有关你设计方案的更多细节。

Tom向ChatGPT发送如下请求消息。

我担心的一个挑战是性能问题。在高峰期，网站可能会出现响应时间过慢和吞吐量减少的情况，影响用户体验。我该如何解决这个问题？

ChatGPT的回答如下。

为了提高性能，你可以考虑实施缓存机制、优化数据库查询，并利用内容分发网络（CDN）在地理上分发内容。此外，你可以使用异步处理和实施负载均衡技术来将工作负载分布到多个

服务器上。

Tom 向 ChatGPT 发送如下请求消息。

这很有帮助。另一个挑战是可扩展性。随着用户和订单数量的增加，网站可能难以处理这个负载。我该如何确保可扩展性？

ChatGPT 的回答如下。

为了实现可扩展性，你可以采用分布式架构，并利用具备自动扩展能力的云服务。这样，网站可以根据需求动态分配资源。实施水平扩展，通过添加更多服务器，并使用像数据库分片这样的技术，可以有效地分布工作负载。

Tom 向 ChatGPT 发送如下请求消息。

好的观点，用户体验也是至关重要的。在我的设计中，有哪些潜在的用户体验问题我应该解决？

ChatGPT 的回答如下。

通过设计简洁直观的用户界面，优化页面加载时间，并确保针对不同设备的响应式设计，可以改善用户体验。实施像分面搜索、个性化推荐和无缝结账流程等功能，可以提升整体用户体验。

Tom 向 ChatGPT 发送如下请求消息。

优秀的建议。安全性也是一个问题。我该如何确保网站和用户信息的安全？

ChatGPT 的回答如下。

为了增强安全性，你应该实施安全的通信协议（例如 HTTPS），加密敏感的用户数据，并实施强大的身份验证和授权机制。定期进行安全审计、漏洞扫描和渗透测试，有助于识别和解决潜在的漏洞。

Tom 向 ChatGPT 发送如下请求消息。

这很重要。最后，我可以做些什么来提高代码库的可维护性？

ChatGPT的回答如下。

为了提高可维护性，要遵循编码最佳实践，坚持模块化和良好结构的设计模式，并有效地记录代码库。应用自动化测试、持续集成和版本控制等实践，还可以简化开发和维护过程。

通过对话，设计师明确和总结了设计问题，ChatGPT为改进设计方案提供了指导和方向。这种讨论和分析的过程有助于设计师深入了解设计中的问题和挑战，并从不同的角度审视和评估设计方案的优缺点。

另外，为了清楚地看到讨论的结果，Tom又让ChatGPT归纳讨论的结果。

动手示例

Tom向ChatGPT发送如下请求消息。

根据上面的讨论，请将问题总结一下，返回Markdown代码。

ChatGPT的回答如下。

根据上述讨论，以下是对问题的总结：

```
| 问题                | 描述             |
|-------------------|--------------------------------------------------------------|
| 1.用户界面复杂度  | 用户界面可能过于复杂，导致用户难以理解和操作。 |
| 2.信息展示和组织  | 信息展示和组织可能不够清晰和直观，影响用户获取所需信息的效率。 |
| 3.互动和交流      | 平台的互动和交流功能可能不够便捷和直观，用户可能面临困难或阻碍。 |
| 4.响应速度和性能  | 平台的响应速度和性能可能不够高效，导致用户体验下降。 |
| 5.移动设备适配    | 平台可能在移动设备的适配方面存在问题，导致用户在移动设备的使用体验不佳。 |
| 6.用户导航和导航结构 | 用户导航和导航结构可能不够直观和易于理解，用户可能迷失或感到困惑。 |
```

复制上述代码并保存为“问题归纳.md”文件，然后使用Markdown工具预览，效果如图13-1所示。

问题	描述
1. 用户界面复杂度	用户界面可能过于复杂，导致用户难以理解和操作。
2. 信息展示和组织	信息展示和组织可能不够清晰和直观，影响用户获取所需信息的效率。
3. 互动和交流	平台的互动和交流功能可能不够便捷和直观，用户可能面临困难或阻碍。
4. 响应速度和性能	平台的响应速度和性能可能不够高效，导致用户体验下降。
5. 移动设备适配	平台可能在移动设备的适配方面存在问题，导致用户在移动设备的使用体验不佳。
6. 用户导航和导航结构	用户导航和导航结构可能不够直观和易于理解，用户可能迷失或感到困惑。

图13-1 Markdown预览效果

13.3 评估与检测方案

在设计过程中，评估和检测方案的重要性不可忽视。它可以帮助我们验证设计的可行性、可靠性和效果，并及早发现潜在问题和风险。ChatGPT 可以在评估和检测方案中发挥辅助的作用，提供实时的反馈和建议。以下是一些常见的评估和检测方案的方法。

（1）性能评估：评估设计方案在运行时的性能表现，包括响应时间、吞吐量、资源利用率等指标。ChatGPT 可以通过模拟用户场景、执行压力测试或使用性能分析工具来帮助评估系统的性能，并提供性能优化建议。

（2）可扩展性评估：评估设计方案在面对不断增长的需求和规模时的扩展能力。ChatGPT 可以帮助模拟并分析系统在高负载情况下的行为，检测潜在的性能瓶颈和瓶颈点，并提供扩展性改进的建议。

（3）用户体验评估：评估设计方案对用户体验的影响，包括界面友好性、易用性、可访问性等方面。ChatGPT 可以提供对用户界面的评估和反馈，帮助识别潜在的用户体验问题，并提供改进建议。

（4）安全性评估：评估设计方案的安全性和防护措施，识别潜在的安全漏洞和风险。ChatGPT 可以参与安全风险评估，提供安全建议和解决方案，帮助确保系统的安全性和数据的保护。

（5）功能完整性检测：检测设计方案中的功能是否符合需求和规格说明。ChatGPT 可以作为测试伙伴，帮助执行功能测试并验证系统是否按预期工作，提供错误报告和问题诊断。

（6）数据一致性检测：检测设计方案中的数据是否一致、准确和可靠。ChatGPT 可以参与数据验证和一致性检测，帮助发现数据错误、冲突或异常，并提供数据清理和修复建议。

（7）效果评估：评估设计方案是否达到预期的效果和目标。ChatGPT 可以参与数据分析和效果评估，帮助分析和解释数据，提供洞察和建议，便于进一步优化和改进设计方案。

结合 ChatGPT 的智能辅助能力，团队可以更加全面及时地评估和检测设计方案，获取有价值的反馈和建议。这有助于减少潜在问题和风险，并提升设计方案的质量和效果。

13.4 案例2：电商系统设计方案评估

下面我们通过具体示例解释一下如何使用 ChatGPT 辅助评估设计方案。

案例背景

Tom 是一名设计师，正在设计一个电商系统，主要功能有商品浏览、购物车、下单、支付等。整个系统采用 Spring Cloud 微服务架构，包括商品服务、购物车服务、订单服务和支付服务等 10 个服务。目前已经完成了基本功能开发，想请 ChatGPT 帮忙对这个设计方案进行评估，需要特别关注其扩展性与安全性。

动手示例

Tom 向 ChatGPT 发送如下请求消息。

我们设计了一个电商系统，主要功能有商品浏览、购物车、下单、支付等。整个系统采用 Spring Cloud 微服务架构，包括商品服务、购物车服务、订单服务和支付服务等 10 个服务。目前已经完成了基本功能开发，请您帮忙对这个设计方案进行评估，需要特别关注其扩展性与安全性。

ChatGPT 的回答如下。

好的，没有问题。可以提供一些系统的基本参数让我了解当前的情况吗？如每秒请求数、响应时间要求、服务器配置、缓存方案等。

Tom 向 ChatGPT 发送如下请求消息。

好的，系统参数如下。

平均每秒请求数：200 个

响应时间要求：<200ms

服务器：2 核 4G 内存，20 台

数据库：MySQL

缓存：Redis

内容大小：每篇 1KB

ChatGPT 的回答如下。

理解，根据这些参数，我的初步评估如下：

1. 响应时间要求较高，需要确认在 200ms 内处理一个请求是否可行。如果内容访问量激增，目前的服务器配置可能会成为性能瓶颈。

2. 可以考虑测试内容管理系统在每秒 500 个请求的情况下的性能表现。如果响应时间超过要求，需要提高配置或其他优化方案。

3. 给定的内容大小较小，缓存可以发挥重要作用。需要确认 Redis 中内容的失效策略及最大缓存量，避免因缓存不足而直接访问数据库。

4. 数据库连接池的设置也会影响性能。连接池过小会有线程等待的情况，可以根据并发访问量进行评估。

Tom 向 ChatGPT 发送如下请求消息。

你提到的这些点都很精彩，我们也担心在高并发场景下的性能问题。请你帮我们设计一个压力测试方案，看看实际的性能表现如何。

ChatGPT 的回答如下。

好的，这里是一个我建议的压力测试方案：

1. 压力测试工具：可以选择 JMeter、LoadRunner 或 Gatling 等开源工具。

2. 测试场景：每秒 500 个请求，持续 5 分钟。请求为随机访问不同内容，读取内容详情并返回。

3. 测试指标：主要监控平均响应时间、最大响应时间、错误率等。如果平均响应时间超过 200ms，或最大响应时间有较大波动，则表现不理想。

4. 测试环境：使用与生产环境相同的服务器配置和网络条件进行测试。

5. 测试步骤：

（1）启动测试工具并配置测试方案，连接生产环境的内容管理系统。

（2）启动压力测试，同时启动测试环境和系统的监控方案，监控关键性能指标的变化。

（3）测试结束后，统计和分析测试报告，检查是否存在性能瓶颈或优化空间。

（4）如果测试结果不能满足性能要求，需要进一步提高配置或对系统进行优化以提高性能。

这样的压力测试可以有效地检测内容管理系统在高负载下的性能表现。

13.5 讨论与迭代优化

在设计过程中，讨论和迭代优化是非常重要的环节，可以帮助团队不断改进设计方案并提升方案质量。通过与设计师和相关利益相关者的交流，团队可以发现潜在的问题、挑战和改进点，并采取相应的措施进行优化。

在讨论和迭代优化阶段，ChatGPT 可以作为一个有益的工具和参与者。它可以提供专业的见解、建议和反馈，帮助设计师和团队从不同的角度思考问题，并提供新的想法和解决方案。

设计师和 ChatGPT 可以进行有针对性的讨论，讨论设计方案中的具体问题、改进点和挑战。ChatGPT 可以提供对现有方案的评估和建议，引发深入的讨论，并协助设计师进行优化决策。这种迭代的讨论和优化过程可以在多个轮次中进行，直到达到满意的设计效果。

在迭代优化过程中，ChatGPT 还可被用于验证和验证新的设计决策的有效性。设计师可以提出不同的方案和变化，并与 ChatGPT 进行讨论，评估其潜在影响和优劣势。ChatGPT 可以提供对这些变化的见解和反馈，帮助设计师做出明智的决策并进行迭代优化。

总之，讨论和迭代优化是设计过程中不可或缺的环节，能够帮助设计师和团队不断改进设计方案并达到更好的效果。ChatGPT作为一个智能伙伴，可以提供专业见解、建议和反馈，促进讨论和决策过程，从而推动设计方案的优化和完善。

13.6 案例3：电商系统设计方案讨论与迭代优化

下面我们通过具体示例解释一下如何使用ChatGPT辅助设计方案讨论与迭代优化。

案例背景

某团队设计了一个电商系统，采用微服务架构实现。已经完成基本功能开发，准备开始上线运营。架构师Tom决定与ChatGPT讨论如何对设计方案进行优化。

动手示例

Tom向ChatGPT发送如下请求消息。

我是这个电商系统的架构师。我们已经完成了基本功能的开发，系统准备上线运营。但是我觉得在设计方案上还有一些可以优化的地方。你能帮助我吗?

ChatGPT的回答如下。

当然，我很乐意帮助你优化设计方案。首先，请告诉我你认为需要改进的方面是什么?

Tom向ChatGPT发送如下请求消息。

在我们的微服务架构中，我们划分了多个服务，例如，用户服务、商品服务、订单服务等，每个服务都有自己的数据库。但是我担心在高并发情况下，数据库的性能可能会成为瓶颈。我想了解有什么方法可以改进数据库的性能和扩展性。

ChatGPT的回答如下。

你的担忧是合理的。在高并发情况下，数据库的性能确实是一个关键问题。有几种方法可以改进数据库的性能和扩展性。你可以考虑使用数据库缓存，例如Redis或Memcached，来减轻数据库的负载。缓存可以存储经常访问的数据，提供更快速的响应。

Tom向ChatGPT发送如下请求消息。

数据库缓存的确是一个不错的选择。除了缓存，还有其他方法吗?

ChatGPT 的回答如下。

另外一种方法是数据库分片。数据库分片将数据分散存储在多个节点上，以减轻单个数据库的负载压力。你可以根据某个字段（例如，用户 ID 或商品 ID）将数据分片存储，并使用分片策略来确定数据在哪个节点上存储。

Tom 向 ChatGPT 发送如下请求消息。

这听起来很有帮助。还有其他的优化方法吗？

ChatGPT 的回答如下。

还有一个重要的优化方法是索引的设计和使用，正确的索引设计可以大幅提升数据库的查询性能。你可以根据经常使用的查询条件创建适当的索引，并定期优化和维护索引，以确保数据库的高性能。

通过这个案例，我们可以看到 Tom 与 ChatGPT 进行了讨论，主要围绕如何优化微服务架构中的数据库性能和扩展性展开。ChatGPT 提供了多种优化方法，包括数据库缓存、数据库分片和索引设计。Tom 对这些方法进行了评估，并决定与团队讨论和实施相应的优化。

13.7 决策矩阵

决策矩阵是一种用于比较和评估多个选择方案的工具，它可以帮助决策者以系统化的方式考虑和权衡不同的决策因素。图 13-2 所示的是一个示例决策矩阵，用于比较和评估两个不同的设计方案（方案 A 和方案 B）。

决策因素/评估指标	方案A	方案B
成本	低	高
可扩展性	高	中等
性能	中等	高
易用性	高	中等
风险	低	高

图 13-2　决策矩阵示例

在图 13-2 所示的示例中，我们列出了五个决策因素/评估指标，它们分别是成本、可扩展性、性能、易用性和风险。针对每个因素，我们对方案 A 和方案 B 进行了评估，并给出了对应的比较。

使用决策矩阵时，可以根据具体情况为每个因素指定权重，并根据权重进行打分。然后，可以将每个方案在每个因素上的得分相加，得到总体得分，以帮助做出决策。

决策矩阵是一个灵活的工具，可以根据具体的决策需求和评估指标进行调整和定制。它可以帮助决策者在多个选择方案之间进行客观、综合的比较和评估，并更好地理解各个方案的优缺点，从而做出明智的决策。

13.7.1 案例4：电子商务网站架构设计方案比较

当比较两个设计方案时，使用决策矩阵可以帮助我们系统地评估和比较各个方案在关键决策因素方面的表现。让我们通过一个具体的案例来说明如何使用决策矩阵进行比较。

- 设计方案A：领域驱动设计架构。
- 设计方案B：微服务架构。

图13-3所示的是电子商务网站架构设计方案决策矩阵。

决策因素/评估指标	方案A	方案B
可扩展性	高	高
性能	高	高
可维护性	高	中等
安全性	高	高
成本	中等	高

图13-3　电子商务网站架构设计方案决策矩阵

假设我们给每个因素分配了以下权重。

- 可扩展性：30%。
- 性能：25%。
- 可维护性：20%。
- 安全性：15%。
- 成本：10%。

为每个方案的每个因素打分（1～10），并乘以相应权重，得分如下。

设计方案A。

- 可扩展性：9，乘以权重30%得到分数2.7。
- 性能：9，乘以权重25%得到分数2.25。
- 可维护性：8，乘以权重20%得到分数1.6。
- 安全性：9，乘以权重15%得到分数1.35。
- 成本：6，乘以权重10%得到分数0.6。

设计方案B。

- 可扩展性：9，乘以权重30%得到分数2.7。
- 性能：9，乘以权重25%得到分数2.25。
- 可维护性：6，乘以权重20%得到分数1.2。
- 安全性：9，乘以权重15%得到分数1.35。
- 成本：4，乘以权重10%得到分数0.4。

将每个因素的分数相加，得到总体分数如下。

设计方案A的总体分数：8.5。

设计方案B的总体分数：7.9。

根据决策矩阵的分析，设计方案A在总体得分上略高于设计方案B。因此，在这个案例中，领域驱动设计架构被认为是更适合电子商务网站的架构设计方案。

请注意，以上分析仅供参考，实际权重和评分应根据具体需求和约束进行调整。决策矩阵是一种辅助工具，可以帮助做出决策，但最终决策时应考虑整体项目需求、团队能力和业务目标。

13.7.2 案例5：移动应用开发框架比较

决策矩阵不仅可以比较多个设计方案，还可以比较设计模式或开发框架。在比较不同移动应用开发框架时，决策矩阵可以帮助我们系统地评估和比较各个框架在关键因素方面的表现。让我们通过一个具体的案例来说明如何使用决策矩阵进行比较。

案例名称：移动应用开发框架比较。

- 设计方案A：React Native。
- 设计方案B：Flutter。
- 设计方案C：Ionic。

图 13-4 所示的是移动应用开发框架比较决策矩阵。

决策因素	权重	React Native	Flutter
学习曲线	20%	8	7
性能	25%	9	9
跨平台支持	15%	9	9
社区支持	10%	9	8
生态系统	10%	8	9
UI/UX支持	10%	8	9
可维护性	5%	7	8
开发速度	5%	8	9

图 13-4　移动应用开发框架比较决策矩阵

请注意，示例中的权重是根据笔者的需求和偏好进行调整的。在实际应用中，我们可以根据项目的特定要求和关注点来分配权重。

使用这个决策矩阵，我们可以对React Native和Flutter在各个决策因素方面进行评分，并计算总体得分。总体得分可用于比较和评估设计方案的优劣。

根据上述决策矩阵示例，计算得到的总体分数如下。

React Native 总体得分：$(8 \times 0.20) + (9 \times 0.25) + (9 \times 0.15) + (9 \times 0.10) + (8 \times 0.10) + (8 \times 0.10) + (7 \times 0.05) + (8 \times 0.05) = 8.15$

Flutter 总体得分：$(7 \times 0.20) + (9 \times 0.25) + (9 \times 0.15) + (8 \times 0.10) + (9 \times 0.10) + (9 \times 0.10) + (8 \times 0.05) + (9 \times 0.05) = 8.25$

根据总体得分，Flutter的总体得分略高于React Native，因此在这个案例中，Flutter可能是更适合的设计方案。

13.8 本章总结

本章介绍了使用ChatGPT辅助评估和改进设计方案的方法。案例展示了ChatGPT在问题识别、方案评估、讨论与迭代优化，以及决策比较方面的应用。ChatGPT作为有价值的工具，提供专业建议、全面分析和有意义的讨论，有助于优化设计方案，强调了持续讨论和迭代的重要性。